Amazon 出品サービス

達人養成講座

合同会社万和通代表
小笠原 満 著
Mitsuru Ogasawara

SE
SHOEISHA

本書内容に関するお問い合わせについて

このたびは翔泳社の書籍をお買い上げいただき、誠にありがとうございます。弊社では、読者の皆様からのお問い合わせに適切に対応させていただくため、以下のガイドラインへのご協力をお願い致しております。下記項目をお読みいただき、手順に従ってお問い合わせください。

●ご質問される前に

弊社Webサイトの「正誤表」をご参照ください。これまでに判明した正誤や追加情報を掲載しています。

正誤表　http://www.shoeisha.co.jp/book/errata/

●ご質問方法

弊社Webサイトの「刊行物Q&A」をご利用ください。

刊行物Q&A　http://www.shoeisha.co.jp/book/qa/

インターネットをご利用でない場合は、FAXまたは郵便にて、下記“翔泳社 愛読者サービスセンター”までお問い合わせください。

電話でのご質問は、お受けしておりません。

●回答について

回答は、ご質問いただいた手段によってご返事申し上げます。ご質問の内容によっては、回答に数日ないしはそれ以上の期間を要する場合があります。

●ご質問に際してのご注意

本書の対象を越えるもの、記述個所を特定されないもの、また読者固有の環境に起因するご質問等にはお答えできませんので、予めご了承ください。

●郵便物送付先およびFAX番号

送付先住所	〒160-0006　東京都新宿区舟町5
FAX番号	03-5362-3818
宛先	（株）翔泳社 愛読者サービスセンター

※本書の内容は、2014年7月執筆時点のものです。

※本書に記載されたURL等は予告なく変更される場合があります。

※本書の出版にあたっては正確な記述につとめましたが、著者や出版社などのいずれも、本書の内容に対してなんらかの保証をするものではなく、内容やサンプルに基づくいかなる運用結果に関してもいっさいの責任を負いません。

※本書に掲載されているサンプルプログラムやスクリプト、および実行結果を記した画面イメージなどは、特定の設定に基づいた環境にて再現される一例です。

はじめに

最近では、Amazon Kindle（アマゾン・キンドル）という電子ブックリーダーのCMでもお馴染みのAmazonですが、実は買い物をするためのオンラインストアというだけでなく、誰もが出品に参加できるマーケットプレイスでもあります。

オンラインストアで物販をしたいけれど、「ホームページが作れない」、「集客をどうすればよいかわからない」などの悩みもAmazonに出品者として参加すれば心配ありません。Amazonがマーケットプレイスを提供し、出品者をバックアップすることで誰でも簡単にオンライン物販ができるようなしくみになっているからです。

購入者からの信用が厚いAmazonは年々、右肩上がりに訪問者数を伸ばし、現在では月間4,800万人を超えるユニークユーザーを集めています。自分で広告を出したり、集客したりしなくても4,800万人の訪問者がいるのはすごいことです。多くの訪問者がいるということは、毎日たくさんの商品がAmazonの中で売買されているということですので、それだけチャンスがあると捉えることができます。

本書は、全くオンラインストアを運営したことがない初心者から、すでにAmazonマーケットプレイスに出店をしている中級〜上級者の方まで、幅広いレベルの方にお読みいただける内容になっています。まだAmazonに出店していない方には、特にAmazonに関する基礎知識や、出店、出品の仕方が参考になるでしょう。一方、すでにAmazonマーケットプレイスで出店している方には、約6割の方が活用したことがないと言われているビジネスレポートの活用方法やプロモーション機能の使い方などが参考になると思います。

また、「物販をする時間がない」という忙しい方や、「副業で物販をはじめたい」という方にもAmazonマーケットプレイスは向いています。Amazon FBAサービスを利用すれば、代金の回収だけではなく、商品の梱包や出荷までAmazonが代行してくれるからです。本書にはFBAの活用方法や、Amazonで販売をしていくうえで起こりうるトラブルなどについても収録しました。

物販は結果が出ると楽しいものですし、生活を豊かにしてくれます。本書がAmazonでの販売をはじめるきっかけや、売上を向上させる手助けになれば幸いです。

2014年8月吉日
小笠原　満

目 次

SELLER INTERVIEW ①

Amazonで人生を再起したセラー

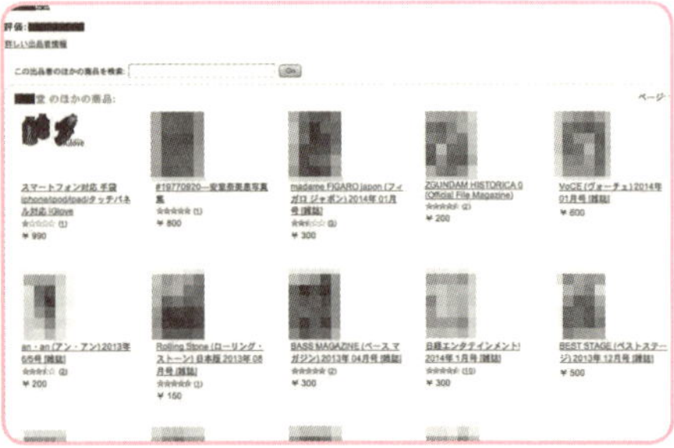

亜新文子（あにー・あやこ）。（有）JEカンパニー代表取締役。海外舞台運営プロデュース業からスタートし、貿易業、タイマッサージ業を手がける。2012年からは米軍基地と提携しインターネット広告、イベント業に参入。2013年後半からネットビジネスに本格的に参入。

URL http://www.okinawa-adventure.com/

Q1 Amazonで出品をはじめてどのくらいですか？

2012年はじめからなので、2年半くらいです。

Q2 Amazonで出品をはじめたきっかけは？

2010年に夫が躁鬱病になり、会社を首になってしまいました。当時は急激な円高で、何かしないとと、せどりや転売をはじめました。当初はAmazonのシステムを知らず、オークションばかりでしたが、FBAのシステムを知ってからはAmazonばかりになりました。

Q3 どのようなジャンルを中心に出品していますか？

雑貨やフィギュア系でしたが、今は雑誌や家電、中国アイテムを中心に出品しています。

Q4 今までで1番のヒット商品を教えてください

100円の中古雑誌が6800円ほどの値段で売れたことがありました。俗語で「俺様」と呼ばれる高値をつけている出品者が多い商品で、1万〜3万円の値段がついていました。新品だと600円ほどのものです。ジャニーズ系の表紙なのでコアなファンが購入してくれて、その後もこのようなことはありましたが、はじめてのことだったので今でも覚えています。

Q5 Amazonで販売をしていて「面白い」と思う瞬間はありますか？

Amazonから購入したと思っているお客様が多いので、なんだか自分もAmazonの社員になったような気がします。

Q6 今だから言える「失敗談」などありますか？

900円で売ろうとしていた手袋を間違えて90円で出品して、しかも気がついたときには1つ売れてしまったことです。クリスマスのあとだったので忙しく、お客様への早めのお年玉とあきらめました。9,000円で売ろうしたものでなくてよかった、と心から思いました。

Q7 Amazon出品サービスで成功するためのアドバイスをお願いします

面倒でも、日々のリサーチ。これにつきると思います。また、私自身の課題でもありますが、利益率の計算も。女性は苦手な方が多いですが、しっかり取り組んだほうがよいです。

Q8 今後取り扱っていきたい商品はありますか？

最近は雑誌が多かったですが、以前、ネイル系の中国アイテムが高値でよく売れたので、今後は小物で利益率の高い商品をたくさん見つけたいです。

SELLER INTERVIEW ②

月商 1,000 万円を誇るスーパーセラー

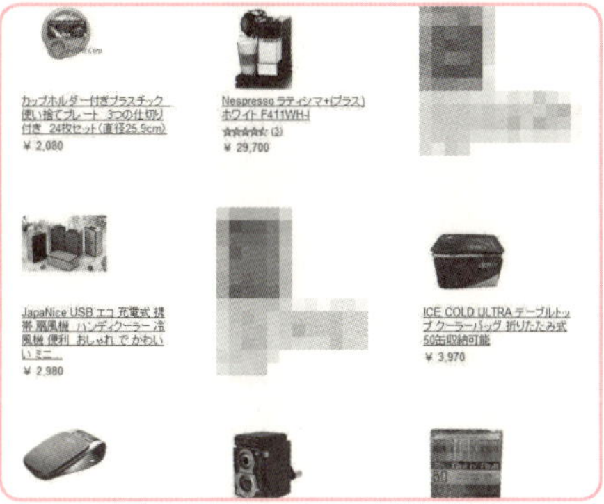

三木高広（みき・たかひろ）。平成元年生まれ。各国のメーカー総代理店を獲得し、直販・卸販売を行う。「ジャパナイス」ブランドは 800 のラインナップを誇る。HP は「三木高広」で検索。
URL http://mercicreate.com/

Q1 Amazon で出品をはじめてどのくらいですか？

23 歳のころからはじめて、2 年と半年です。

Q2 Amazon で出品をはじめたきっかけは？

ヤフオクでアンティーク食器専門店を運営していましたが、月商 200 万円ほどで天井になりました。FBA を使えば自分 1 人で自動化できるのが魅力だったので、Amazon で販売を開始しました。

Q3 どのようなジャンルを中心に出品していますか？

家電、日用品、スポーツ用品、工具などの生活雑貨です。

Q4 今までで 1 番のヒット商品を教えてください

USB 加湿器です。Amazon 加湿器ランキングで月間 1 位になり、ひと月で 1,500 個販売しました。

Q5 Amazon で販売をしていて「面白い」と思う瞬間はありますか？

爆発的な集客力があるので、意図して仕掛けた商品が確実に売れていくところです。

Q6 今だから言える「失敗談」などありますか？

新品・中古・バルク品などコンディションの規約を甘く見て出品したら、アカウントが閉鎖になってしまいました。交渉により、1 カ月後に復活しました。

Q7 Amazon 出品サービスで成功するためのアドバイスをお願いします

まずは輸入販売などは一切せず、ひたすら日本のネットショップやヤフオクから仕入れて、どんどん売ることです。慣れたら海外から仕入れて売るのもよいと思います。

Q8 今後取り扱っていきたい商品はありますか？

ドイツやスイスなど品質水準が高い国のメーカー商品を扱っていきたいです。

SELLER INTERVIEW 3

経理と株の理論を駆使する頭脳派セラー

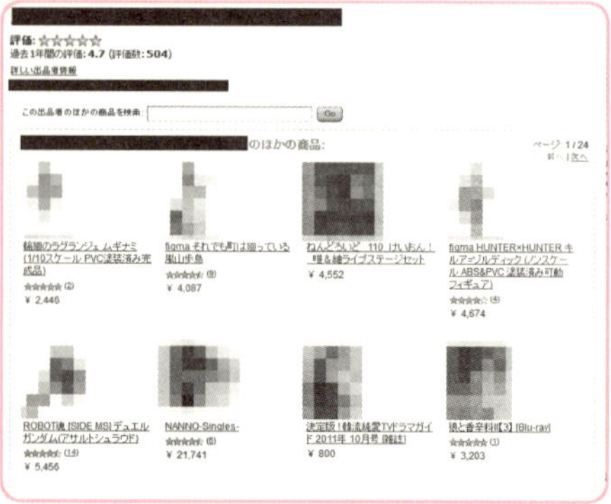

伊藤聡（いとう・あきら）。ハンドルネームはぴこ。41歳、神奈川県出身。経理として電子部品中小企業に13年勤務。1999年より株式投資を10年続ける。経理と株式投資の理論をせどりに応用して、仕入れを行う。資金管理、仕入分析管理、売上分析管理、在庫分析管理の結果、ランキングを意識せずに仕入れできることが最大の強み。

Q1 Amazonで出品をはじめてどのくらいですか？

2010年2月からはじめて、現在5年目になります。

Q2 Amazonで出品をはじめたきっかけは？

せどりで商品を販売するのに適していたからです。せどりの世界では、ヤフオクとAmazonでの販売が主流でした。

Q3 どのようなジャンルを中心に出品していますか？

家電、ホーム＆キッチン、フィギュア、ホビー、ゲーム、ＤＶＤが中心です。

Q4 今までで1番のヒット商品を教えてください

去年、中国のPM2.5問題が騒がれたころ、空気清浄器がよく売れました。

Q5 Amazonで販売をしていて「面白い」と思う瞬間はありますか？

「こんなのもの買う人いるのかな」と思いながら仕入れたものが売れたときです。

Q6 今だから言える「失敗談」などありますか？

販売価格と仕入価格の差が大きい商品を喜んで仕入れたものの2年間売れず、不良在庫が増えたことです。

Q7 Amazon出品サービスで成功するためのアドバイスをお願いします

月にどのくらい売れているのか、ほかに出品者がどのくらいいるのかによって自分の出品物の売行きが変わるため、その辺の計算が重要です。ランキングはほとんど意識していません。

Q8 今後取り扱っていきたい商品はありますか？

時計などの高額商品を取り扱っていきたいです。

SELLER INTERVIEW 4

趣味で稼ぐ アニメグッズ・セラー

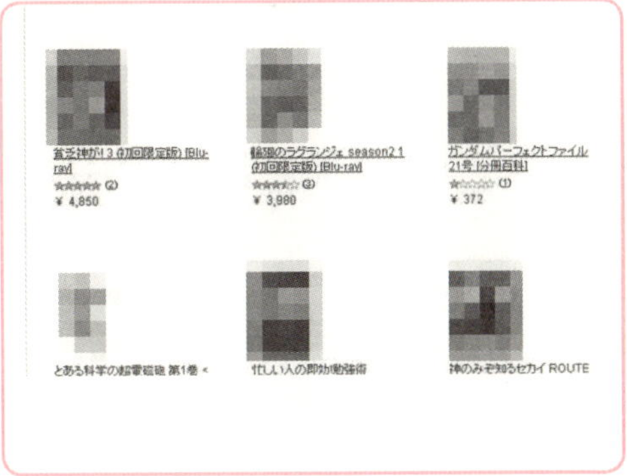

別府久司（べっぷ・ひさし）。2012年3月に、人間関係のもつれで退職。生活のためにせどりをはじめる。すぐにせどりで生計をたてられるようになり、その経験を活かして情報発信をはじめる。今ではアフィリエイトやインフォプレナーとしても成功を収め、ネットで稼ぎたい人たちに指導し、成功者を輩出している。

ブログ http://beppy.biz

Q1 Amazonで出品をはじめてどのくらいですか？

2年半くらいです。

Q2 Amazonで出品をはじめたきっかけは？

仕事をやめて給料がなくなり、生活のために稼ぐ必要があったからです。

Q3 どのようなジャンルを中心に出品していますか？

はじめはDVDが中心でしたが、今はフィギュアやキャラクターグッズなど、アニメ関連を中心に幅広く扱っています。

Q4 今までで1番のヒット商品を教えてください

あるアニメのファンブックです。アニメの第1期を見ているときに、この作品の関連商品には必ずプレミアがある！とピンときて発見しました。ライバルの出品者もほとんどいなく、東京中から簡単にかき集められました。

Q5 Amazonで販売をしていて「面白い」と思う瞬間はありますか？

やはり売れたときですね。それも普通ではなく、ライバル出品者よりもはるかに高値で売れたときです。工夫が見事に当たると快感です。

Q6 今だから言える「失敗談」などありますか？

価格改定のミスです。128,000円に設定するところを12,800円にしてしまいました。30分後に気がついたのですが、すでに売れていました。

Q7 Amazon出品サービスで成功するためのアドバイスをお願いします

なによりも行動することです。「悩んだらやってみる」という精神で望めば失敗はありえません。

Q8 今後取り扱っていきたい商品はありますか？

今後はライセンスを取得して、オリジナルの商品も販売していきたいですね。

個人中国輸入のエキスパート・セラー

熊澤悟士（くまざわ・さとし）。中国輸入販売業。プレイヤーとして実践を重ねるとともに、「老若男女問わず結果が出しやすい」個人中国輸入ビジネスの情報発信・コンサルを行う。これからビジネスをはじめる人が結果を出すために、自ら実践してきたメソッドを伝えている。
ブログ http://ameblo.jp/truecompanion/

Q1 Amazon で出品をはじめてどのくらいですか？

約２年です。

Q2 Amazon で出品をはじめたきっかけは？

FBA での自動販売システムに魅力を感じたので。

Q3 どのようなジャンルを中心に出品していますか？

アパレル・雑貨が中心です。

Q4 今までで１番のヒット商品を教えてください

モバイルバッテリーです。

Q5 Amazon で販売をしていて「面白い」と思う瞬間はありますか？

アクセス数・ランキング順位が上位にハマったときの販売数がすごいので、面白いと思います。

Q6 今だから言える「失敗談」などありますか？

タイトルに規約違反の文言を入れてしまい、更新が反映されなかったばかりか、注意を受けたことです。

Q7 Amazon 出品サービスで成功するためのアドバイスをお願いします

FBA を利用して商品ラインナップをどんどん増やして、日々安定した売上を計上できる分母を構築することが肝要です。また「逆転の発想」も必要で、自動化に固執せず、自社発送商品も出品して幅を広げていくべきです。

Q8 今後取り扱っていきたい商品はありますか？

中国仕入れでのオリジナル商品と、中国以外の仕入れ先からの商品を扱っていきたいです。

SELLER INTERVIEW 6

おもちゃを中心にさまざまなジャンルを扱うセラー

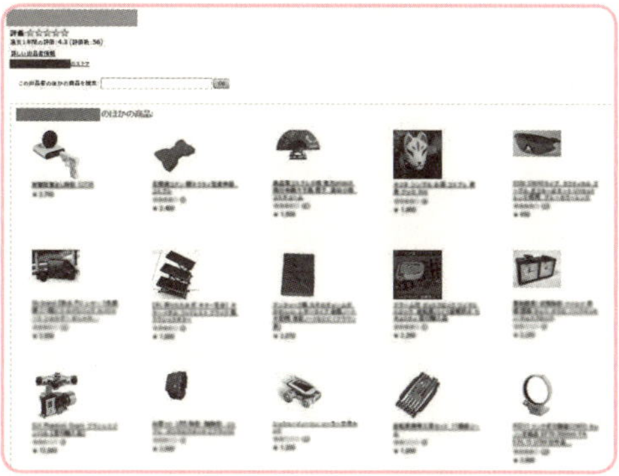

今泉賀晶（いまいずみ・よしあき）。東京生まれ東京育ち。作家を夢見て小説家に弟子入りするも志半ばで断念。広告代理店、印刷会社での勤務を経てイベント制作会社の代表となる。2014 年、正式に代表を後任に託し離職、これまでの経験や人脈を活かしつつ心機一転活動中。趣味はキャンプ、バイク、旅行、読書。

Q1 Amazon で出品をはじめてどのくらいですか？

8 カ月くらいです。

Q2 Amazon で出品をはじめたきっかけは？

以前からやってみたいと思っていたところ、知り合いに商品の仕入れから出品の方法まで教えてもらったのがきっかけではじめました。

Q3 どのようなジャンルを中心に出品していますか？

特に意識して特化しているジャンルはありませんが、最も多いのはおもちゃ類ですね。

Q4 今までで 1 番のヒット商品を教えてください

ひみつです。

Q5 Amazon で販売をしていて「面白い」と思う瞬間はありますか？

商品が売れたときや、お客様から高評価をいただいたときは、やっぱり面白いと感じますね。

Q6 今だから言える「失敗談」などありますか？

輸入禁止品と知らずに商品の仕入れをしてしまい、税関から「これは輸入できません」と言われて泣く泣く手放したことがあります。

Q7 Amazon 出品サービスで成功するためのアドバイスをお願いします

どんな商品が売れているか分析することと、できる限りたくさん商品を取り揃えてお客様の裾野を広げることが大切だと思っています。

Q8 今後取り扱っていきたい商品はありますか？

具体的な商品はまだ決まっていませんが、おもちゃ類をもっと増やして、ほかにはアウトドア向け商品を多く取り扱っていきたいなと思っています。

SELLER INTERVIEW 7

子育てしながら稼ぐ主婦セラー

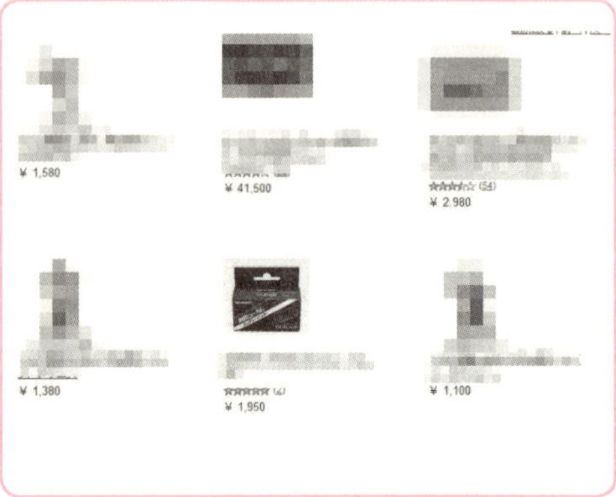

ひとみ。子育て奮闘中の主婦。
URL http://tenbainet.com/

Q1 Amazon で出品をはじめてどのくらいですか？

8 カ月くらいになります！

Q2 Amazon で出品をはじめたきっかけは？

転売のセミナーに出席した際に初心者の転売モニターをすることになり、Amazon での出品をはじめました。

Q3 どのようなジャンルを中心に出品していますか？

アパレル・家電・日用品・工具が中心です。

Q4 今までで 1 番のヒット商品を教えてください

カメラのレンズです。

Q5 Amazon で販売をしていて「面白い」と思う瞬間はありますか？

自動化して販売できるので、出品・販売がスムーズにできることです。大手の Amazon だからこそ売れるのだろうと、面白く感じます。

Q6 今だから言える「失敗談」などありますか？

ウィンカーのランプを 2 個セットで販売するところを、自分のミスで 1 個だけの販売になっていました。そのときは購入者から猛烈なクレームを受けました！

Q7 Amazon 出品サービスで成功するためのアドバイスをお願いします

売れている商品を切らさないようにすることです。

Q8 今後取り扱っていきたい商品はありますか？

独自のアパレルブランドを取り扱っていきたいです。

SELLER INTERVIEW 8

日本とアメリカに出店する国際派セラー

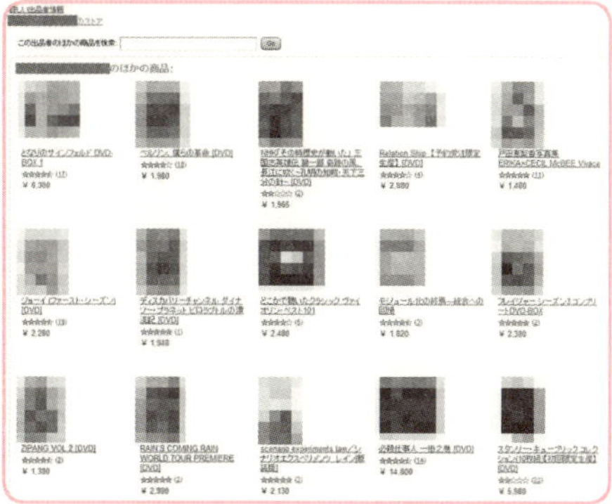

山崎里香（やまざき・りか）。海外を５年間放浪後、地球上どこでも仕事ができる方法を模索中に Amazon 販売と出会う。現在、日本とアメリカに出店中。今後はヨーロッパ、アジアなど世界へ進出する予定。
URL http://ameblo.jp/aff7

Q1 Amazon で出品をはじめてどのくらいですか？

２年です。最初の１年は欧米からの輸入で、ここ１年は国内を中心に仕入れています。

Q2 Amazon で出品をはじめたきっかけは？

友人がわずか３カ月で 150 万円売り上げたので、自分にもできるんじゃないかと思ったのがきっかけです。

Q3 どのようなジャンルを中心に出品していますか？

CD、DVD などの中古メディアが中心です。

Q4 今までで１番のヒット商品を教えてください

オリンピック関連商品です。好きな選手の商品がプレミア化すると、ファンとしても嬉しいです。

Q5 Amazon で販売をしていて「面白い」と思う瞬間はありますか？

出品した直後に売れたときは嬉しいです。６万円の CD ボックスが瞬時に売れたこともあります。

Q6 今だから言える「失敗談」などありますか？

海外からの転送料金の計算を３カ月も間違っていて、利益ゼロで販売していたことがありました。

Q7 Amazon 出品サービスで成功するためのアドバイスをお願いします

自分の趣味や好きな分野の商品を極めるとよいと思います。毎日が楽しいですよ。

Q8 今後取り扱っていきたい商品はありますか？

ファッションや美容、雑貨などを、海外へ自分で買い付けに行って販売したいです。

第1部

Amazonの魅力と販売する商品

第1部ではAmazon出品サービスの魅力と
仕入れのコツについて解説します。

amazon.com

chapter

1

Amazon の魅力

今や私たちの生活の身近な存在となっているAmazon。買い物をしたことがある方も多いのではないでしょうか。
この章では、Amazon の基本情報や特徴について学ぶことで、どのような魅力を秘めているのかを確認していきましょう。

01 世界中に広がるAmazon

ここでは世界中で利用されているAmazonの魅力について解説します。

気がつけば暮らしの一部として、あるいはオンラインストアの定番として存在感を放つAmazon。今や知らない人はいないと言うほど、抜群の知名度を誇っています。そんなAmazonは一体、どうやってスタートしたのでしょう。その歴史と人気の秘密をひも解いてみましょう。

Amazonの歴史と人気の秘密

Amazonは1995年にアメリカで創業したオンラインストアです。アメリカをはじめとして、イギリス（Amazon.co.uk）、フランス（Amazon.fr）、ドイツ（Amazon.de）、カナダ（Amazon.ca）、日本（Amazon.co.jp）、中国（Amazon.cn）、イタリア（Amazon.it）、スペイン（Amazon.es）、ブラジル（Amazon.com.br）、インド（Amazon.in）、メキシコ（Amazon.com.mx）、オーストラリア（Amazon.com.au）の12カ国でサイトを運営しています。

日本では書籍のみの販売からスタート

日本では、2000年11月に書籍のみの販売からスタートしたので、今でも書籍やCD、DVDなどのメディア商品の販売サイトとして認識をしている方もいるかもしれません。

現在は取り扱い品目を増やして、メディア商品以外にも家電やホーム・キッチン用品、おもちゃ、食品、文房具、ペット用品、衣類など多様な商品を扱い、日本で最大規模の総合オンラインストアとしてその地位を確立しています。

Amazonマーケットプレイス

Amazonが提供する「Amazonマーケットプレイス」は、第三者である出品者と購入者が売買を行う場所として開設され、参入障壁が低いこともあり多くのセラー（販売者）から人気を集めています。

独自の物流を持ち配送スピードが速く、30日の返金または交換の保証がついており、第三者の出品商品においても信用の高いAmazonが取引の仲介をしてくれるのが魅力となり、消費者から多くの支持を得ています。

Amazonには、1カ月に4,800万人ものユニークユーザー（純粋な訪問者数）が訪れますので、宣伝力や集客力は日本国内で最大級と言ってよいでしょう。

圧倒的な集客力を持つ総合オンラインストア「Amazon」にセラーとして参加すれば、より多くの顧客を獲得するチャンスが広がることは間違いありません。

●世界中に広がるAmazon

02 Amazonの売上高

ここではAmazonの規模について解説します。

人が集まるところにはビジネスチャンスが生まれます。日本国内で最大級の宣伝力と集客力を持っているAmazonはとても魅力的です。実際のAmazonの売上高はどれくらいなのでしょうか。

伸び続けるAmazonの売上高

Amazonの日本における売上高は、右の表のように年々伸びています。

この金額はAmazonが実績として発表したものですが、直販売上やモール事業などによる手数料収入などとみられており、出店・出品する企業の売上高を含んだAmazon全体としての国内流通総額は1兆円を超えていると推測されています。

年度	売上高
2010年	約4,400億円
2011年	約5,200億円
2012年	約6,200億円
2013年	約7,455億円

●売上高の推移（日本国内）

COLUMNS

何でも揃うという意味が込められたマーク「Amazonのロゴ」

2000年に作られたAmazonのロゴマークは、amazonのaからzに向かって下向きに弧を描く矢印が描かれています。これは、"from A to Z"（アルファベットのAからZまで）という意味で、つまりAmazonなら何でも揃うという意味と、顧客の満足を表す笑顔を表現したロゴマークと言われています。

amazon.co.jp

●Amazonのロゴマーク

03 Amazonの特徴とは

Amazonがどうして多くの方に利用されるようになったのか、その理由を紹介します。

Amazonが数多くの人に支持を受け、成長してきた理由の1つとして、Amazon最大の特徴と言われるレコメンデーション機能の影響があります。普段、何気なく見過ごしてしまうような部分ですが、実はとても優れた最先端の機能なのです。

レコメンデーション機能

Amazonの最大の特徴は、強力なレコメンデーション機能にあります。レコメンデーション機能とは、過去の購入履歴などから顧客一人一人の趣味や読書傾向を探り出し、それに合うと思われる商品をメール、ホームページ上で重点的に顧客一人一人に推奨する機能のことです。例えばAmazonの「トップページ」や「おすすめ商品」では、そのユーザーが過去に購入や閲覧をした商品と似た属性を持つ商品のリストが自動的に表示されますが、それもレコメンデーション機能の一部です。

● レコメンデーション機能

シリーズ物の漫画などの購入をレコメンドする場合にはちょうど新刊が出たころに案内し、似たような傾向の作品も推薦します。このようなAmazonのレコメンデーション機能は、実用レベルの最先端にあると言われています。

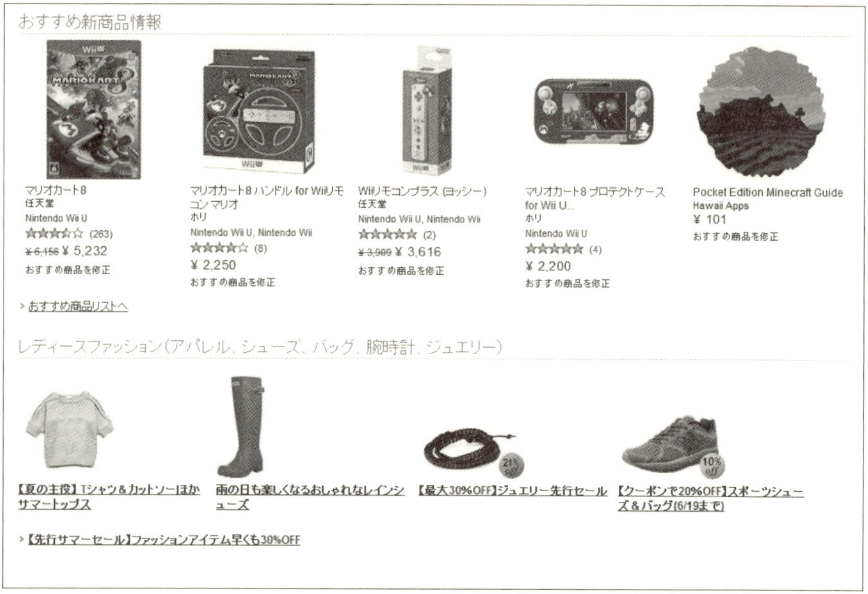
おすすめ新商品情報
マリオカート8
任天堂
Nintendo Wii U
(263)
¥6,156 ¥ 5,232
おすすめ商品を修正
マリオカート8 ハンドル for Wiiリモコン マリオ
ホリ
Nintendo Wii U, Nintendo Wii
(8)
¥ 2,250
おすすめ商品を修正
Wiiリモコンプラス (ヨッシー)
任天堂
Nintendo Wii U, Nintendo Wii
(2)
¥3,909 ¥ 3,616
おすすめ商品を修正
マリオカート8 プロテクトケース for Wii U...
ホリ
Nintendo Wii U
(4)
¥ 2,200
おすすめ商品を修正
Pocket Edition Minecraft Guide
Hawaii Apps
¥ 101
おすすめ商品を修正
> おすすめ商品リストへ
レディースファッション(アパレル、シューズ、バッグ、腕時計、ジュエリー)
【夏の主役】Tシャツ＆カットソーほかサマートップス
雨の日も楽しくなるおしゃれなレインシューズ
21% off
【最大30%OFF】ジュエリー先行セール
10% off
【クーポンで20%OFF】スポーツシューズ＆バッグ(6/19まで)
> 【先行サマーセール】ファッションアイテム早くも30%OFF

●レコメンデーション機能（おすすめ新商品情報）

Amazon が生み出した識別コード「ASIN」

世界中の Amazon グループが共通して採用している Amazon 独自の識別コードとして「ASIN」があります。ASIN とは、Amazon Standard Item Number の略で、10 桁のアルファベットと数字により構成される商品識別番号です。原則として 1 つの商品に対して 1 つのカタログ（商品詳細ページ）と ASIN が登録され、複数の国の Amazon で同じ商品を扱っている場合は、同一の ASIN コードになります。

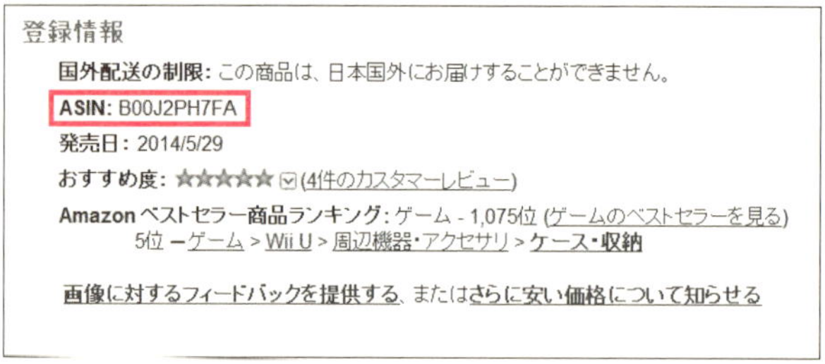
登録情報

国外配送の制限: この商品は、日本国外にお届けすることができません。
ASIN: B00J2PH7FA
発売日: 2014/5/29
おすすめ度: (4件のカスタマーレビュー)
Amazon ベストセラー商品ランキング: ゲーム - 1,075位 (ゲームのベストセラーを見る)
5位 ─ ゲーム > Wii U > 周辺機器・アクセサリ > ケース・収納

画像に対するフィードバックを提供する、またはさらに安い価格について知らせる

●ASIN コード

Amazon は、書籍以外の商品すべてに独自の ASIN コードを与え、それを世界の Amazon サイト内で適用しました。本国アメリカをはじめ、カナダ、ドイツ、フランス、日本といった世界中の Amazon グループが一貫して ASIN を採用しています。そのた

め、家具や玩具のような製品でも、洋書を取り寄せるような感覚で外国製品を買うことができます。

カスタマーレビュー

買い物をしに来たユーザーが安心してショッピングをできるように作られたシステムです。今では当たり前のように感じますが、商品を手にする前に購入者の意見を聞けるのはとても参考になります。

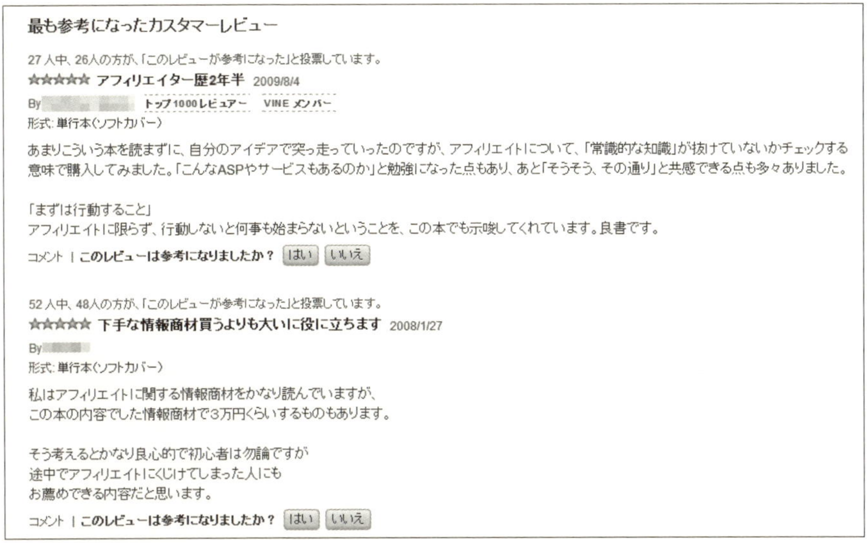

最も参考になったカスタマーレビュー

27 人中、26人の方が、「このレビューが参考になった」と投票しています。
☆☆☆☆☆ **アフィリエイター歴2年半** 2009/8/4
By トップ1000レビュアー VINE メンバー
形式: 単行本(ソフトカバー)

あまりこういう本を読まずに、自分のアイデアで突っ走っていったのですが、アフィリエイトについて、「常識的な知識」が抜けていないかチェックする意味で購入してみました。「こんなASPやサービスもあるのか」と勉強になった点もあり、あと「そうそう、その通り」と共感できる点も多々ありました。

「まずは行動すること」
アフィリエイトに限らず、行動しないと何事も始まらないということを、この本でも示唆してくれています。良書です。

コメント | **このレビューは参考になりましたか？** はい いいえ

52 人中、48人の方が、「このレビューが参考になった」と投票しています。
☆☆☆☆☆ **下手な情報商材買うよりも大いに役に立ちます** 2008/1/27
By
形式: 単行本(ソフトカバー)

私はアフィリエイトに関する情報商材をかなり読んでいますが、
この本の内容でした情報商材で3万円くらいするものもあります。

そう考えるとかなり良心的で初心者は勿論ですが
途中でアフィリエイトにくじけてしまった人にも
お薦めできる内容だと思います。

コメント | **このレビューは参考になりましたか？** はい いいえ

●カスタマーレビュー

商品に対する評価機能

ユーザーは購入した商品に対して、星５つを満点とする５段階で評価をつけて、評価内容を記入できます（これを「レビュー」と呼ぶ）。また、レビューの読者は投稿されたレビューが参考になったかどうか、「はい」か「いいえ」の票を入れることで評価できます。

04 Amazonのしくみ

Amazonの基本的な販売のしくみについて解説します。

Amazonで販売されている商品は、Amazon自体が販売を行っている商品と、Amazonがマーケットプレイスとして取引の場を提供することで外部の売り手が販売に参加している商品があります。

Amazon小売部門とAmazon出品（出店）サービス

Amazonで販売されている商品は、Amazon自身が仕入れと販売を行うAmazon小売部門の商品と、Amazon出品（出店）サービスから出品者がAmazon上で販売する商品が混在しています。

多くの出品者が同じAmazonで商品を販売することで、豊富な品揃えを実現し、また価格競争させることで安価に商品を提供することが可能となっています。

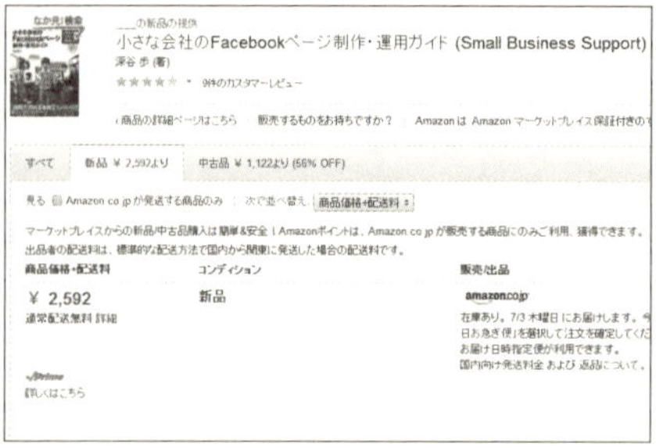

小さな会社のFacebookページ制作・運用ガイド (Small Business Support)
深谷 歩 (著)
9件のカスタマーレビュー
商品の詳細ページはこちら
販売するものをお持ちですか？
すべて
新品 ¥ 2,592より
中古品 ¥ 1,122より (56% OFF)
Amazon.co.jpが発送する商品のみ
次で並べ替え
商品価格+配送料
マーケットプレイスからの新品/中古品購入は簡単&安全！Amazonポイントは、Amazon.co.jpが販売する商品にのみご利用、獲得できます。
出品者の配送料は、標準的な配送方法で国内から関東に発送した場合の配送料です。
商品価格+配送料
コンディション
販売/出品
¥ 2,592
通常配送無料 詳細
新品
amazon.co.jp
お届け日時指定便が利用できます。
国内向け発送料金 および 返品について。
詳しくはこちら

● Amazon小売部門の商品ページ

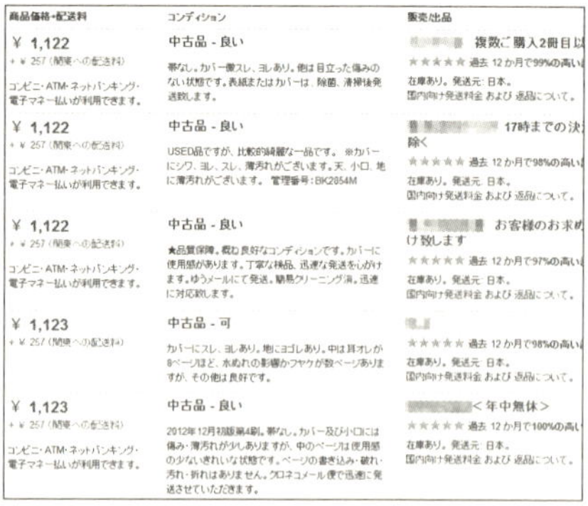

商品価格+配送料
コンディション
販売/出品
¥ 1,122
+ ¥ 257 (関東への配送料)
コンビニ・ATM・ネットバンキング・電子マネー払いが利用できます。
中古品 - 良い
帯なし。カバー微スレ、ヨレあり。他は目立った傷みのない状態です。表紙またはカバーは、除菌、清掃後発送致します。
在庫あり。発送元: 日本。
国内向け発送料金 および 返品について。
¥ 1,122
+ ¥ 257 (関東への配送料)
コンビニ・ATM・ネットバンキング・電子マネー払いが利用できます。
中古品 - 良い
USED品ですが、比較的綺麗な一品です。 ※カバーにシワ、ヨレ、スレ、薄汚れがございます。天、小口、地に薄汚れがございます。 管理番号:BK2854M
在庫あり。発送元: 日本。
国内向け発送料金 および 返品について。
¥ 1,122
+ ¥ 257 (関東への配送料)
コンビニ・ATM・ネットバンキング・電子マネー払いが利用できます。
中古品 - 良い
★品質保障。概ね良好なコンディションです。カバーに使用感があります。丁寧な検品、迅速な発送をしがけます。ゆうメールにて発送。簡易クリーニング済。迅速に対応致します。
在庫あり。発送元: 日本。
国内向け発送料金 および 返品について。
¥ 1,123
+ ¥ 257 (関東への配送料)
中古品 - 可
カバーにスレ、ヨレあり。地にヨゴレあり。中は耳オレが8ページほど、水ぬれの影響かフヤケが数ページありますが、その他は良好です。
在庫あり。発送元: 日本。
国内向け発送料金 および 返品について。
¥ 1,123
+ ¥ 257 (関東への配送料)
コンビニ・ATM・ネットバンキング・電子マネー払いが利用できます。
中古品 - 良い
2012年12月初版第4刷。帯なし。カバー及び小口には傷み・薄汚れが少しありますが、中のページは使用感の少ないきれいな状態です。ページの書き込み・破れ・汚れ・折れはありません。クロネコメール便で迅速に発送させていただきます。
＜年中無休＞
在庫あり。発送元: 日本。
国内向け発送料金 および 返品について。

● Amazon出品（出店）サービスの商品ページ

出品者に対する評価

Amazonでは、マーケットプレイスのクオリティと秩序を守るために、購入者が出品者に対して評価とコメントができるシステムを採用しています。購入者が出品者の取引履歴の評価とコメントを見られるのは安心感を生みます。

出品者に対する購入者からの５段階評価

Amazonでは購入者が出品者に対して、非常に良い・良い・普通・悪い・非常に悪いという5段階の評価と、出品者に対するコメントを残すことができます。また、Amazonを利用するすべてのユーザーが、出品者プロフィール（評価一覧ページ）から、出品者のこれまでの評価と購入者からのコメントを閲覧することができます。この評価システムはAmazonが提供する商品の品質を保つため、あるいは購入者が商品を選ぶために重要な役目を果たしています。

Amazon内では、商品の出品一覧ページ上に、各出品者の良い評価の割合がパーセントで表示されます。良い評価の割合は「良い評価数の合計」÷「評価数の合計」で計算されます。過去30日間、90日間、1年間、全期間で、それぞれ個別に計算されます。星の数は、「星の数の合計」÷「評価数の合計」で計算されます。平均が4.76以上の場合は5つ星となり、4.26から4.75は4.5つ星、3.75から4.25は4つ星というように表示されます。これからAmazonに出品者として参加される方は是非、5つ星のストアを目指してがんばりましょう。

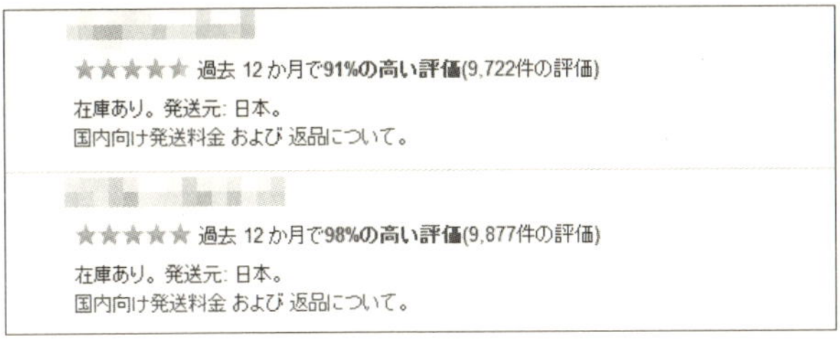

● 5段階評価

05 Amazonの集客力を利用する

非常に大きな集客力を持つプラットフォームであるAmazonに出店すればその恩恵を受けられます。

例えばAmazonに出品（出店）するのと、ネットショップを立ち上げるのではどのような違いがあるのでしょうか？　Amazonで販売をすることによるメリットは何なのか、しっかりと理解しておきましょう。

Amazon出品（出店）サービスに参加するメリット

Amazonで出品（出店）する最大のメリットと言えば、何といっても圧倒的な集客力です。通常、ネットショップを立ち上げたとすれば有料の広告を出したり、インターネットでSEO対策をしたりと、無名のネットショップにお客さんを集めるために多くのコストや手間をかけなくてはなりません。また、新しく立ち上げたばかりのネットショップが信用を得るためには時間もかけなくてはいけません。

一方、Amazonに出品する場合はAmazonというブランド自体に信用がありますので、出品者はわざわざユーザーを集めなくても、Amazonに買い物に来たユーザーが出品した商品を買ってくれるのを待てばよいのです。

日本のAmazonの月間訪問者数は4,800万人超と言われています。日本人の人口の約3人に1人が、1カ月に1回Amazonのサイトを閲覧している計算になります。

そう考えると、Amazonの集客力がいかに強力か、よくわかります。

chapter

2

Amazon 出品サービスの魅力

Amazon が圧倒的な集客力を持つオンラインストアであることを第 1 章で解説しました。
それでは、Amazon 出品サービスの特徴と、ほかのオンラインストアにはない魅力を具体的に見ていきましょう。

01 Amazon 出品サービスの特徴とは

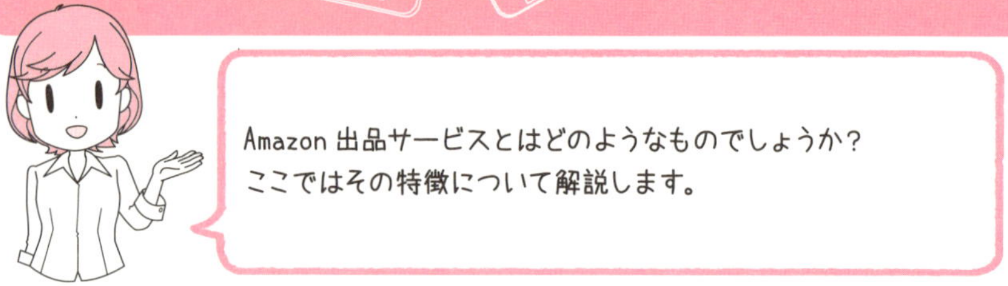
Amazon 出品サービスとはどのようなものでしょうか？
ここではその特徴について解説します。

Amazon は日本でサービスを開始して以来、着実に訪問者を増やし、現在では月間 4,800 万人のユニークユーザーが訪れるオンラインストアとなっています。その圧倒的な集客力は、Amazon 出品（出店）サービス最大のメリットです。そして Amazon の商品ページには、1 つの商品情報が 1 ページに集約されているという特徴があります。

同じ商品を販売している複数の出品者がいる場合でも、1 つのページに情報が集約されているため、商品の情報が一目でわかります。

4,800 万人

● 多くの人が Amazon で買い物をしている

出品が簡単、難しいパソコン知識が不要

Amazon への出品に、難しい HTML などの専門知識は必要ありません。パソコン初心者でも簡単に出品可能です。Amazon ですでに販売されている商品の場合は、出品用の写真やデータなども必要ありません。最小限の手間で簡単に販売を開始できるのが魅力の 1 つです。

●簡単に操作できる

安心の代金回収システム

購入者からの商品代金は Amazon が回収を代行してくれます。出品者は Amazon から「注文確定」のメールが届いたら、購入者に商品を発送するだけで取引完了です。販売した商品の代金は Amazon の手数料を相殺して 14 日周期締めで、指定の銀行口座に振込まれます。振込手数料は Amazon が負担します。面倒な代金の回収作業を Amazon が代行してくれるので、出品者は販売に専念できます。

Amazon の販売手数料

Amazon 内で商品を販売すると、Amazon から販売手数料が徴収されます。販売する商品のカテゴリーが本・ミュージック・ビデオ・DVD の場合は、注文成約時に販売手数料とカテゴリー成約料が徴収されます。

　また、小口出品サービスを利用する場合には 1 点につき 100 円の基本成約料が Amazon から徴収されます。1 カ月に 49 品以上の商品を販売する場合は、月間登録料 4,900 円の大口出品サービスを利用したほうがお得です。

商品のカテゴリー・サブカテゴリー	販売手数料率
書籍、雑誌、その他出版物	15%
エレクトロニクス商品	8%
カメラ	8%
パソコン・周辺機器商品	8%
(エレクトロニクス商品、カメラ、パソコン・周辺機器)アクセサリー商品	10%、もしくは 50 円のいずれか高い方
Kindle アクセサリ	45%
楽器商品	8%
ヘルス&ビューティー商品	10%
コスメ商品	20%
ミュージック(およびその他録音物)	15%
スポーツ&アウトドア商品	10%
カー&バイク用品	10%
おもちゃ&ホビー商品	10%
TV ゲーム商品	15%
PC ソフト商品	15%
ペット用品	15%
文房具・オフィス用品	15%
ホーム & キッチン商品	15%
大型家電	8%
DIY・工具	15%
食品&飲料商品	10%
時計	15%
ジュエリー	15%
アパレル・シューズ・バッグ	15%
その他全商品	15%

● Amazon の販売手数料(2014 年 6 月時点)
(URL http://services.amazon.co.jp/services/sell-on-amazon/fee-detail.html)

商品カテゴリー	カテゴリー成約料
書籍	¥60
ミュージック	¥140
DVD	¥140
ビデオ(VHS)	¥30

● カテゴリー成約料(国内へ発送する場合、2014 年 6 月時点)
(URL http://services.amazon.co.jp/services/sell-on-amazon/fee-detail.html)

02 大口出品と小口出品の違い

Amazon 出品（出店）サービスには、大口出品と小口出品の2つの料金プランが存在します。

●大口出品と小口出品
（URL http://services.amazon.co.jp/services/sell-on-amazon/fee-detail.html）

大口出品の料金プランは、月額4,900円＋販売手数料です。対して、小口出品のプランは1点につき100円の基本成約料＋販売手数料となっています。

料金プランだけではなく、大口出品と小口出品ではサービス内容も異なります。

小口出品はAmazonにすでに掲載されている商品のみしか登録できないのに対して、大口出品の場合はAmazonに掲載されていない商品でも、自分で出品ページを作成して新規出品することができます。

さらに小口出品では一部出品できないカテゴリーがありますが、大口出品はカテゴリーの制限なく出品ができます。また、大口出品の場合は出品ツールを使って、複数の商品を一括登録できるというメリットもあります。

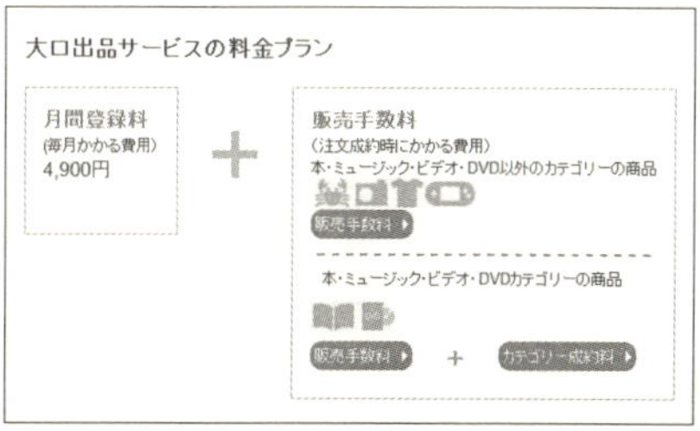

●大口出品サービス
（URL http://services.amazon.co.jp/services/sell-on-amazon/fee-detail.html）

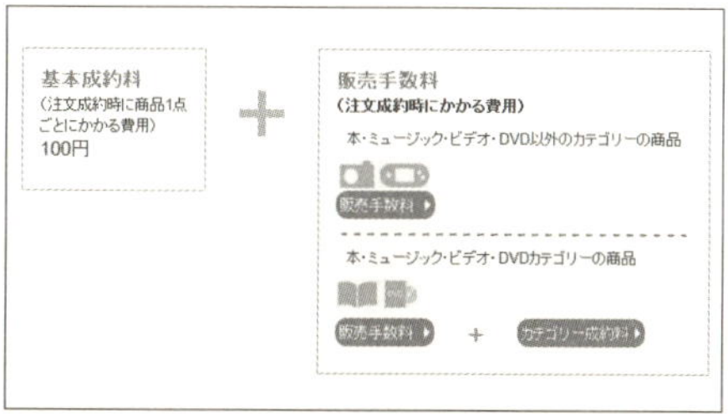

●小口出品サービス
（URL http://services.amazon.co.jp/services/sell-on-amazon/fee-detail.html）

個人出品者と出店型出品者

Amazon では小口出品の契約者のことを「個人出品者」、大口出品の契約者のことを「出店型出品者」とも呼びます。

ちょっとした古本や不要になった家電などを処分したいときは小口出品でもよいかと思いますが、Amazon を 1 つの販路として考えたい場合は、出店型である大口契約のほうが向いています。

出店型出品者の特徴

価格や在庫状況などの諸条件によって、「ショッピングカート」ボックスや「こちらからも買えますよ」ボックスに出店型出品者の名前が表示されます。これらのボックスを取ることは売上を上げるために、とても重要なポイントとなります。

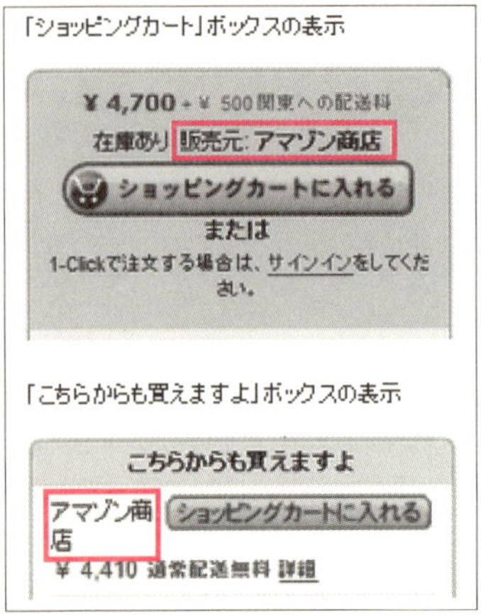

●「ショッピングカート」ボックス

ニックネームについて

左図の「ショッピングカート」ボックスの参考例のように出品者のニックネームに、「Amazon」または「アマゾン」を使用することはできません。

販売商品の一覧ページ

出店型出品者には、販売商品の一覧ページが与えられます。出店型出品者は、Amazon 上に「出店」する形で商品を販売しています。各出店型出品者のトップページにあるリンクをクリックすると、販売商品の一覧が表示され、購入者はその一覧からも商品を検索できます。

出店型出品者の販売商品の一覧ページを確認しよう

出店型出品者の販売商品の一覧ページは、以下の方法で確認できます。

❶商品の詳細ページの「在庫状況について」の下に表示されている出品者名をクリックします。

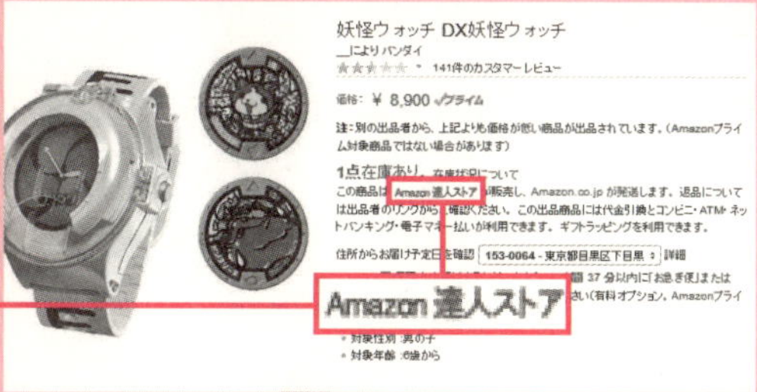

❷ページ左上の、「○○(出店型出品者名)のストア」のリンクをクリックします。

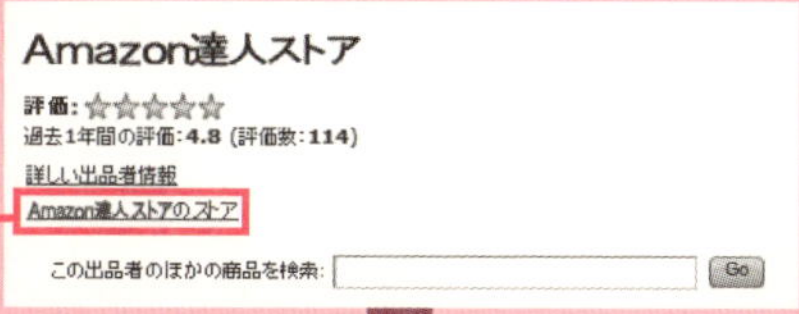

❸ストアのほかの商品一覧が表示されます。

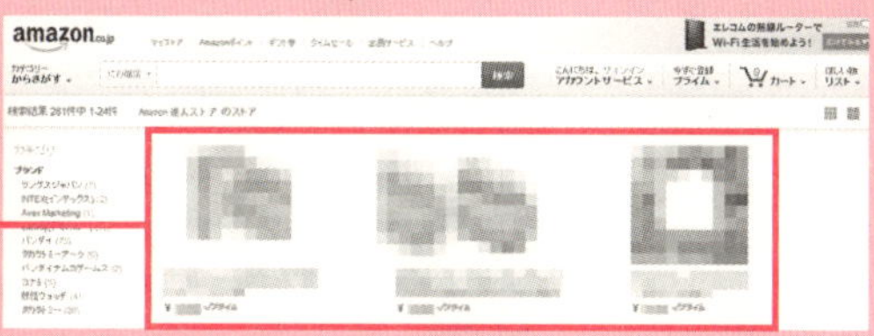

03 ショッピングカートボックスを獲得するには

出店型出品者がショッピングカートボックスを獲得する方法について解説します。

ショッピングカートボックス獲得資格を得た出品者の商品は、Amazon のサイト上で有利な位置に表示されることになります。この資格があることで、出品中の商品が商品詳細ページのショッピングカートボックスや「こちらからもご購入いただけます」ボックス内に表示される可能性が生まれます。

Amazon での販売において、このショッピングカートを取れる、取れないというのはとても重要なポイントとなります。

なぜなら、ショッピングカートを取った場合、購入者は商品ページで「カートに入れる」をクリックするだけで購入手順に進むことができるからです。

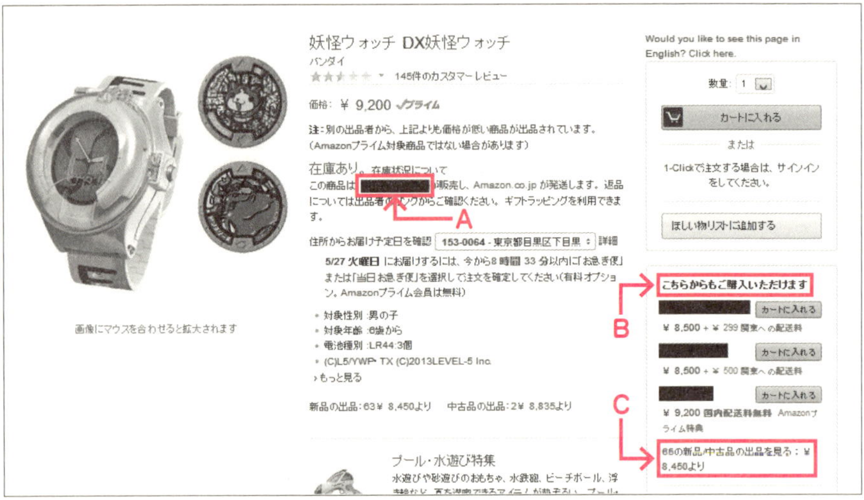

● ショッピングカートボックスの例

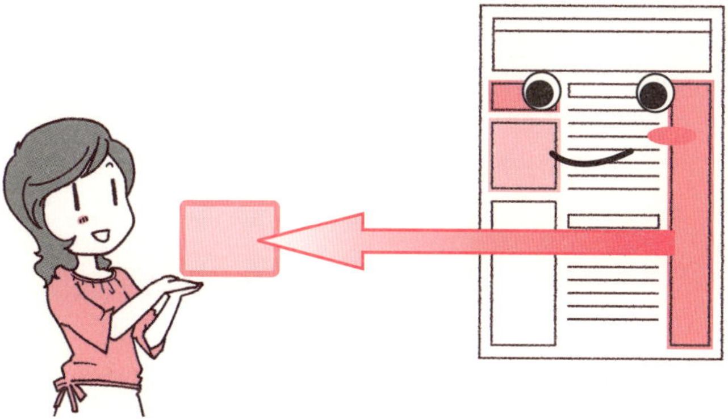

ショッピングカートボックスを獲得すると購入につながりやすい

前ページの図の場合、A がショッピングカートボックスを獲得している出品者、B が「こちらからもご購入いただけます」ボックスに表示されている出品者、C が A と B 以外の出品者になります。見るからにその差が歴然としていることがわかると思います。

それでは、この有利なショッピングカートボックスを獲得するにはどうすればよいのでしょうか？

Amazon はショッピングカートボックス獲得資格の要件として、次のように回答しています。

- **注文不良率**
  注文不良率は、購入者からの評価、Amazon マーケットプレイス保証やチャージバックの申請率の割合を元に算出されます。
- **出品者のパフォーマンスの指標**
  配送スピード、配送方法、価格、FBA の利用によるものも含む年中無休のカスタマーサービスなどを通じて、商品と共に購入者に提供されるショッピング体験全般です。
- **Amazon で出品している期間と取引の数**
- **出品形態が「大口出品」であるかどうか**

上記の条件を満たしていることが最低限、必要なようです。それ以上の条件は公式には公開されていませんが、以下のようなことが推測できます。

- 商品の価格（商品＋送料）が安いこと
- カスタマー評価を含む顧客満足度
- Amazon の取引件数と出品期間
- 在庫状況
- 出荷までのスピード

最低限必要な条件に加えて、これらの総合的な判断で決まるようです。ただし、常に同じ出品者がショッピングカートボックスを獲得できるわけではなく、ショッピングカートボックスを獲得できる出品者は時間の経過とともにランダムで入れ替わります。しかしもちろん、条件のよい出品者ほどショッピングカートボックスを獲得できる確率が高いことは間違いありません。

また、同じ商品でAmazon小売部門が出品をしている場合には、Amazon小売部門がショッピングカートボックスを獲得する傾向があるようです。

●条件をクリアしてショッピングカートボックスの獲得を目指す

chapter

3

出品する商品を仕入れる

Amazonの魅力と、システムについて理解できたところで、利益を上げるための仕入れ方について学んでいきましょう。
Amazonですでに販売されていて、人気のある商品を仕入れることが基本です。
あらかじめ売れている商品をリサーチしながら仕入れれば、赤字を出したり、商品が売れ残ったりすることを回避できます。
この章では、Amazonで人気の商品をリサーチする方法と仕入れ方を解説していきます。

01 Amazonランキングを参考に仕入れ商品を探す

簡単に探す方法としてAmazonランキングが便利です。

何を仕入れるかを決めるときに、まず何を仕入れたら世の中のニーズにマッチしているかを考える必要があります。Amazonで販売するのであれば、今Amazonで売れる商品を仕入れると有利なのは言うまでもありません。

まずはAmazonのランキングをチェックすることで、どんな物が売れているのかをしっかり把握しましょう。

Amazonのベストセラーランキングを参考にする

Amazonには「ベストセラー」というランキングがあります。ベストセラーでは、カテゴリーごとに1～100位までの商品を見ることができます。

このベストセラーランクに入るような商品を仕入れることできれば、かなりの速さで回転して売上に貢献してくれるはずです。しかし、Amazonで100位以内の商品は、たやすく仕入れられるような物ではありません。

ランクインしている商品を仕入れられないとしても、ベストセラーを見ることで、「今どういうアイテムが世の中で流行っているのか、売れているのか」という傾向をつかむことが大切です。例えば、気候が暖かくなってきたらホーム＆キッチンのカテゴリーでは扇風機やサーキュレーターなどがランクインしてきますし、シューズ＆バッグのカテゴリーではサンダルなどがランクインしてきます。こういった世の中のニーズを敏感に感じ取り、仕入れに役立てましょう。

● Amazon ベストセラー
（URL http://www.Amazon.co.jp/gp/bestsellers/）

ワンポイントアドバイス

最終的に利益が取れるかどうかを計算する癖をつける

物販経験がない場合、販売価格（売上）が単純に仕入れ値を上回っていれば利益が出ると思いがちですが、Amazonでの販売手数料や送料、梱包費などの必要経費を差し引いてみて、最終的に利益が取れるかどうかを計算する癖をつけましょう。専門用語では、売上から単純に仕入れ値を引いたものを粗利益と言い、粗利益から諸経費を引いたものを営業利益と言います。粗利益ではなく、営業利益がしっかり取れる商品が仕入れに適した商品だと言えます。

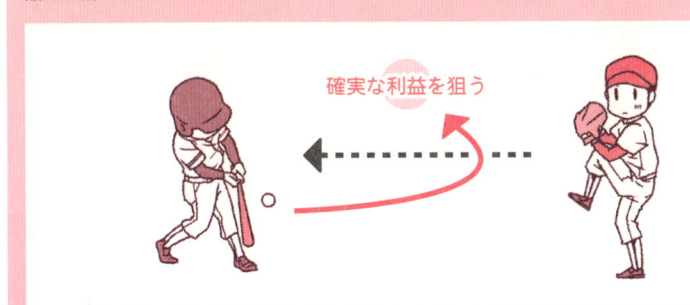

● 確実な利益を狙う

02 日本国内で仕入れる

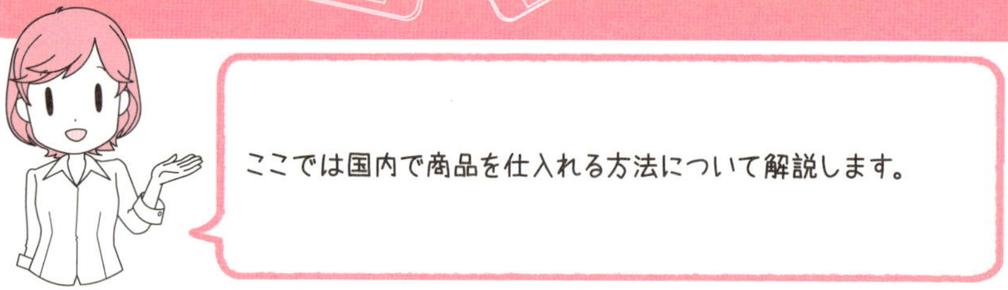
ここでは国内で商品を仕入れる方法について解説します。

「Amazonで出店をする」と言っても、販売する商品もなく、仕入れるルートもない状況では出店できません。また出店するには、購入者が求めている商品を見極め、コンスタントに提供し続けることが重要です。そうした売れ続ける商品の仕入れ先が、当然ながら必要となります。

しかし、何のコネも、販売経験もないオンラインストアの初心者に、商品を提供してくれるところはあるのでしょうか？

●国内の仕入れ

問屋サイトから仕入れをする

「Amazonに出店してみたいけど、販売できる商品もないし、商品の仕入れ先に心当たりもない……」。そういう方はAmazonに出店できないのでしょうか？

そんなことはありません。インターネット上には、Amazonのような総合オンラインストアやネットショップのオーナーのために卸しをしている問屋サイトが数多く存在します。

DeNA B to B market

DeNA B to B market（旧ネッシー）は、メーカー、問屋、卸売会社などのサプライヤーが集まっている老舗サイトです。入会金・月会費無料で利用できます。

●DeNA B to B market（旧ネッシー）
（URL http://www.netsea.jp/）

楽天 B2B

楽天株式会社が運営する卸し・仕入れ専門の BtoB サイトです。数十万以上の商材を扱い、楽天ランキングやメディアで話題の商材も扱っている卸しサイトです。

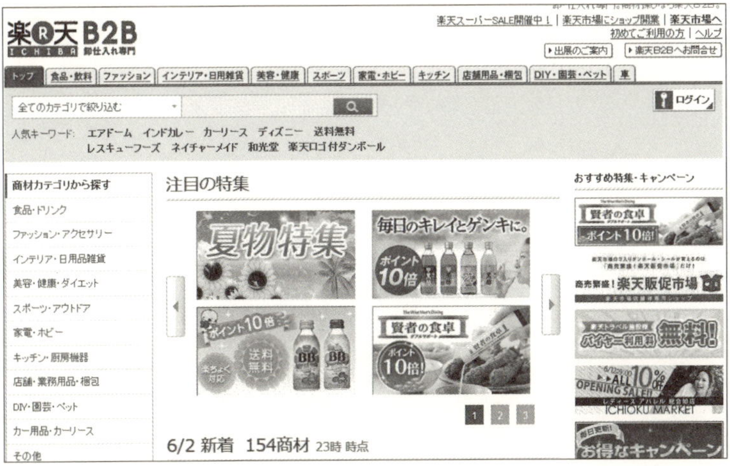

●楽天 B2B
（URL http://b2b.rakuten.co.jp/）

スーパーデリバリー

アパレル・雑貨のジャンルに強い卸し・仕入れサイトです。メーカーと小売店をつなぐマーケットプレイスです。

●スーパーデリバリー
（URL http://www.superdelivery.com/）

ワンポイントアドバイス

卸し問屋を利用する

卸し問屋は基本的に商品を単体では売ってくれません。まとめて商品をお店に卸すことで、薄利多売の商売が成り立っているからです。

逆に言えば、1 個単位で商品を売って欲しいと思っているエンドユーザー（消費者）からすれば、問屋から買うことにメリットはありません。

小売店が間に入り、まとまった数の商品を仕入れてエンドユーザーにバラ売りで提供することによって、問屋、小売店、エンドユーザーそれぞれにメリットが生まれるしくみが成り立っています。

ディスカウント店から仕入れる

ディスカウントストアは仕入れの宝庫です。

ディスカウントストアは問屋を通さずにメーカーから安値で大量に入荷をしているので、消費者に安く商品を提供できます。広告費など無駄なコストを削減し、薄利多売に徹していることも安さの理由です。

ほかにも、ディスカウントストアに限ったことではありませんが、ワゴンセールを狙うといった手もあります。

ワゴンセールとは

ワゴンセールは、量販店などでワゴンに商品を入れて行われる、売り切りのセールのことです。ワゴンセールになる商品は、売れ残りの商品とは限りません。

最新型が発売されたために古い型式となった家電や、テレビ番組の放送終了前に売り切りたいキャラクター玩具などがワゴンセールになりやすいですが、これらは製品に魅力がなくて売れ残っているというより、実店舗では販売期間が限定されているためです。そのほかにも、採算度外視セールを行われる場合があります。

また、店内のディスプレイ用に使われていたような店頭展示品であれば、未使用でも新品より大幅に安く買えることがあります。

●ワゴンセールは宝の山の可能性がある

アウトレット店で仕入れる

アウトレット店とは、型落ちの商品や中古商品を扱う店舗のことを言います。

例えば家電のアウトレット店で売っている商品には、単なる中古ではなく、初期不良のためにメーカーが新品と交換し、修理後に量販店へ卸した新古品のようなものもあります。

また、白物家電やブランド品などはモデルチェンジのサイクルが早いので、型落ちしてしまった商品がアウトレット店へ並ぶこともあります。

ただし、中古品を稼業として転売する場合には、個人か法人かに関わらず古物商許可証が必要となりますので、注意が必要です。

●アウトレット店で仕入れる

フリーマーケットで仕入れる

フリーマーケットとは不用品を公園や広場などに集めて売買をする、いわゆる蚤の市（のみのいち）のことです。

フリーマーケットの出店者は出品料を払って参加していることが多く、大規模な会場で出店する場合は数千円かかることもあるようです。

そのような事情により、その日に売り切ってしまいたい参加者がいるため、インターネットの相場よりもかなり割安で購入できることがあります。

また、インターネットとは違い、売り手と直接コミュニケーションを取って値引き交渉ができますので、交渉次第では売り手の言い値よりも大幅に値下げできることもあります。この場合も中古品を稼業として転売する場合には、古物商許可証が必要になります。

●フリーマーケットは直接交渉できる

古書店で仕入れる

インターネットで買い物をするユーザーには、横着な人もいます。

外に出歩いて探せば安く買えるものがあったとしても、インターネットで買ったほうが持ち歩く手間もかからず楽だからです。

一般的には「せどり」と呼ばれている手法ですが、チェーン展開をしている新古書店などをまわって、Amazon の販売価格より安く買える本をリサーチして歩きます。

特に狙い目は漫画本の全巻セットです。連載ものの漫画本は読みはじめると次が気になってしまうため、一度に全巻をまとめて購入したいというニーズがあります。全巻セットを店舗で買うと、相当の重量になってしまうケースが多いので、オンラインストアでの需要があるのです。

加えて、日本の Amazon は書籍の販売からスタートしていますので、本をインターネットで買うならAmazonで、と思っている人が多いこともメリットの1つです。

古本屋では、漫画の全巻セットまたは未完セットがセールになっていることがあります。全巻セットでAmazonに出品して利益が出そうな商品であれば、そのまま買ってAmazonへ出品、未完セットであれば歯ぬけしている巻を揃えて出品することで差益を得られる場合があります。中古本の「せどり」も古物商許可証が必要になりますので、注意してください。

古物商許可の免許の取り方

古物商許可の免許は表のような方法で取得できます。

項目	説明
申請場所	営業所の所在地を管轄する警察署の防犯係が窓口
申請時間	平日　午前8時30分から午後5時15分まで
手数料	19,000円（不許可となっても返金はされない）
許可証の交付	申請から40日以内に、申請場所の警察署から許可・不許可の連絡がくる
必要書類	住民票 身分証明書 登記されてないことの証明書 略歴書 誓約書 営業所の賃貸借契約書のコピー 駐車場等保管場所の賃貸借契約書のコピー URLを届け出る場合は、プロバイダなどからの資料のコピー

●古物商許可申請

法人の場合は上記に加えて、「法人の登記事項証明書」と「法人の定款」が必要になります。詳しく知りたい方は、警視庁　生活安全総務課　防犯営業第二係に問い合わせください。

・警視庁ホームページ

URL http://www.keishicho.metro.tokyo.jp/tetuzuki/kobutu/kyoka.htm

03 海外から仕入れをする

ここでは海外から商品を仕入れる方法について解説します。

「海外の商品を輸入する」というと少し難しそうに聞こえますが、Amazonには個人でも海外から輸入して販売している人がたくさんいます。実際、「輸入」といってもすべてオンラインでできてしまう作業ですので、覚えてしまえばそう難しくはありません。海外からの仕入れにも目を向けてみましょう。

● 海外からの仕入れ

人気のある商品

例えば、日本未発売の商品や海外限定の商品などは、人気の高い商品と言えます。海外でしか入手できない商品は、輸入ならではの仕入れ商品と言えるでしょう。

海外からの輸入商品は日本人のコレクターだけでなく、日本在住の外国人にもニーズがあります。

海外の Amazon から仕入れる

同じ Amazon の商品でも世界各国で販売されている値段が違うところに着目して、海外の Amazon から輸入して日本の Amazon で販売をしている人も多くいます。

TAKEWARI から仕入れる

TAKEWARI（http://www.takewari.com/）というサイトを使えば、世界 9 カ国の Amazon での販売価格を一画面で比較できるので、利益が出る商品を簡単にリサーチできます。ただし、海外 Amazon では日本の Amazon のアカウントが利用できませんので、買い物をするためには各国の Amazon でアカウントを登録する必要があります。

ここで検索！*0
TAKEWARI
AmazonのURL, ASIN, キーワードで検索
Takewari - 世界のアマゾン横断検索
世界9カ国・日本を含め海外のAmazon通販サイトで商品を横断検索、通貨換算し価格比較できます。
価格/ランキング/出品者数の履歴推移グラフ表示も。
1
あのヘッドフォン 欲しいなあ でも高いんだよね…
TAKEWARIで 比較してみたら？ 日本より安く売ってる国があるかもよ！*1
2
TAKEWARIでは世界9カ国の amazonで商品を比べられるよ
9ヶ国すべて 日本円で比較できるから どこの国が1番安いか すぐわかるね*3
アメリカ安い！*2
3
後日…
郵便デース*4
スゴイ！ 海外からきたー！
4
ヤッター！ ¥3,000も安く 買えちゃった！*5
…… 耳そこなの…？
もっと詳しく！

● TAKEWARI
（URL http://www.takewari.com/）

米国 Amazon（Amazon.com）のアカウント登録をしよう

米国 Amazon の登録方法を説明します。日本の Amazon で使用しているアカウントは使用できないので注意してください。

ワンポイントアドバイス

クレジットカードが必要

米国 Amazon で買い物するにはクレジットカードが必要になります。Visa、MasterCard、JCB、American Express いずれかのカードを用意しましょう。クレジットカードがない場合は、VISA デビットカードで代用ができます。

❶ 米国 Amazon のトップページを開きます（URL http://www.amazon.com/）。「日本でお買い物しましょう！」とメッセージが出ますが、クリックすると日本の Amazon のページに飛んでしまうので、無視してください。

❷［Sign In］をクリックします。

❸「My e-mail address is」に登録するメールアドレスを入力します。「No, I am a new customer.」にチェックを入れて、「Sign in using our secure server」をクリックします。

ワンポイントアドバイス

メールアドレスは日本の Amazon に登録しているものでよい

米国 Amazon に登録するメールアドレスは、日本の Amazon に登録しているものを使用して問題ありません。日本同様、メールアドレスがログインアカウントになります。

❹名前、メールアドレス、パスワードの設定を行います。表と図のように入力して、「Create account」をクリックするとアカウントの完成です。

項目	説明
❶ My name is	自分の名前をローマ字で入力する
❷ My e-mail address is	メールアドレスを入力する
❸ Type it again	メールアドレスを再入力する
❹ My mobile phone number is	空白でよい
❺ Enter a new password	ログインパスワードを設定する（6 文字以上）
❻ Type it again	パスワードを再入力する

❺アカウントが作成できたら、住所を登録しましょう。米国 Amazon トップページ右上の「Your Account」を選択して、「Settings」→「Manage Address Book」と進みます。

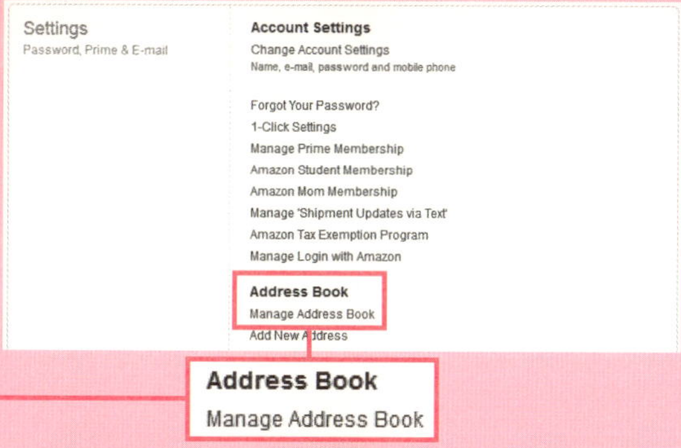

❻各入力箇所を埋めていきましょう。図と表のようにすべてを入力したら「Continue」をクリックして、登録完了です。

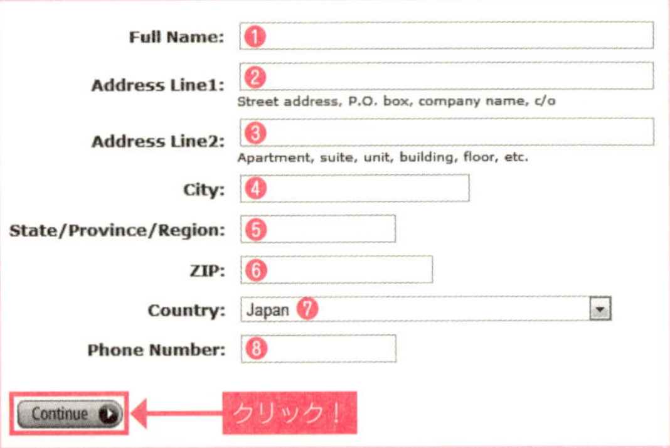

項目	説明
❶ Full Name	自分の名前をローマ字で入力する
❷ Address Line1	町名、番地を入力する
❸ Address Line2	建物名、部屋番号を入力する
❹ City	市区町村を入力する
❺ State/Province/Region	都道府県を入力する
❻ ZIP	郵便番号を入力する
❼ Country	「Japan」と入力する
❽ Phone Number	電話番号を入力する。日本の電話番号は81＋市外局番から0を取った番号を入力する

eBayから仕入れる

eBayは海外で最もポピュラーな世界最大のインターネットオークションサイトです。世界28カ国に拠点があり、出品点数が10数億点とも言われています。

欧米やヨーロッパから輸入仕入れをしている人たちは、eBayから仕入れをしているケースが多いです。eBayで買い物をするためには、Paypal（ペイパル）という決済システムのアカウント開設と、eBayのアカウント開設が必要になります。また、eBayの出品者のほとんどは海外発送に対応していませんので、購入をする際には転送業者を利用することになります。

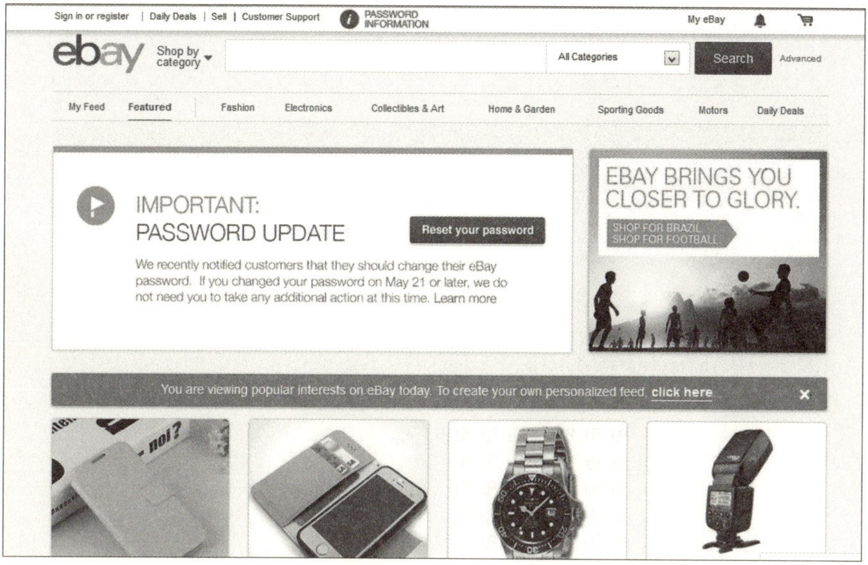

● eBay
（URL http://www.ebay.com/）

eBayアカウントを登録してみよう

eBayアカウントを登録する方法を紹介します。

❶eBayのアカウントを作成します。eBayのトップページ（URL http://www.ebay.com/）にアクセスします。トップページ左上の「Sign in or register」の「register」をクリックします。

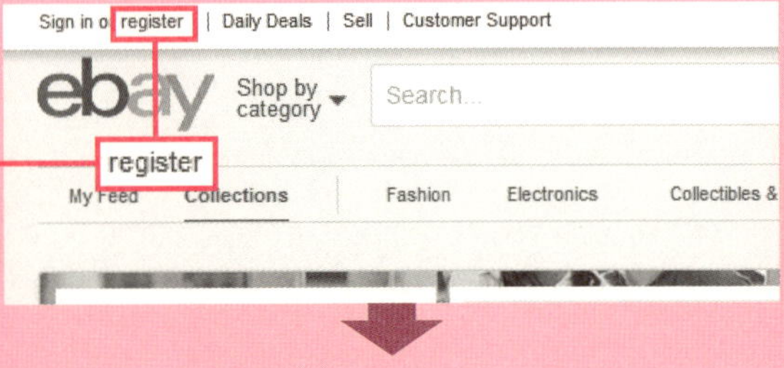

❷名前などを入力する画面に進みますので、図と表のように各必要項目を入力します。入力が終わったら、「Submit」をクリックしてアカウントの作成は完了です。

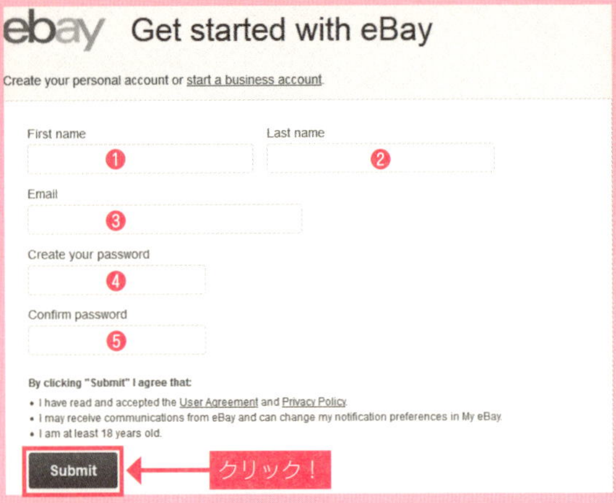

項目	説明
❶ First name	名前を入力する
❷ Last name	苗字を入力する
❸ Email	メールアドレスを入力する
❹ Create your password	パスワードを入力する。半角の英字と数字の組み合わせで6文字以上20文字以下で設定する
❺ Confirm password	パスワードを再入力する

●入力項目

英語での取引に不安がある場合：セカイモンを利用する

「eBayには興味があるけれど、外国人との取引が不安」「英語を使ってのやり取りが苦手」という人は、eBay公認の日本向けサービスとして「セカイモン」というサイトがありますので、利用するとよいでしょう。

「セカイモン」はeBayの日本語翻訳サイトで、海外の出品者との取引から日本への発送まで代行してくれます。日本語で商品検索できる、出品者から購入者の手元に届くまでを半自動的に作業してくれる、という点において便利です。

ただし、手数料が15%かかりますので、自分で取引をするのと比べると、やや高くつきます。

セカイモンは、世界最大オークションeBayの日本向け公認サービスです / 使い方ガイド
sekaimon
powered by ebay
ワールド オークション
セカイモンとは・使い方
会員登録(無料)
ヘルプ
HOME サポート 使い方ガイド
使い方ガイド
セカイモンの特徴
無料会員登録について
商品の探し方
入札の前のチェックポイント
費用について
落札～お届けまで
よくある質問
利用規約
運営会社
セカイモン 使い方ガイド
セカイモンは、約2億点の商品数を誇る「eBay（イーベイ）」の公式日本語オークションサイトです。
レアな日本未発売商品
海外でしか出回ってないコレクターズアイテムもたくさん。
例）イチローグッズ、アバクロ、ディズニーグッズなど
日本で買うより断然安い！
海外から直接買い付けだから、日本で高いあの商品も安くゲットできる！
例）ゴルフクラブ、Coachの財布、NIKE エアジョーダンなど
日本語で完全サポート！
商品説明は日本語翻訳されています。
入札、決済、国際配送、ユーザーサポートもすべて日本語でOK。
日本唯一のeBay（イーベイ）公認サイト
eBayの公認サイトだから安心。
万が一、出品者から落札商品が届かない場合はセカイモンがご返金します。
Powered by ebay

● セカイモン
（URL http://www.sekaimon.com/）

04 アジアから仕入れる

世界の中でも、アジア地域は仕入れに向いている市場です。

輸入仕入れは大きく分けて、米国 Amazon や eBay などから仕入れる「欧米輸入」と、アジアから仕入れをする「アジア輸入」の 2 つの方法があります。アジアからの仕入れは、欧米輸入とどう違い、どのようなメリットがあるか分析していきましょう。

アジアで仕入れをするメリットとは

アジアから仕入れをするメリットは何かと言えば、欧米などと比べると日本から近い分、国際送料が安いことが挙げられます。加えて、近いということは商品が日本に到着するまでの輸送時間も短いこともメリットになります。輸送時間が短ければ、結果的に商品回転率が上がり売上アップにつながります。

さらに、韓国や中国をはじめとしたアジア諸国は日本と比べて物価が安いので、日本と同等の製品でも安く仕入れができるのも魅力の 1 つと言えます。

●アジアからの仕入れ

アジアから仕入れができるサイトとは

欧米輸入よりも輸送コストが安く、輸送時間も短いというメリットを持つアジアから、コネや実績がなくても仕入れができるWebサイトがあります。

Qoo10（旧Gmarket）で仕入れる

Qoo10は韓国の通販サイトです。ただし、出品しているのは韓国だけでなく、中国やシンガポール、日本からの出品もありますので注意が必要です。品揃えはとても豊富で、韓国の有名なブランドのコスメはほとんど揃います。

また、商品を直送してくれますので、とても便利です。ただしサイトの中には偽物の商品を販売しているショップもあるようです。ほかの購入者のレビューなどを確認して、仕入れには充分気をつける必要があります。

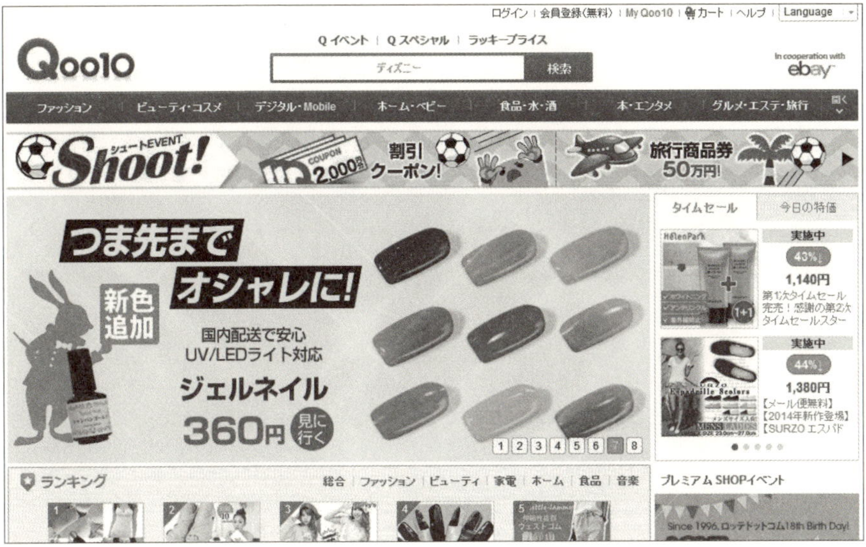

●Qoo10（旧Gmarket）
（URL http://www.qoo10.jp/）

淘宝（タオバオ）で仕入れる

淘宝はアジア最大の通販サイトです。淘宝という名前には「見つからない宝物はない、売れない宝物はない」という意味が込められているそうです。そのくらい多数の商品が出品されています。

実は著者も淘宝からの仕入れの魅力に魅了され、「欧米輸入から鞍替えをした」という経緯を持っています。それどころか、自分で淘宝から仕入れを代行する会社を立ち上げてしまいました。こちらについては、61 ページで紹介します。

淘宝の商品はとにかく安いです。ただし、中国の通販サイトのため、中国人向けの商品がほとんどですので、言語も価格も中国語で表記されています。

● 淘宝（タオバオ）
（URL http://www.taobao.com/）

注意!

偽物（コピー商品）に気をつける

アイテム数の豊富な淘宝ですが、偽ブランド品が販売されているのが難点です。知っていた、知らなかったに関わらず、これらを日本に持ち込んで販売すると犯罪になります。中国のオンラインサイトで、本物のブランド品が相場よりも安く販売されていることはまずありませんので、そのような商品を見つけても購入しないようにしましょう。

天猫 TMALL

天猫 TMALL も淘宝と同じアリババグループの通販サイトです。淘宝が C to C（一般消費者同士）の取引なのに対して、天猫 TMALL は B to C（企業と一般消費者）の取引形態のショッピングサイトです。

天猫 TMALL は淘宝と違い、法人でないと出店できません。淘宝と比べて保証金も高く、7 日間は理由なしでも返品を受けることが義務づけられています。淘宝と比べると、天猫 TMALL のほうが出品の敷居が高い分、一般消費者からの信用も高いと言えます。淘宝と天猫 TMALL の 2 サイトの取扱高の合計は、中国の EC サイト全体の 90%以上を占めるそうです。

● 天猫 TMALL
（URL http://www.tmall.com/）

注意!

著作権法違反の商品

偽ブランド品だけでなく、2013 年には特撮番組に登場するキャラクターの「コスプレ衣装」を販売していた業者が、著作権法違反の疑いで逮捕されています。何でも揃う中国ではありますが、日本の法律に違反している商品も数多くあることも事実です。Amazon は新規出品作業さえすれば、誰でも簡単にカタログにない商品を出品できてしまうので、法律に違反している商品を出品している人がいないとは言い切れません。中国から輸入した商品を扱うときは、「Amazon のカタログに掲載されていたから安心」と思わずに、本当に販売できる商品なのかどうかをよく調べて出品してください。

Amazon で販売される中国輸入商品の現状

Amazon でもたくさんの中国商品が出品されています。中国製品の多くは EAN コードや JAN コードを持たないため、輸入販売者の間で、すでに Amazon のカタログ上に掲載されている商品と同じ物であるのか、同ページに出品すべきなのか、混乱を招いています。

そのため、中には独自に JAN コードを取得し、商品に割り当て、オリジナルの商品として出品をするという手法を取っている人もいます。これは Amazon の規約上で、

「JANコードが異なる商品は違う商品ページに出品する必要がある」という記載があるからです。

しかしながら、JANコードはただの商品認識コードですので、実際にJANコードを取得してもオリジナルの商品として法律的に守られるような効力はありません。

実際に大口契約をすれば、製品コードがなくてもAmazonへの出品はできますので、今のところ、どうしてもJANコードを取得しなければいけないことはないようです。

淘宝で商品探し

淘宝は中国のサイトなので、基本的に商品を検索するときは中国語に翻訳をして検索しなければなりません。

「Google翻訳」や「エキサイト翻訳」を使えば、日本語を中国語に翻訳できます。あとは翻訳サイトで日本語から変換した中国語をコピーして、淘宝の検索窓にペーストすれば、商品を検索できます。

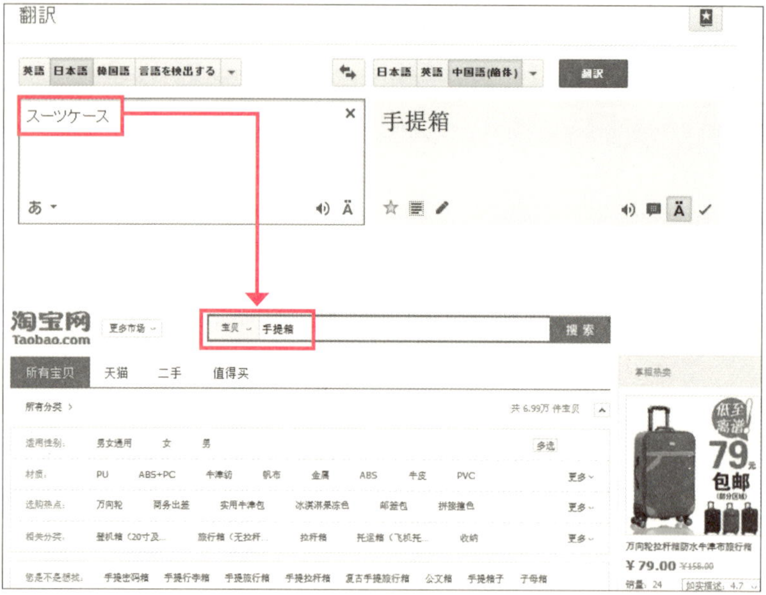

●天猫 TMALL
（URL http://www.tmall.com/）

注意!

「¥」の表記

淘宝のサイトで、「¥」と書いてあるのは日本円ではなく、中国元を表します。中国でも日本と同じ通貨記号の「¥」を使いますので、間違えないようにしましょう。

ワンポイントアドバイス

為替レート

輸入するにあたり、為替の動きや円安・円高の状況を把握するのは大事なポイントです。為替レートは日々変動しますので Yahoo! ファイナンスなどで確認してください。

・Yahoo! ファイナンス
URL http://info.finance.yahoo.co.jp/fx/

日本語で淘宝からカテゴリー検索できるサイト

「翻訳サイトを使うのがどうしても面倒だ」という場合は、日本語で淘宝のカテゴリー検索をできるサイトがあります。

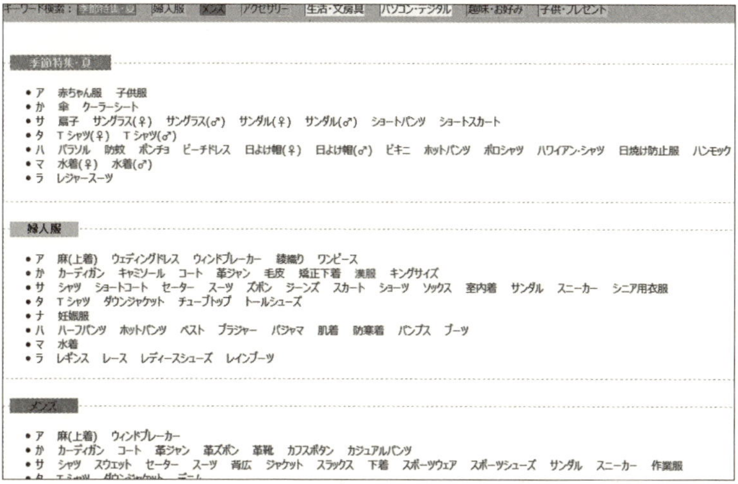

● 淘宝のカテゴリー検索をできるサイト
（URL http://sakuradk.com/detialCoding.html）

カテゴリーとキーワードごとに分かれていますので、検索したいキーワードをクリックすれば、淘宝で検索を開始してくれます。こちら、実は著者が社長を務める会社が運営しているタオバオさくら代行のホームページ内（http://sakuradk.com/detialCoding.html）にあるシステムです。もちろん無料で使えて便利なので、淘宝で商品をリサーチするときは使ってみてください。

代行会社から仕入れる

Qoo10、淘宝（タオバオ）ともに問屋サイトではありません。ですが、韓国・中国ともに日本と比べると物価が安いため、日本に輸入して販売すると転売益を得やすいのです。

実際にネット物販業界では、中国輸入というジャンルが 1 つのポジションを確立していて、Amazon の出品商品にも多くの中国輸入商品が出品されています。

● タオバオさくら代行（著者が社長を務める代行会社）
（URL http://sakuradk.com/）

輸入販売が禁止されている商品

欧米、アジアなど地域に関係なく、日本で輸入販売ができない商品があります。

- 薬事法にかかる商品（薬、化粧品、香水）
- 食品衛生法にかかる商品（食品、食器、口につけるもの※）
  ※風船、ストロー、幼児用玩具など
- 液体物
- 商標権を侵害する商品
- ワシントン条約に抵触する商品
- 電気用品安全法に違反する商品（PSE マークがない製品）
- 電波法に違反する商品（技的マークがない製品）

輸入が禁止されている商品は税関のホームページで確認できます。

・税関のホームページ
URL http://www.customs.go.jp/mizugiwa/kinshi.htm

chapter

4

Amazonで使える無料ツール

出品者、購入者ともに参加者が多いAmazonには、たくさんの便利なツールがあります。
この章では、その中でも無料で利用できるツールに限定して紹介します。

01 Amazon出品で利用できる無料ツール

Amazon出品は多くの参入者がいるため、Amazon向けの関連ツールがたくさんリリースされています。

無料ツールは無数にある

インターネットで「Amazon 無料ツール」「Amazon 価格 ツール」などのキーワードで検索すると、無料で使えるAmazon関連のツールが数多くヒットします。中でも価格比較のツールは多く、出品したことがない人でも買い物の参考にすることができます。

ここからは出品者側の目線で、数ある無料ツールの中から活用すると大変便利なものを、いくつか紹介していきます。

●無料ツールを活用する

02 PRICE CHECK（プライスチェック）を利用する

PRICE CHECK は Amazon の出品商品のランキングや新品価格、中古価格の変動を分析できるサイトです。

Amazon のランキング変動グラフ、新品価格変動グラフ、中古価格変動グラフの3カ月間の変動を見ることができます。

ランキング変動グラフの動きを見ていけば、3カ月間にどのくらい売れているのか推測できます。ランキング変動のタイミングに日付が入るので、パッと見てわかりやすいのも特徴の1つです。

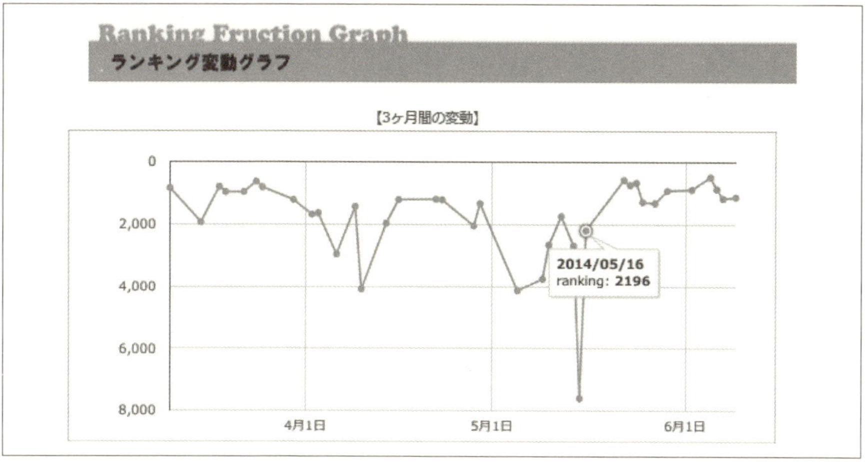

● PRICE CHECK
（URL http://so-bank.jp/）

新品価格グラフと中古価格グラフには日付ごとに出品者数が表示されます。
出品者数による価格変動についても一画面で分析できるので、とても便利です。

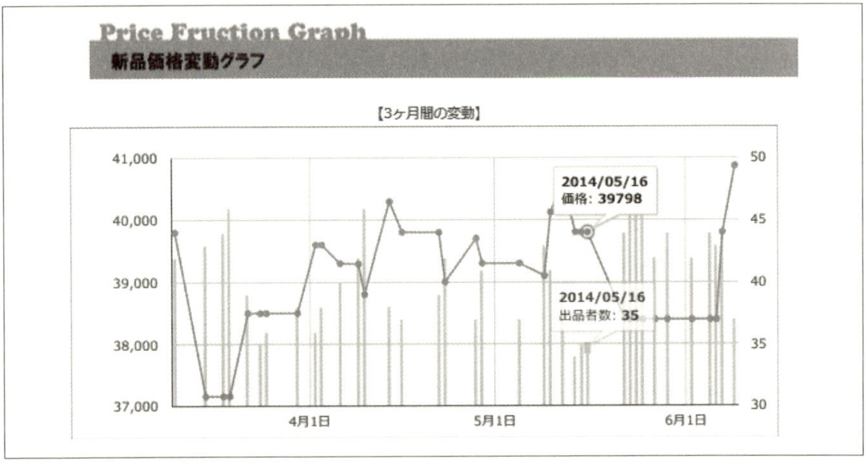

● 新品価格変動グラフ

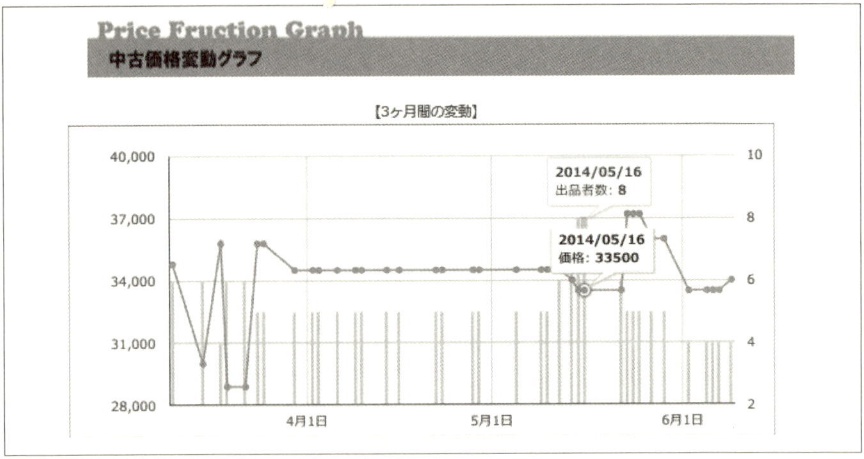

● 中古価格変動グラフ

ランキング変動グラフと価格変動グラフを合わせて見ることで、商品の価格設定がどのタイミングで動いているのかなど、細かいデータチェックができます。

また、出品者数の動きもわかるので、出品者が少ない状態のときの売れ方、出品者が多い状況での売れ方なども分析できます。

仕入れを考えている商品があるときは、事前にこのPRICE CHECKを使って、その商品が仕入れに適しているか、仕入れるとどれくらいの利益を見込めそうかなどをリサーチするようにしましょう。

仕入れ前にリサーチをすることで、「在庫が売れ残ってしまう」「仕入れたけれど赤字が出る販売価格でないと売れなくなってしまった」などのリスクを最小限にすることができます。

ちなみにPRICE CHECKでは、「キーワード」「JANコード」「ASINコード」「カテゴリー」ごとに検索できます。

さらに「取り扱いショップリスト」をクリックして表示させると、その商品がAmazonを含むオンラインストアで販売されている「価格の安いストア順」に表示されます。Amazonよりもずっと安い価格で販売しているオンラインストアがあれば、仕入れ先として買付けをして、Amazonで販売するといった使い方ができます。

Shop List

取り扱いショップリスト

価格が安い順にならんでいます。

順位	ショップ名	価格	差額	新品/中古	詳細を確認する
1位	amazon (Amazonマーケットプレイス含む)	2250	0	中古	塔の上のラプンツェル DVD+ブルーレイセット [Blu-ray]
2位	amazon (Amazonマーケットプレイス含む)	2999	749	新品	塔の上のラプンツェル DVD+ブルーレイセット [Blu-ray]
3位	ハピネット・オンライン	3283	1033	新品	塔の上のラプンツェル DVD+ブルーレイ・セット 【Blu-ray】
4位	リバティ鑑定倶楽部	3480	1230	新品	塔の上のラプンツェル DVD+ブルーレイセット／ディズニー〔新品〕
5位	楽天ブックス	3522	1272	新品	塔の上のラプンツェル DVD+ブルーレイセット 【Disneyzone】 [マンディ・ムーア]
6位	ビックカメラ楽天市場店	3693	1443	新品	ウォルト ディズニー スタジオ ジャパン塔の上のラプンツェル DVD+ブルーレイセット 【Blu-ray Disc】

●取り扱いショップリスト

03 Amashow（アマショー）を利用する

ここでは Amashow を紹介します。

Amashow も PRICE CHECK と同じように新品商品の価格変動グラフ、中古商品の価格変動グラフ、出品者数の変動グラフ、ランキングの変動グラフが見られるツールです。Amashow は 3 カ月間だけでなく、6 カ月間、12 カ月間、全期間で検索できます。

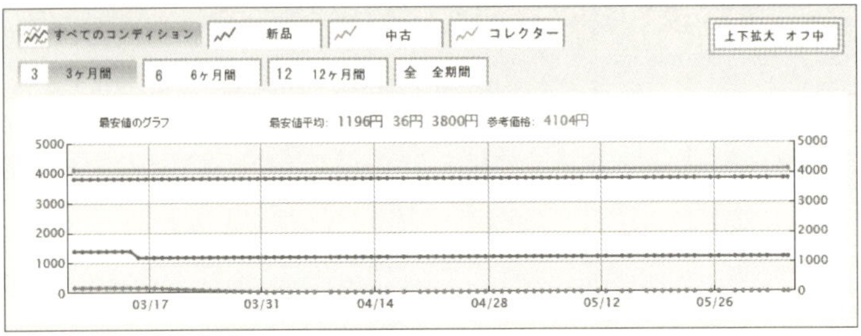

● 最安値のグラフ
（URL http://amashow.com/）

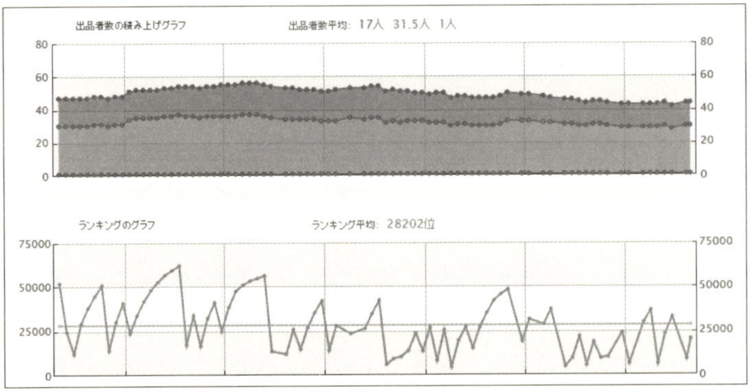

● 出品者数の積み上げグラフ、ランキングのグラフ

ランキングを見る

2カ月前の商品のランキングをリサーチできる利点として、例えば季節によって売行きが左右されそうな商品をリサーチするのに適しています。

さらに何月何日にランキングが変動したという、出品者数の変動や、中古出品者数の変動を一覧表示で確認できるので、ランキングが上がっているタイミングに注目すれば、新品が売れた日や、中古が売れてランキングが上がった日付などの細かい分析もできます。

調査日	ランキング	新品出品者数・最安値		中古出品者数・最安値		コレクター出品者数・最安値	
現在	20351	14	¥1173	29	¥1	1	¥3800
2014/06/03	9075	14	¥1173	29	¥1	1	¥3800
2014/06/01	32774	14	¥1173	27	¥1	1	¥3800
2014/05/31	23241	14	¥1173	29	¥1	1	¥3800
2014/05/30	6365	14	¥1173	28	¥1	1	¥3800
2014/05/29	36408	14	¥1173	28	¥1	1	¥3800
2014/05/28	29700	14	¥1173	28	¥1	1	¥3800
2014/05/26	6422	14	¥1173	28	¥1	1	¥3800
2014/05/25	23906	14	¥1173	28	¥1	1	¥3800
2014/05/23	10149	14	¥1173	29	¥1	1	¥3800
2014/05/22	9528	14	¥1173	30	¥1	1	¥3800
2014/05/21	18377	14	¥1173	30	¥1	1	¥3800
2014/05/20	5559	14	¥1173	29	¥1	1	¥3800
2014/05/19	21608	15	¥1173	29	¥1	1	¥3800
2014/05/18	9444	15	¥1173	30	¥1	1	¥3800
2014/05/17	4857	15	¥1173	30	¥1	1	¥3800
2014/05/15	36956	15	¥1173	31	¥1	1	¥3800
2014/05/14	28521	16	¥1173	31	¥1	1	¥3800
2014/05/12	31286	16	¥1173	32	¥1	1	¥3800
2014/05/11	19089	16	¥1173	32	¥1	1	¥3800
2014/05/09	48149	17	¥1173	32	¥1	1	¥3800

● ランキング

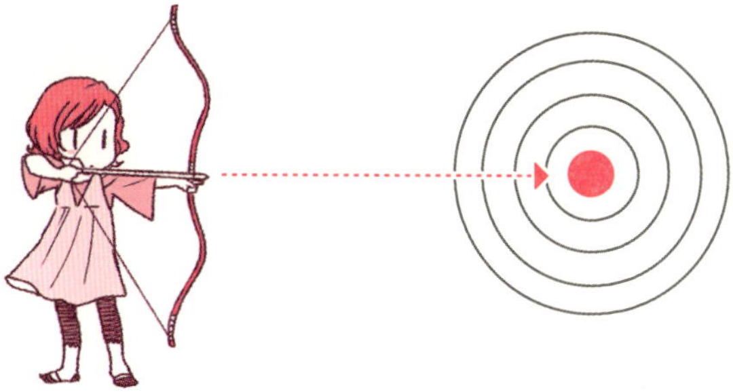

● 無料ツールで商品に狙いを定める

他のストアと価格比較できる

「オークション・他のストア」のタブをクリックすると、Amazon以外で販売されているオンラインストアを探して、送料を含んだ安い順番に表示できます。送料も計算してくれるので、とても便利な機能です。

Amashowもランキングを見ながら、ほかのストアとの価格の比較を同じ画面でできるので非常に実践的かつ便利なツールと言えるでしょう。

他のストア

furu online / Enterking online / ブックサービス / booxstore / honto / Neowing

出品なし

		新品価格	新品+送料	中古価格	△中古+送料	
ブックオフオンライン楽天市場店	中古			258	408(送料150)	3000円以上送料無料
BOOK・OFF Online	中古			258	608(送料350)	1500円以上送料無料
河屋	中古			400	700(送料300)	1000円以上送料250円 1800円以上送料無料
フルイチオンライン 楽天市場店	中古			302	801(送料499)	
ドラマ楽天市場店	中古			734	1384(送料650)	
ドラマYahoo!店	新品	734	734(送料0)			送料未計算
jbook	新品	2873	3153(送料280)			複数配送でも送料320円 3000円以上送料無料
サプライズ2	新品	3282	3282(送料0)			送料未計算

● 他のストアの価格比較

価格が急に下がった商品がわかる

ほかにも「価格が急に下がった商品」を調べる機能があります。チェックをしている人が多いので、お宝商品をここで見つけるのは難しいかもしれませんが、例えば「商品の値段の相場を知らずにAmazonに出品してしまった」「値段をつけ間違えて安く出品してしまった」といった商品が、「価格が急に下がった商品」に検索される可能性があります。そのような商品を運よく見つけたら、Amazonで購入して正しい相場の値段で出品し直せば差益を儲けられる可能性があります。

● 価格が急に下がった商品

価格が急に上がった商品がわかる

反対に「価格が急に上がった商品」を調べる機能もあります。これは、例えば商品の値段にプレミア価格がついて値段が上がったという場合に検索対象になる可能性があります。

仮に「価格が急に上がったプレミア商品」であれば、もしかしたらまだプレミア価格にならずに販売されているお店があるかもしれません。安く買って、Amazonにプレミア価格で出品すれば差益を儲けられます。インターネットで誰でも閲覧できることを考えると、自分だけ利益を上げるのは難しいかもしれませんが、なかなか面白い機能だと思います。

●価格が急に上がった商品

ワンポイントアドバイス

ツールは併用しよう

PRICE CHECK も Amashow も基本的には同じように使うツールですので、どちらも使ってみて、使いやすいほうを利用するのがよいと思います。

ただし、ツールは万能ではないので、どちらかにこだわらず、併用するのが一番のおすすめです。

04 price-chase（プライスチェイス）を利用する

ここでは price-chase を紹介します。

price-chase も PRICE CHECK や Amashow と同じように商品のランキング変動や出品者数変動、価格変動などをリサーチするツールです。ただし、先に紹介した 2 つのサイトにはない機能もあります。

商品の詳細データがわかる

「詳細データ」という機能では、その商品のランキングだけでなく、「新品商品の全体での順位」「Amazon の出品価格」「カートを取得している商品の価格」「FBA 出品している商品の最安値」などのデータを見られます。

詳細データ　ページトップへ

新品　中古品　コレクター品

記録日	ランキング	出品者(新品全体)	アマゾン価格	カート価格	最安値	最安値(FBA)
2014/06/05	→3	↘120	→在庫なし	→7,400	↗7,329	→7,400
2014/06/04	↘3	↘127	→在庫なし	↗7,400	↗7,320	→7,400
2014/06/03	↗2	↗129	→在庫なし	↘6,990	↘6,990	↘7,400
2014/06/02	↘3	↗112	→在庫なし	↗7,800	↗7,140	→7,800
2014/06/01	→2	↗104	→在庫なし	↘7,300	↘6,990	→7,800
2014/05/31	→2	↗98	→在庫なし	↗7,800	↗7,414	↘7,800
2014/05/30	↗2	↗96	→在庫なし	↘7,420	↘7,399	↗8,200
2014/05/29	↗3	→78	→在庫なし	↗7,900	↘7,900	↘7,980
2014/05/28	→4	↗78	→在庫なし	↘7,480	↘7,970	↘8,898
2014/05/27	↘4	↗67	→在庫なし	→8,500	→8,799	↘8,899
2014/05/26	↘2	↘63	→在庫なし	→8,500	↗8,799	↗9,200
2014/05/25	↗1	↘64	→在庫なし	↗8,500	↗8,740	↗8,980
2014/05/24	↘2	↘74	→在庫なし	↘8,200	↘6,730	↘8,499
2014/05/23	↗1	↘86	→在庫なし	→8,500	↘8,338	↗8,597
2014/05/22	→2	↗97	→在庫なし	→8,500	→8,340	↗8,500
2014/05/21	→2	↘96	→在庫なし	→8,500	→8,340	↗8,480
2014/05/20	→2	↗102	→在庫なし	↗8,500	↗8,340	↗8,400

● price-chase
（URL http://price-chase.com/）

他のショップやオークションを参照できる

ほかには「取扱いショップ一覧」として、Amazon以外のネットショップの同一商品が一覧表示される機能もあります。対象となるネットショップは、Yahoo!ショッピングと楽天市場の2つです。

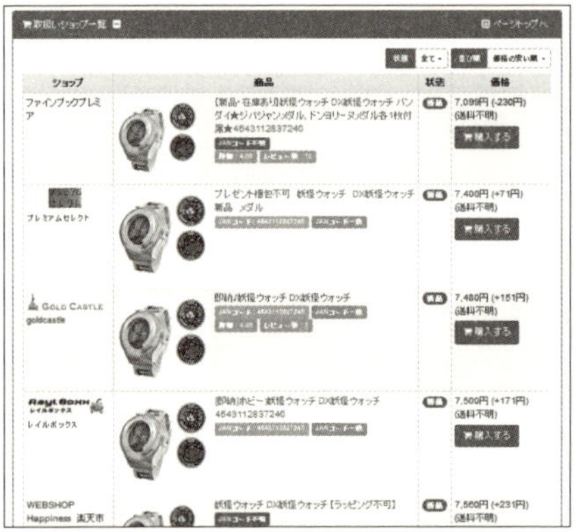

●取扱いショップ一覧

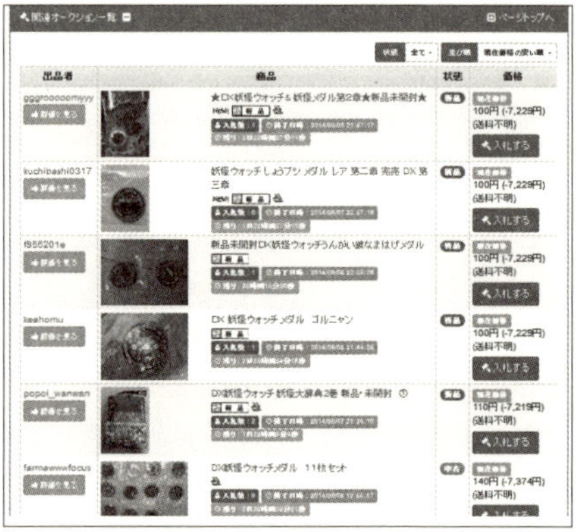

●関連オークション一覧

Amazonより圧倒的に安い価格の店があれば、一覧表示で比べられるのは便利かもしれません。すべての商品の画像を抽出してくれるので、対象商品かどうか一目で判断できます。

また、「関連オークション一覧」という、オークションサイトを表示して比較できる機能もついています。

現在の価格だけでなく、入札数、状態（新品・中古）、残り時間まで表示され、しかもリアルタイムに反映されます。

オークションなら相場よりもかなり安く購入できるチャンスがあるかもしれませんので、役に立つ機能です。こちらの対象となるオークションは「ヤフオク」と「楽オク」の2つのサイトです。

基本的にはランキングの変動の把握や、出品者数の変動による価格変動の比較などをメインに利用するのがよいと思います。

なお、最近リリースされた新しいツールですので、データの蓄積はこれから充実していくと思います。こちらも、price-checkやAmashowと併用して使用することをおすすめします。

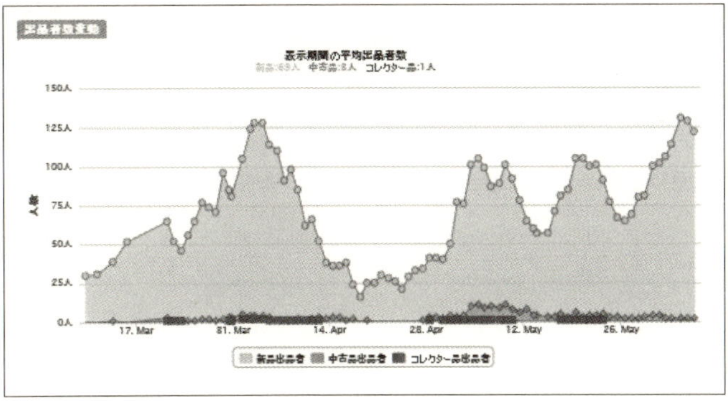

● オークションの比較①

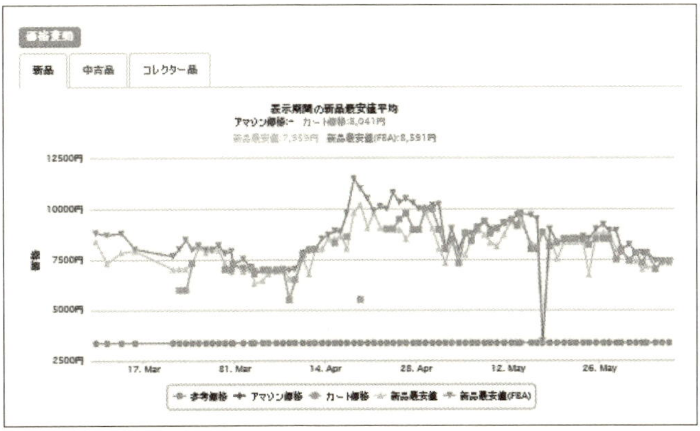

● オークションの比較②

05 Google Chromeの拡張機能を活用する

Amazon出品・販売に便利なGoogle Chromeの機能を紹介します。

Google Chromeについて

Google Chrome（グーグルクローム）とは、Google社が開発したWebブラウザで、起動やWebページの描画、ユーザーの操作に対する応答などが速い（いわゆる「軽い」）という定評があります。特に動きのあるWebサイトの表示が速く、快適に動作します。

また、機能の追加・増強がしやすいという特徴があります。ChromeにはIE（インターネット・エクスプローラー）のアドオンと同様に、「拡張機能」という機能の追加・増強のためのしくみがあります。

目的の拡張機能が見つかれば、わずかな作業でChromeにインストールできるというのも魅力です。Chromeウェブストアには、世界中の開発者や企業によって制作された拡張機能が数多く登録されており、多くの拡張機能は無償で利用できます。

次節から紹介するツールはGoogle Chromeのブラウザで動作するツールです。Google Chromeは無料ですので、インストールしてツールを利用してみてください。

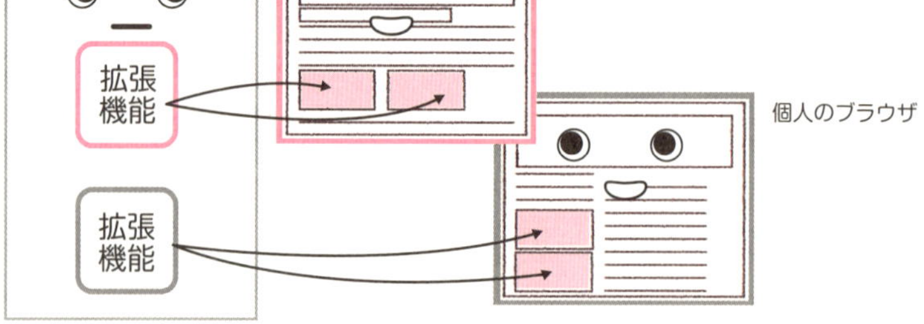

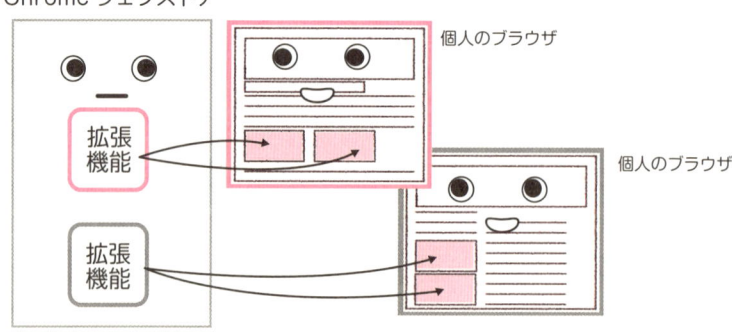

●Google Chromeは機能を追加できる

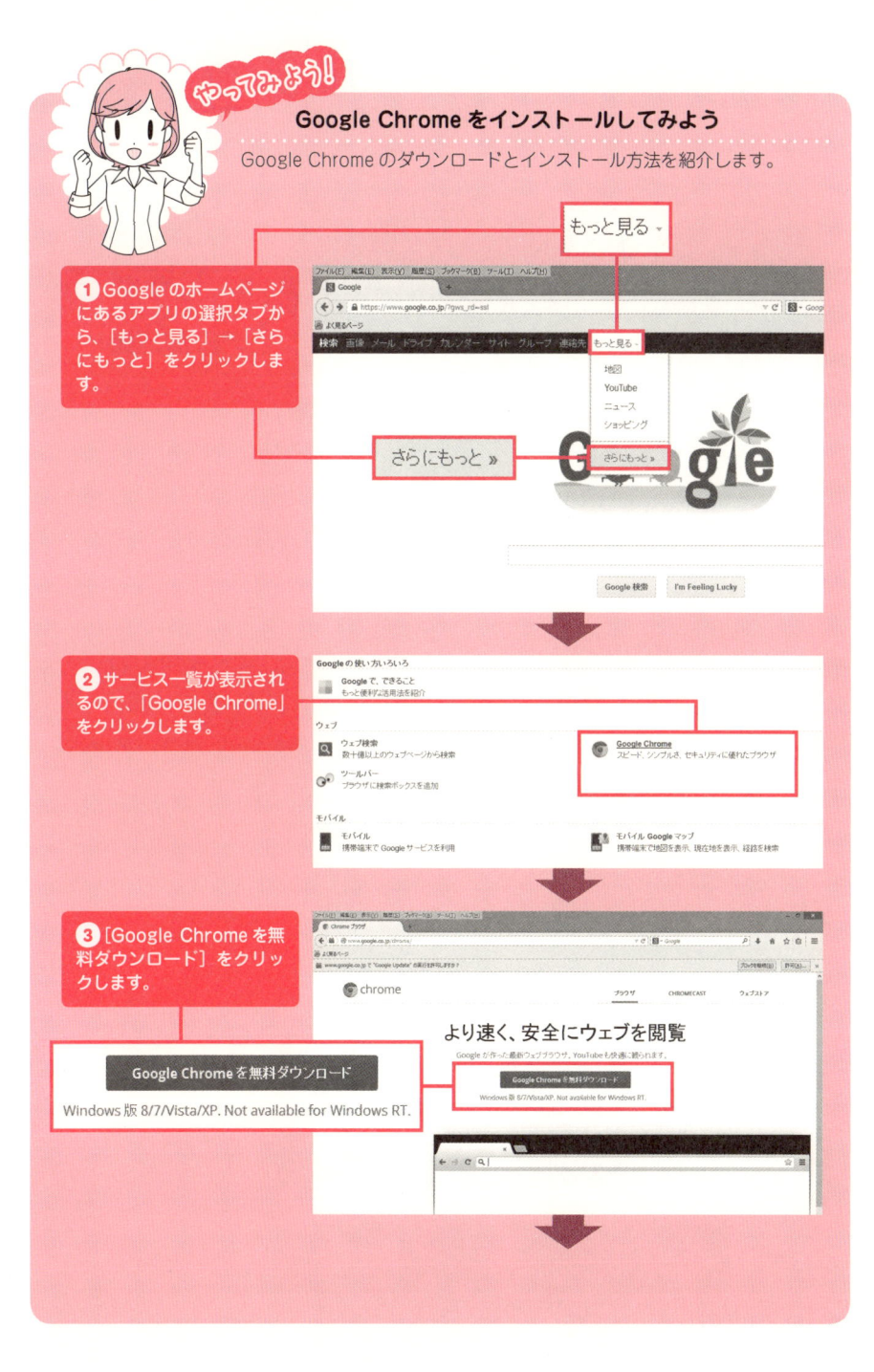

やってみよう!

Google Chrome をインストールしてみよう

Google Chrome のダウンロードとインストール方法を紹介します。

1 Google のホームページにあるアプリの選択タブから、［もっと見る］→［さらにもっと］をクリックします。

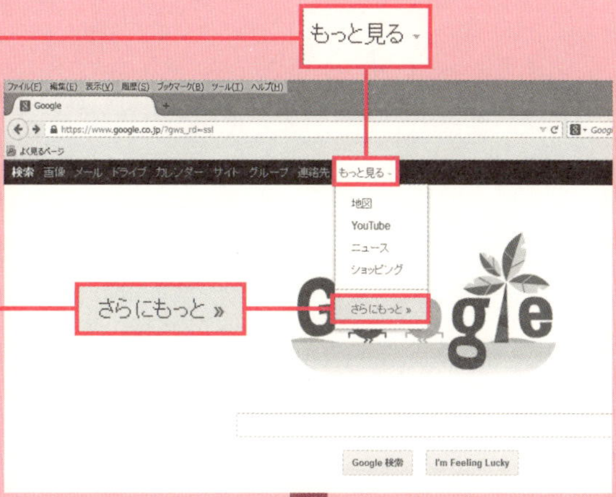

2 サービス一覧が表示されるので、「Google Chrome」をクリックします。

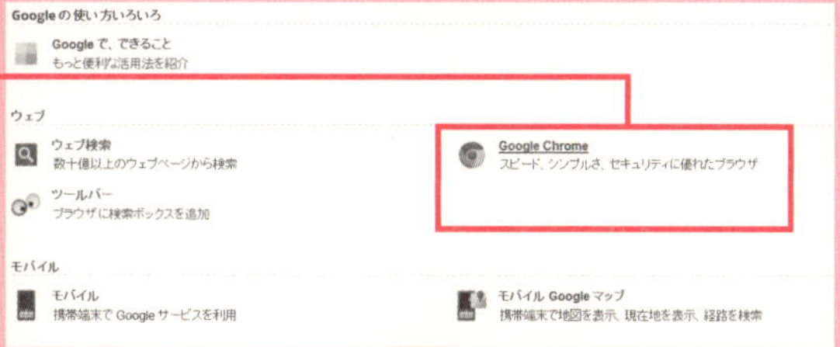

3 ［Google Chrome を無料ダウンロード］をクリックします。

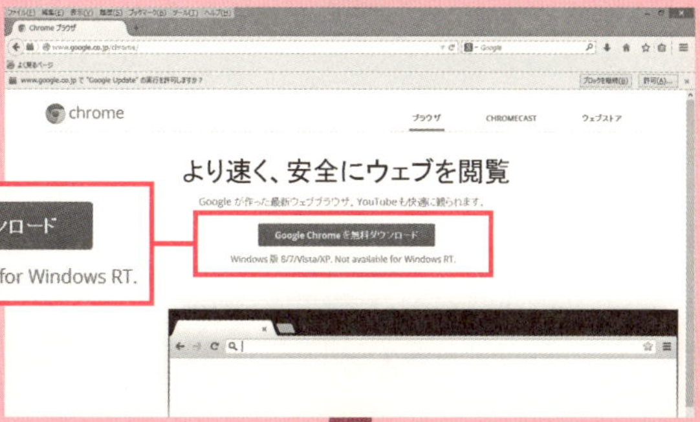

❹ 利用規約を読み、「Google Chrome を規定のブラウザとして設定する」にチェックを入れて、［同意してインストール］をクリックします。

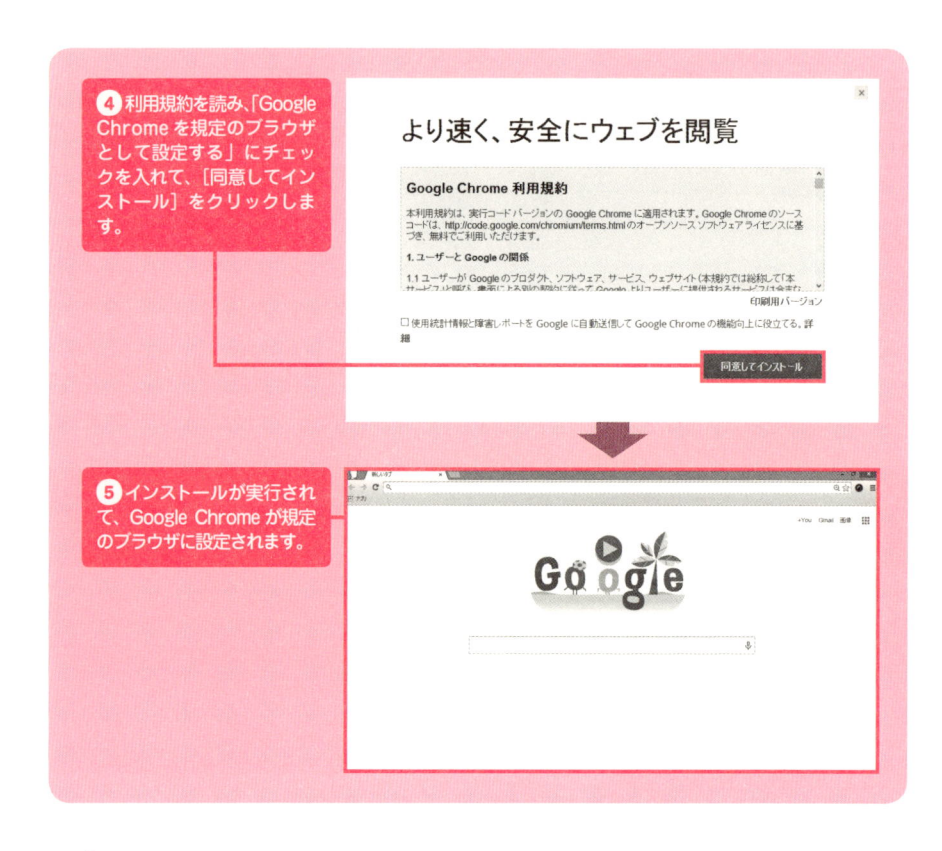

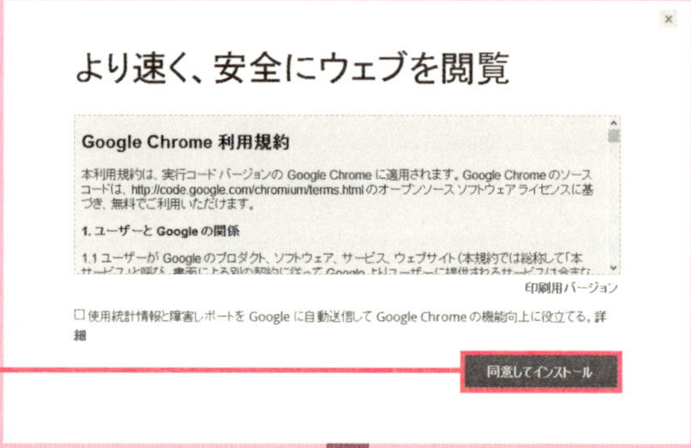

❺ インストールが実行されて、Google Chrome が規定のブラウザに設定されます。

ツールのインストールは Chrome ストアから

Google Chrome の拡張機能は、Chrome ウェブストアからインストールします。下記の URL からアクセスできます。

・Chrome ウェブストア
URL https://chrome.google.com/webstore?hl=ja

● Chrome ウェブストア

06 Amadiffを利用する

Google ChromeにAmadiffをインストールして利用する方法を紹介します。

Amadiffは Amazonの商品ページを開いた時に、各国の Amazonストアで販売されている商品との価格比較が一目でわかるツールです。

Google Chrome にAmadiffを追加すれば、検索作業は一切必要なくなります。Amazonで商品ページを開くだけで、自動で価格を比べられます。

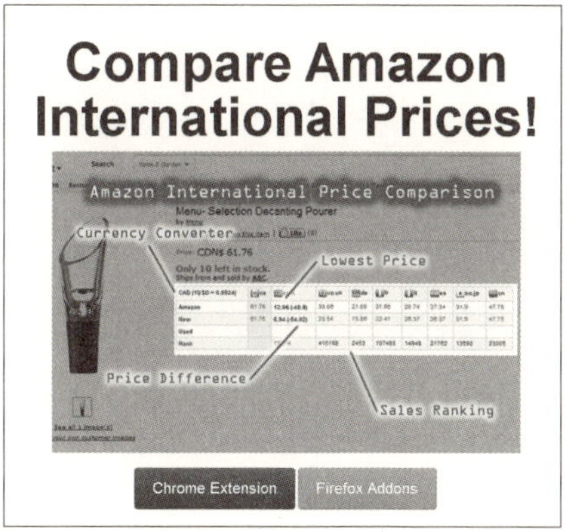

●Amadiff
（URL http://amadiff.com/）

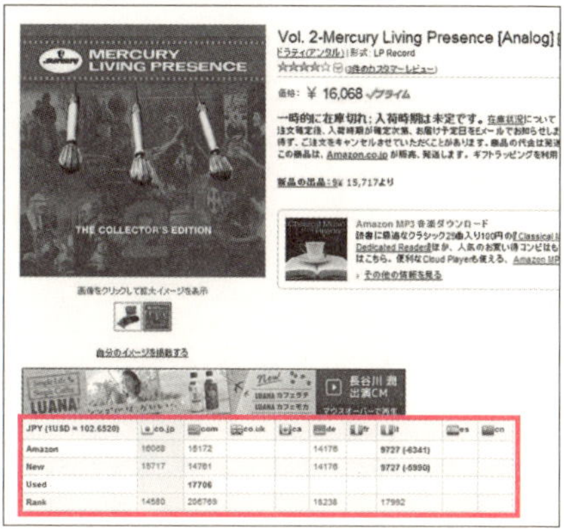

●実際に使用した例

実際の画面では、日本の Amazonより同じ商品を安く売っている海外の Amazonがあれば、赤文字の価格で表示されます。

ただし、商品タイトルがかなりの割合で一致していないと表示されないという難点があります。

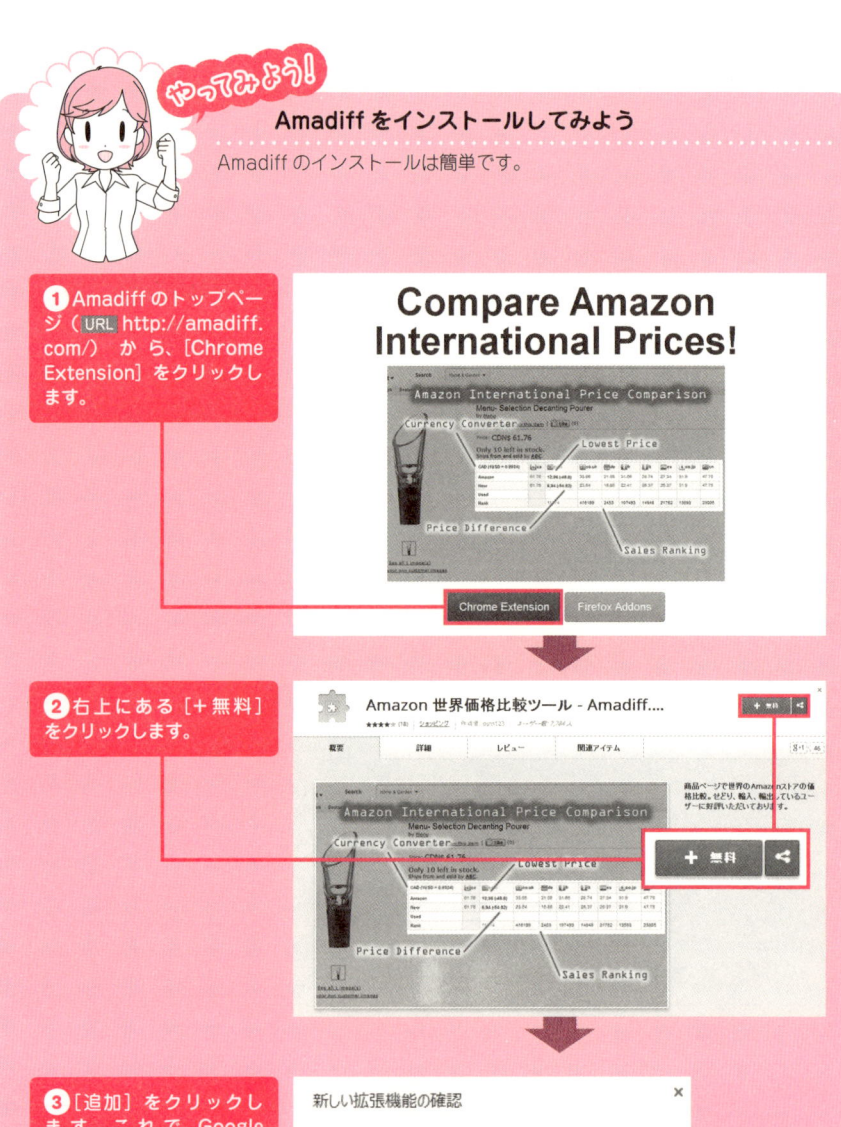

Amadiff をインストールしてみよう

Amadiff のインストールは簡単です。

❶ Amadiff のトップページ（URL http://amadiff.com/）から、［Chrome Extension］をクリックします。

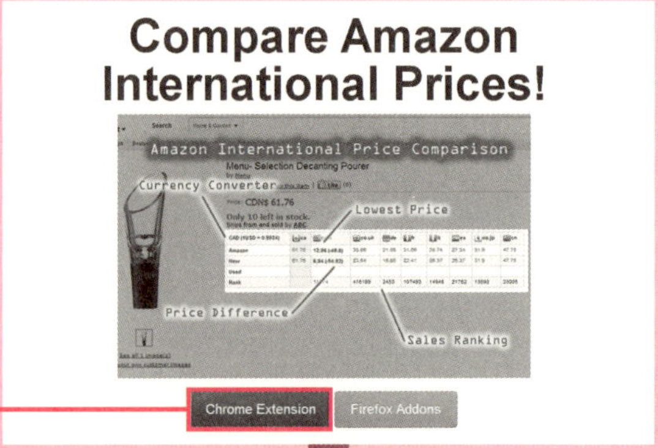

❷ 右上にある［+ 無料］をクリックします。

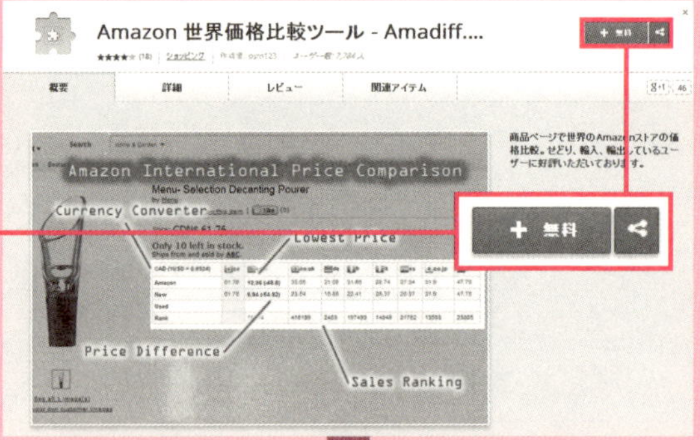

❸［追加］をクリックします。これで、Google Chrome のブラウザで Amazon の商品ページを開けば、自動的に日本の Amazon と各国の Amazon の価格と価格差を表示してくれるようになります。

07 掘り出しもんサーチBを利用する

Google Chrome に掘り出しもんサーチBをインストールして利用する方法を紹介します。

掘り出しもんサーチBとは、Amazonの商品ページの下部にAmazonとAmazon以外の通販ショップの新品・中古品の価格と価格差を表示できるツールです。

Amazon以外の通販ショップは、楽天市場、Yahoo! ショッピング、ブックオフオンラインに対応しています。

掘り出しもんサーチBもAmadiffと同じように、Google ChromeでAmazonの商品ページを開くだけで、検索しなくてもほかのオンラインストアとの価格差が見られるツールです。

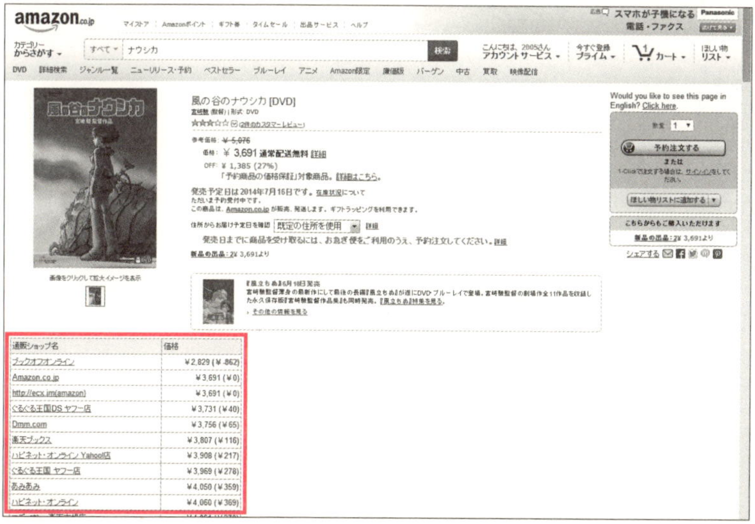

●実際に使用した例

難点を言えば、新品の商品の価格か、中古の商品の価格かの区別がつかないところです。

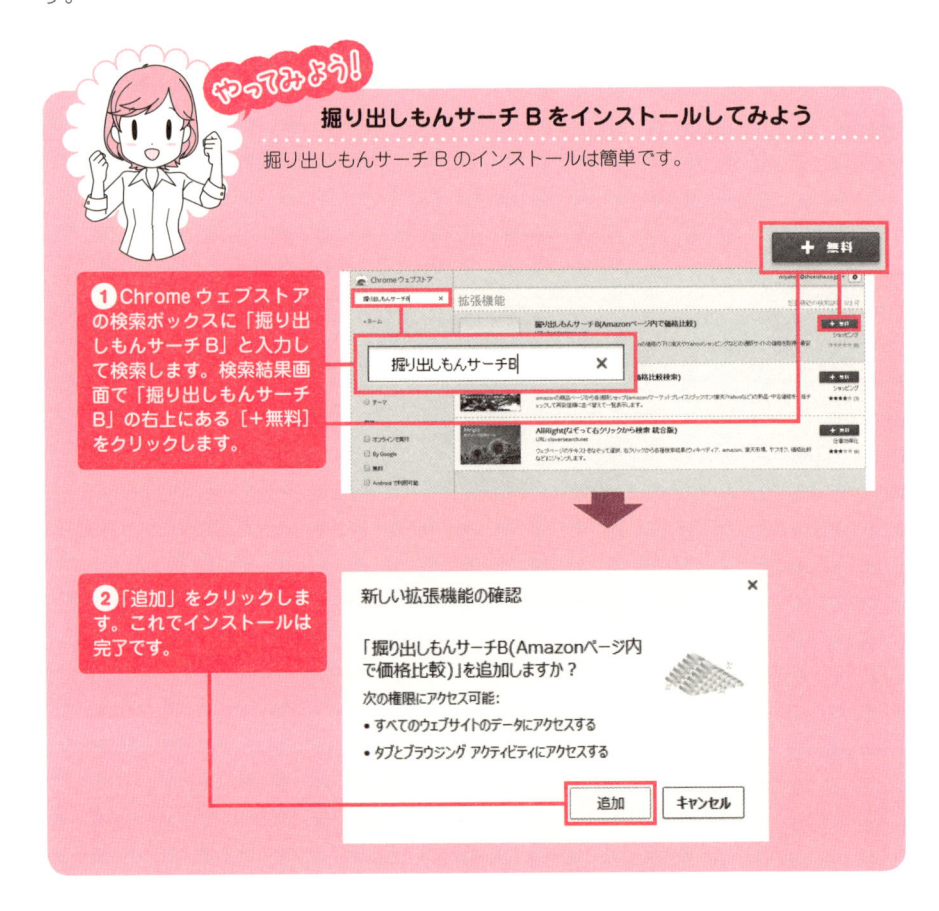

掘り出しもんサーチＢをインストールしてみよう

掘り出しもんサーチＢのインストールは簡単です。

❶Chromeウェブストアの検索ボックスに「掘り出しもんサーチＢ」と入力して検索します。検索結果画面で「掘り出しもんサーチＢ」の右上にある［＋無料］をクリックします。

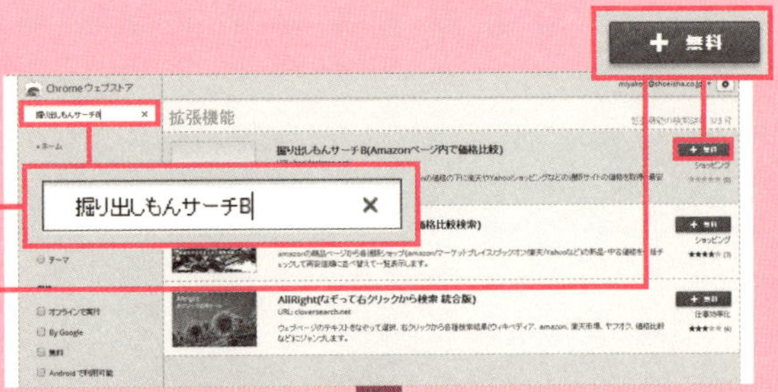

❷「追加」をクリックします。これでインストールは完了です。

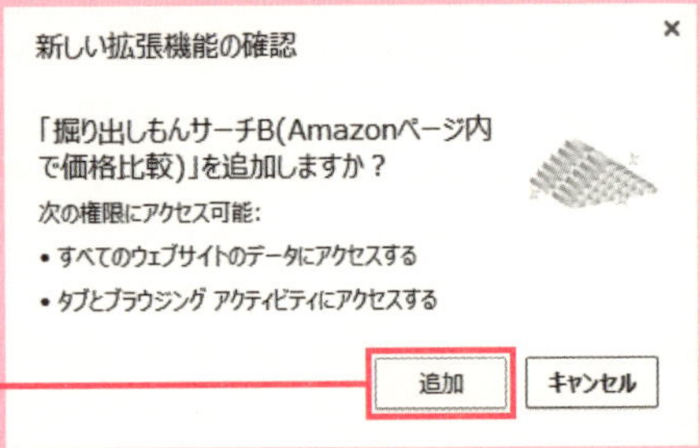

08 Sma Surfを利用する

Google ChromeにSma Surfをインストールして利用する方法を紹介します。

Sma Surfはリサーチの時間を短縮してくれるツールです。
仕入れをするとき、特に時間を割かれるのはリサーチです。その問題を解決してくれるのが、Sma Surfです。Sma Surfをインストールすると、必要なサイトにワンクリックでジャンプできます。

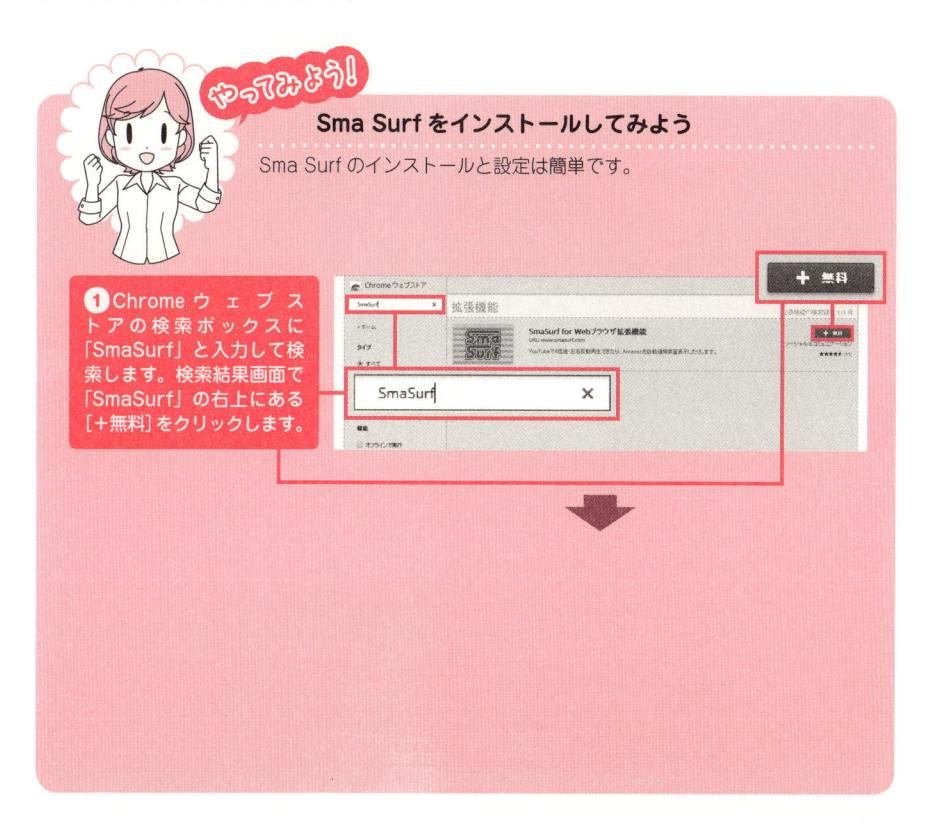

Sma Surfをインストールしてみよう

Sma Surfのインストールと設定は簡単です。

❶Chromeウェブストアの検索ボックスに「SmaSurf」と入力して検索します。検索結果画面で「SmaSurf」の右上にある[+無料]をクリックします。

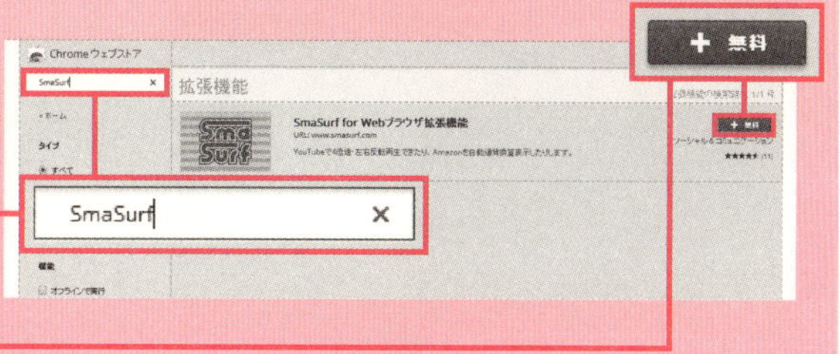

❷［追加］をクリックします。

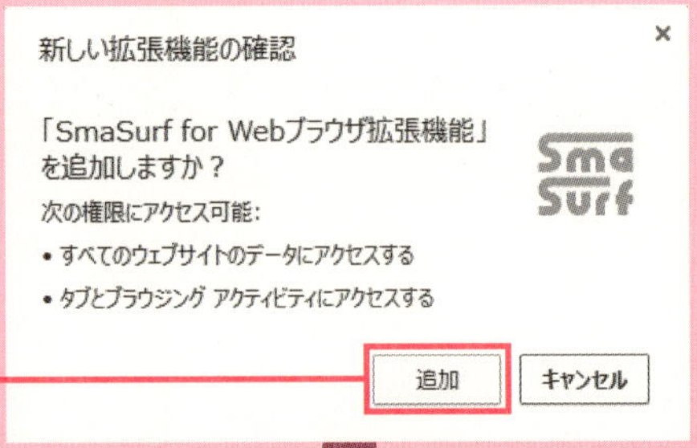

❸SmaSurfをインストールすると、右下に「SmaSurf設定」というアイコンが表れますので、そこにカーソルを合わせて、「アイテムクイックを表示する」にチェックを入れます。

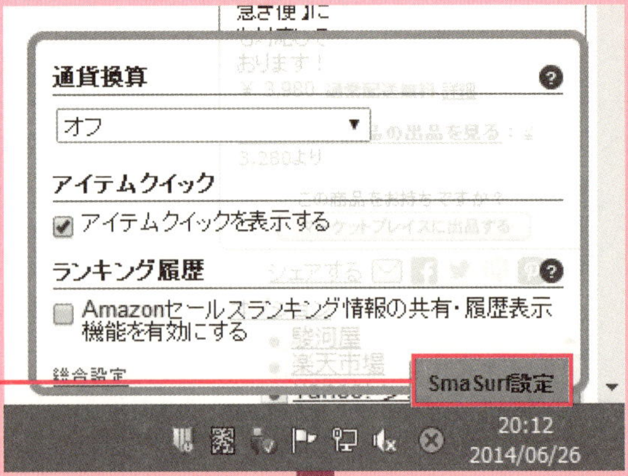

❹Amazon商品ページの右下に各サイト名のリンク一覧が表示されます。ここで、各サイトのリンクをクリックするだけで、そのサイトにジャンプできます。このツールを使うことで、検索の時間を大幅に短縮できます。

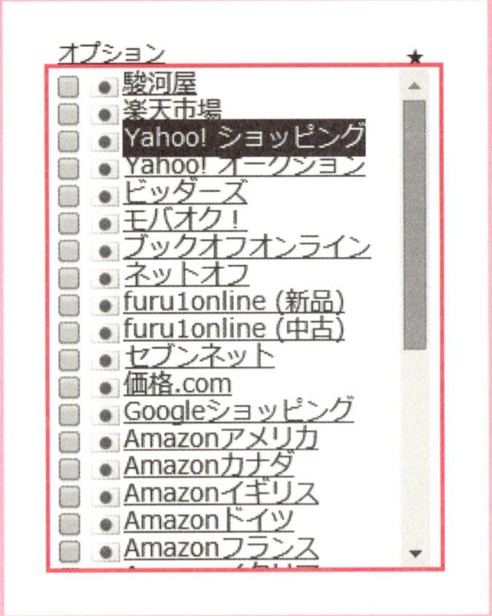

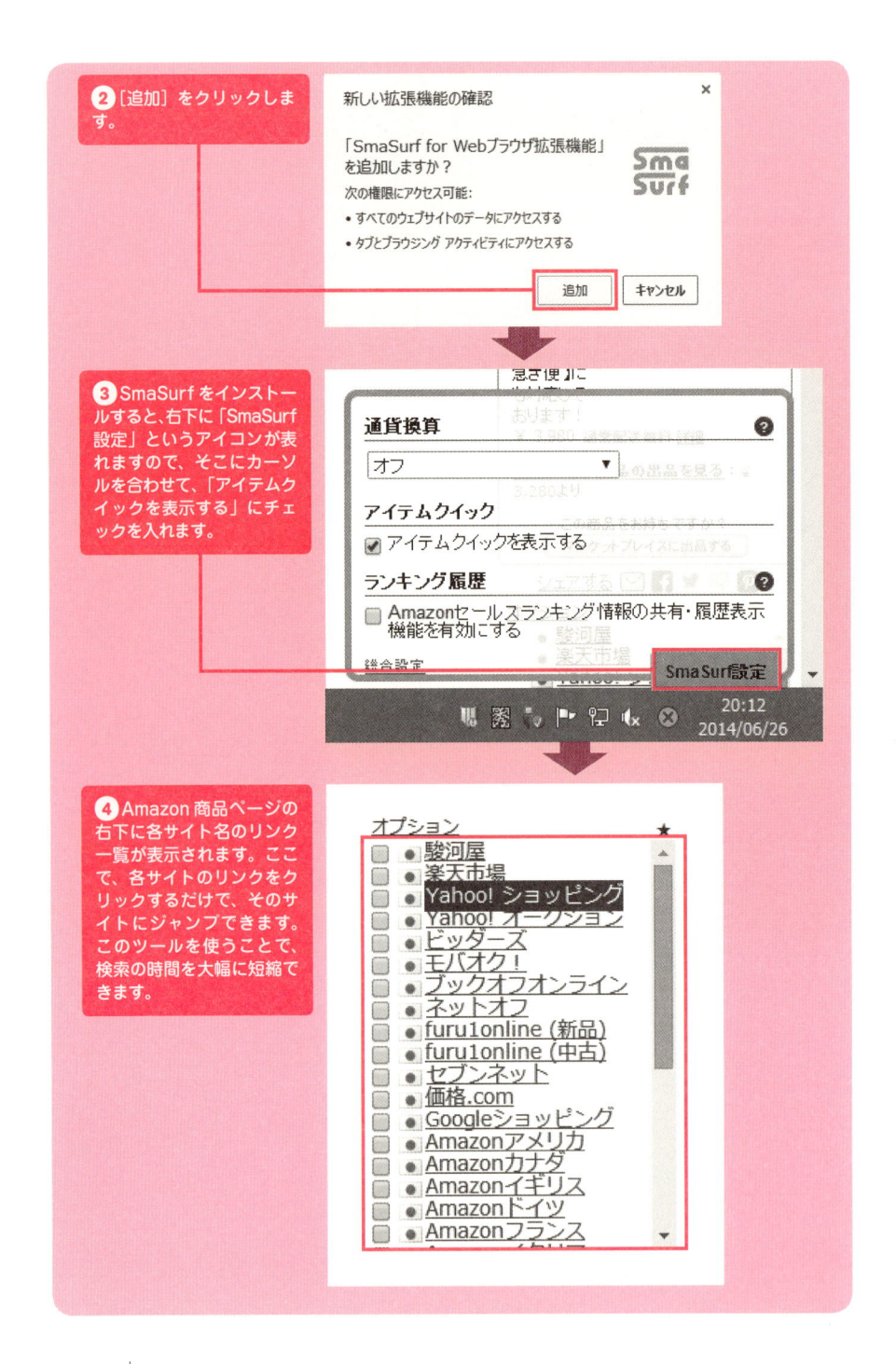

第2部

Amazonに出品して利益を上げるノウハウ

第２部では、Amazon に出品する手順や
売上アップのための方法について解説します。

chapter

1

Amazon 出品サービスの出店フロー

Amazon 出品（出店）サービスの出店フローを解説します。まずは出店にあたって必要なものを準備して、Amazon に自分のオリジナルストアをオープンさせましょう。Amazon 出品アカウントの作り方から、出店に必要なお店づくりの仕方までをこの章で解説していきます。

01 Amazon 出品アカウント登録の準備

アカウント登録にあたって必要なものを紹介します。不足しているものがないかチェックしてから、登録作業をしましょう。

アカウントの登録には以下のものが必要になります。

- インターネットに接続できるパソコン
- 住所
- 電話番号
- メールアドレス（フリーアドレス可）
- 日本の銀行口座（売上代金の振込用）
- クレジットカードまたはデビットカード（法人、個人名義どちらも可）

ワンポイントアドバイス

プリンターも揃えておこう

実際に商品を販売した際や、Amazon FBA 倉庫へ納品する場合のことを想定すると、後々プリンターが必要になります。あらかじめ用意しておくことをおすすめします。

● アカウント登録に必要なものを準備する

02 Amazon出品アカウントを作成する

必要なものが揃ったら、アカウント登録をしましょう。
手順を追って解説していきます。

Amazon出品（出店）サービスに登録してみよう

「Amazon出品（出店）サービス」のページから出品アカウントを作ることができます。

URL http://services.amazon.co.jp/

❶［Amazon出品（出店）サービス］をクリックします。

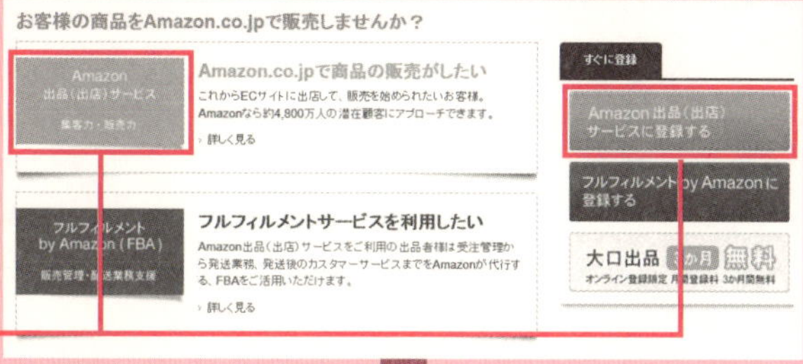

❷大口出品または小口出品を選択します。

ワンポイントアドバイス

大口出品がおすすめ

小口出品だと出品できるカテゴリーが制限されてしまううえ、1点につき100円の基本成約料がかかります。月額4900円の月間登録料がかかりますが、大口出品のほうがおすすめです。

❸氏名、Eメールアドレス、パスワードを入力し、［次に進む］をクリックします。

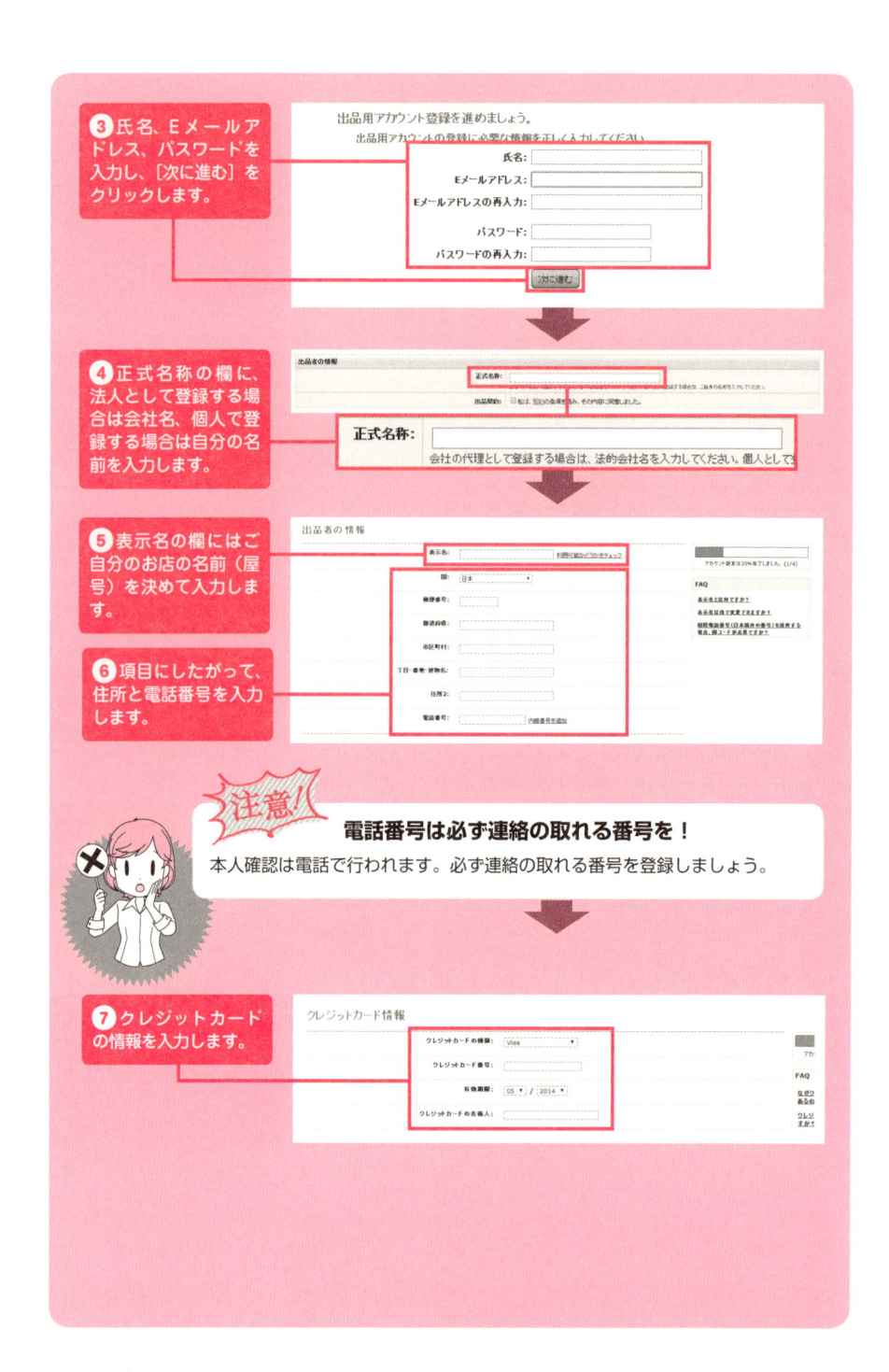

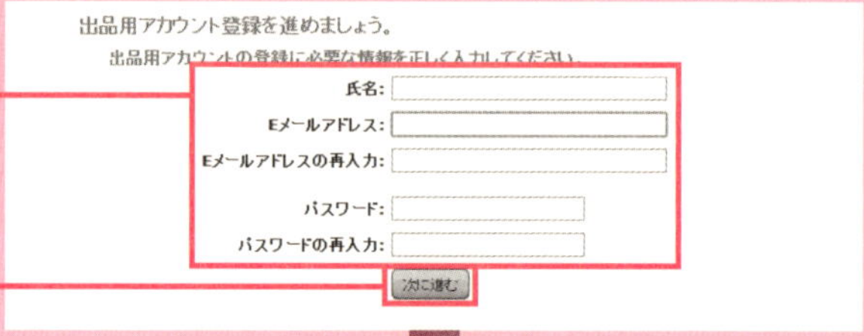

❹正式名称の欄に、法人として登録する場合は会社名、個人で登録する場合は自分の名前を入力します。

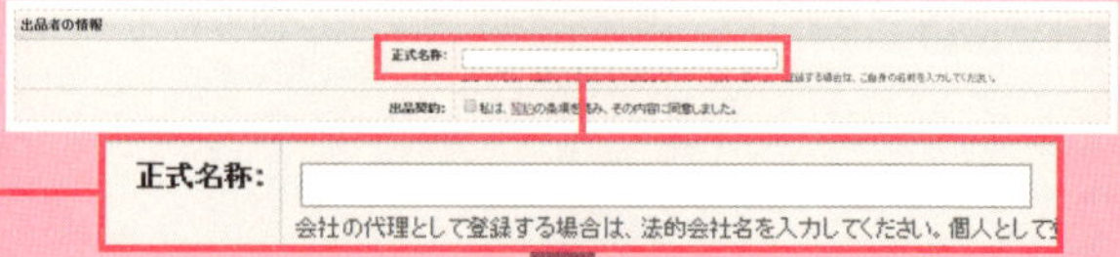

❺表示名の欄にはご自分のお店の名前（屋号）を決めて入力します。

❻項目にしたがって、住所と電話番号を入力します。

注意!

電話番号は必ず連絡の取れる番号を！

本人確認は電話で行われます。必ず連絡の取れる番号を登録しましょう。

❼クレジットカードの情報を入力します。

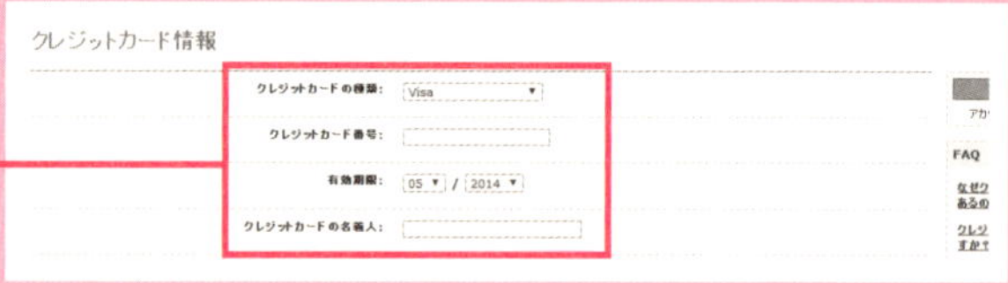

ワンポイントアドバイス

請求金額は売上から差し引かれる

クレジットカード情報は月間登録料や、Amazonから請求が発生した場合の引き落とし先として必要となります。Amazonマーケットプレイスでの売上がAmazonからの請求額を上回っている場合は、売上から請求金額を差し引かれて、残った売上が登録の口座に振込まれます。

❽登録した電話番号による本人確認を行います。[電話を受ける]をクリックするとPINコード（4桁の数字）が発行され、電話がかかってきます。電話がかかってきたら、音声ガイダンスにしたがいPINコードを入力すればアカウント登録の作業完了です。

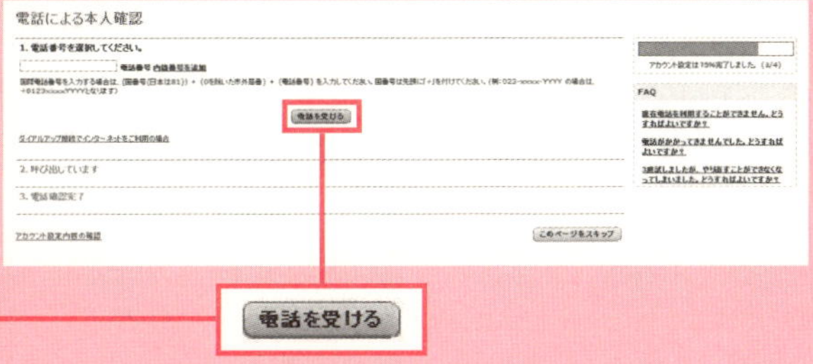

● 出品アカウントの登録は簡単

03 初期設定をする

ここでは、出品に関する情報の設定をします。法律で定められた表記や配送の条件など、大事な設定になるのでよく確認しましょう。

やってみよう!

出品者情報を入力しよう

特定商取引法にもとづく出品者情報の表記をしてみましょう。

1 セラーセントラルにログインし、右上の「設定」から［情報・ポリシー］→［出品者情報］と進みます

2「出品者情報の内容」の枠内に特定商取引法にもとづく表記を記載します。「1. 事業者の氏名（名称）」「2. 住所」「3. 電話番号」「4. 代表者または通信販売に関する業務の責任者の氏名」の4項目が必須となります。

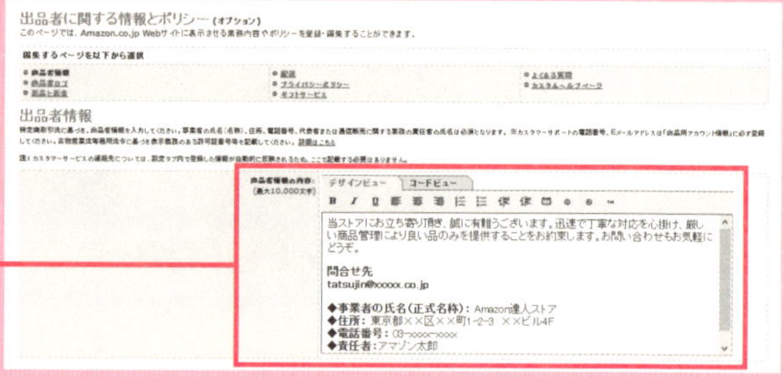

出品者に関する情報とポリシー（オプション）
このページでは、Amazon.co.jp Webサイトに表示させる業務内容やポリシーを登録・編集することができます。
編集するページを以下から選択
出品者情報
デザインビュー
コードビュー
（最大10,000文字）
当ストアにお立ち寄り頂き、誠に有難うございます。迅速で丁寧な対応を心掛け、厳しい商品管理により良い品のみを提供することをお約束します。お問い合わせもお気軽にどうぞ。
問合せ先
tatsujin@xxxxx.co.jp
◆事業者の氏名(正式名称)：Amazon達人ストア
◆住所：東京都××区××町1-2-3　××ビル4F
◆電話番号：03-xxxx-xxxx
◆責任者：アマゾン太郎

ワンポイントアドバイス

特定商取引法とは？

特定商取引法は、消費者トラブルが生じやすい取引を対象に、勧誘を行うときに守るべきルールなどを定めた法律です。通信販売（インターネットショッピングも含まれる）を行う際にも表記することが義務づけられています。

やってみよう!

配送設定をしよう

配送料などの設定をしてみましょう。ここでは、本、ミュージック（CD・レコード）、ビデオ・DVD 以外の商品の配送設定を説明します。

❶ セラーセントラルにログインし、右上の「設定」から［配送設定］を選択します。

ワンポイントアドバイス

配送地域も設定できる

「配送設定」では、国外配送の可否や、日本国内であっても配送しない地域を設定することができます。

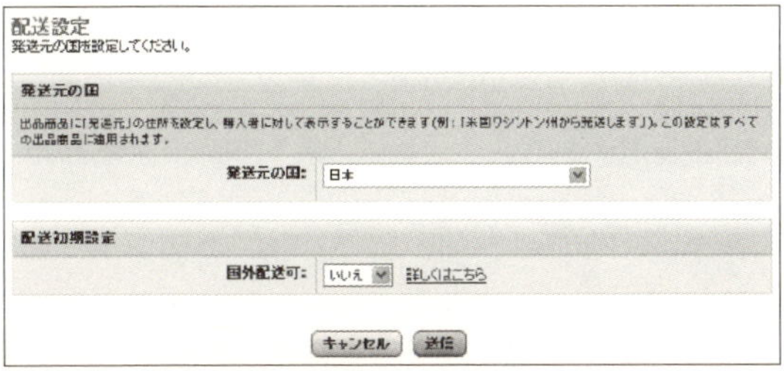

ワンポイントアドバイス

配送料は 3 種類ある

次のステップで配送料を選びます。その前に、配送料の種類を知っておきましょう。

配送料は 3 種類

A. 個数・重量制

1 配送 (1 注文番号) ごとの定額料金に加算する料金設定として、重量による変動制か、商品の個数制かを選択します。購入者が商品を注文すると、注文番号 1 件ごとに設定した定額料金を適用したうえで、重量制または個数制配送料の料金設定にそって配送料が自動計算されます。

B. 購入金額制

「購入金額 1 円以上 2500 円以下の場合」「2500 円以上 3000 円以下の場合」のように、購入金額の範囲ごとに配送料を設定します。 購入者が商品を注文すると、Amazon が購入者の購入金額（税込み）と出品者の配送料の設定を参照し、該当する配送料を適用します。

C. 商品ごとの配送料設定

配送料上書きファイルに記入し、アップロードすることで、商品ごとの個別配送料設定が可能です。

❷ 前ページで説明した配送料AかBを選択します。AまたはBの設定に関しては必須になりますので、必ずどちらかを選択するようにしてください。

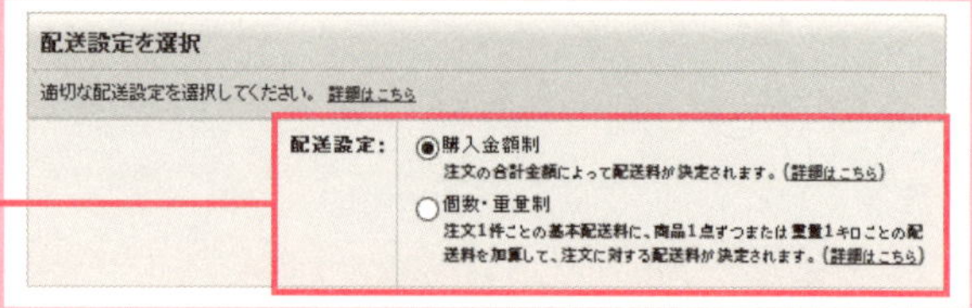
配送設定を選択
適切な配送設定を選択してください。 詳細はこちら
配送設定：
購入金額制
注文の合計金額によって配送料が決定されます。（詳細はこちら）
個数・重量制
注文1件ごとの基本配送料に、商品1点ずつまたは重量1キロごとの配送料を加算して、注文に対する配送料が決定されます。（詳細はこちら）

ワンポイントアドバイス

配送料の設定でまとめ買いを促す

金額や個数によって、「○○以上購入で配送料を無料！」などの設定をすると、まとめ買いをしてくれる購入者を取り込みやすくなります。

国外への配送料

国外への配送料は、各出店型出品者が設定する配送条件によって異なります。事前に配送料の目安を確認したい場合には、下記の各配送業者のサイトを参照してください。

配送業者名	URL
日本郵便	http://www.post.japanpost.jp/int/index.html
DHL	http://www.dhl.co.jp/ja/express.html
UPS	http://www.ups.com/asia/jp/jpnindex.html
FedEx	http://www.fedex.com/jp/

●配送業者のサイト

出品用アカウント情報を設定しよう

出品者の基本情報や支払い方法などを設定しましょう。

❶ セラーセントラルにログインし、「設定」をクリックします。

❷［出品用アカウント情報］をクリックします。

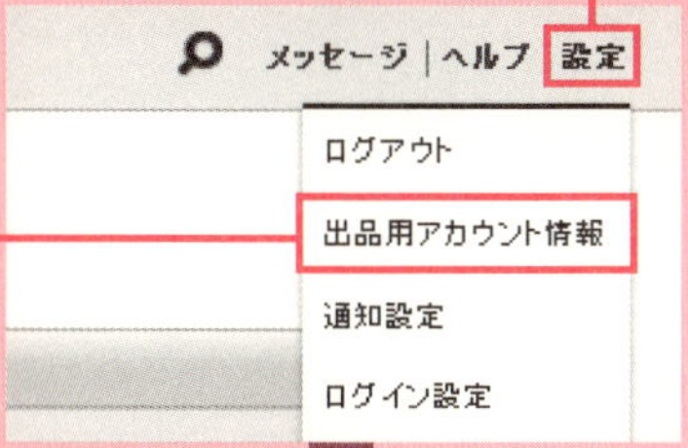

❸ 出品用アカウント情報の設定画面が表示されます。ここで、「出品ステータス」「出品者の情報」「会社住所」「銀行口座情報」「支払い方法の設定」「お届け日時指定の設定」などを変更できます。

ワンポイントアドバイス

銀行口座情報の入力は忘れずに

「銀行口座情報」は、14日締めごとのAmazonでの売上が振り込まれる入金先になりますので、必ず入力しましょう。

代金引換とコンビニ決済

「支払い方法の設定」では、「代金引換」と「コンビニ決済」を追加することができます。「代金引換」はメリットだけではなく、デメリットもあります。第2部の第5章で詳しく解説しますので、設定する際の参考にしてください。「コンビニ決済」にデメリットはないので、設定しておいて問題ないと思います。

04 ユーザー権限を設定する

アカウントを複数の担当者で運営したいときの設定について説明します。

出品用アカウントに初めて登録した段階では、アカウント責任者しかアクセスできない設定になっています。在庫を見る担当者や、出荷確認の担当者などを個別に置きたい場合は、ユーザー権限機能を使って、アカウントの設定を変更し、ユーザーを増やすことができます。ユーザー権限機能では、アカウント責任者が、いったん設定したユーザー権限の内容を変更することもできます。

出品用アカウントでユーザーの設定をするためには、招待メールを送る必要があります。アカウント責任者が、各ユーザーに権限を付与し、招待します。招待システムを用いることによって、Amazonの管理者の手を借りることなく、権限の管理を出品用アカウント管理者ができるようになっています。

最初に、Amazonから招待Eメールを受信した人が、出品用アカウントの責任者です。ほかにユーザーとして設定すべき人をリストアップし、各ユーザーがどのような領域に対して責任を持つべきかを判断したうえで、必要な権限を設定してください。

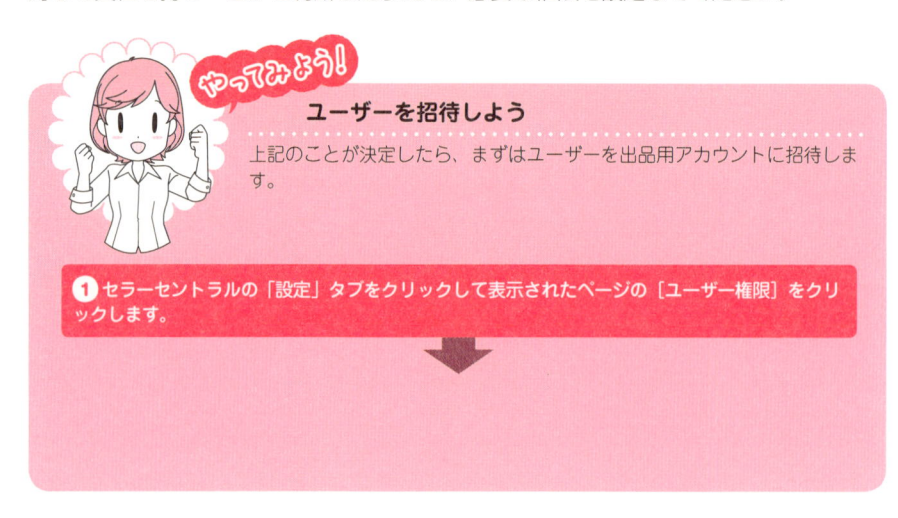

ユーザーを招待しよう

上記のことが決定したら、まずはユーザーを出品用アカウントに招待します。

1 セラーセントラルの「設定」タブをクリックして表示されたページの［ユーザー権限］をクリックします。

❷招待したいユーザーのEメールアドレスを入力し［送信］をクリックすると、ユーザーに対して出品用アカウントへの招待Eメールが送信されます。

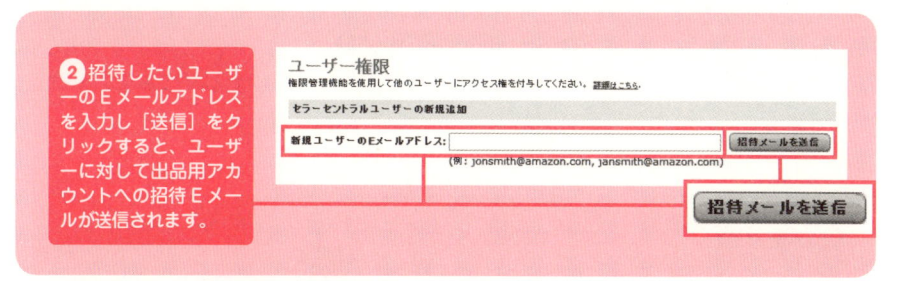

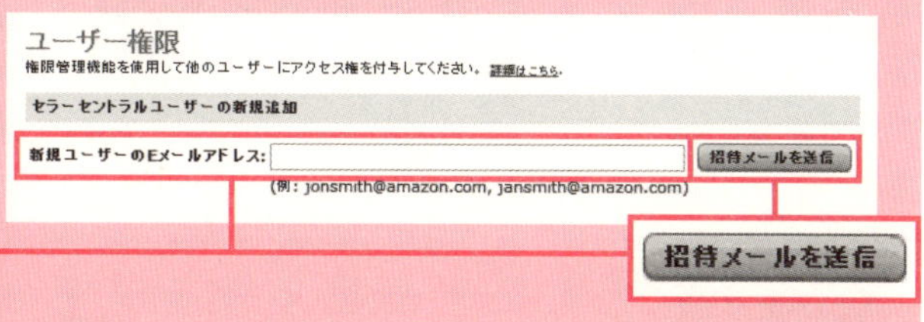
ユーザー権限
権限管理機能を使用して他のユーザーにアクセス権を付与してください。詳細はこちら.
セラーセントラルユーザーの新規追加
新規ユーザーのEメールアドレス:
招待メールを送信
(例：jonsmith@amazon.com, jansmith@amazon.com)
招待メールを送信

やってみよう!

招待を受けたら登録しよう

ユーザー招待のメールを受け取った際の登録方法について説明します。

❶招待Eメールのリンクをクリックすると、Eメールおよびパスワードを入力するページが表示されます。すでにAmazonのパスワードを持っている場合は入力し、［サインイン］をクリックします。

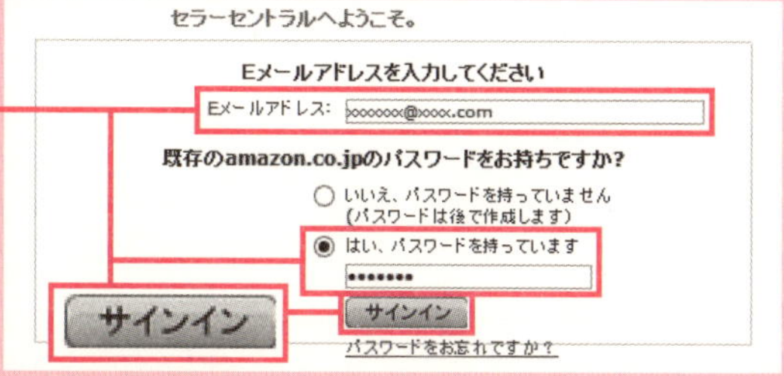
セラーセントラルへようこそ。
Eメールアドレスを入力してください
Eメールアドレス:
xxxxxxx@xxxx.com
既存のamazon.co.jpのパスワードをお持ちですか?
いいえ、パスワードを持っていません
(パスワードは後で作成します)
はい、パスワードを持っています
サインイン
サインイン
パスワードをお忘れですか?

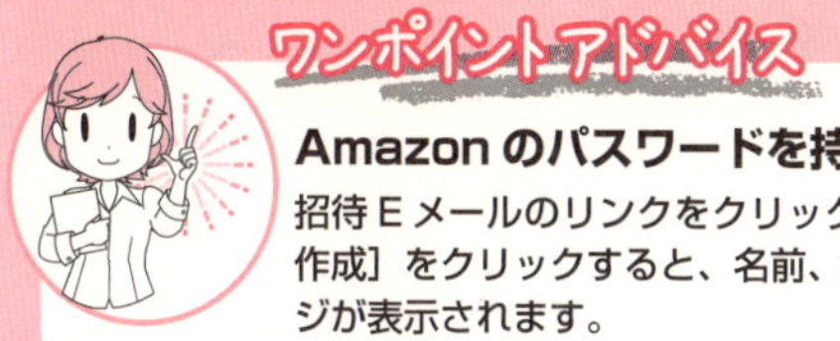
ワンポイントアドバイス

Amazonのパスワードを持っていない場合

招待Eメールのリンクをクリックして表示されたページにある［アカウントを作成］をクリックすると、名前、Eメールアドレス、パスワードを設定するページが表示されます。

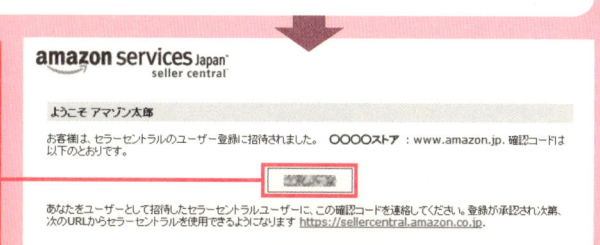

❷表示された画面にある［送信］をクリックします。確認コードのページが表示されるので、確認コードをアカウント責任者にEメールで返信します。返信した確認コードをアカウント責任者が承認することによって、ユーザーに出品用アカウントを使う権限が与えられます。

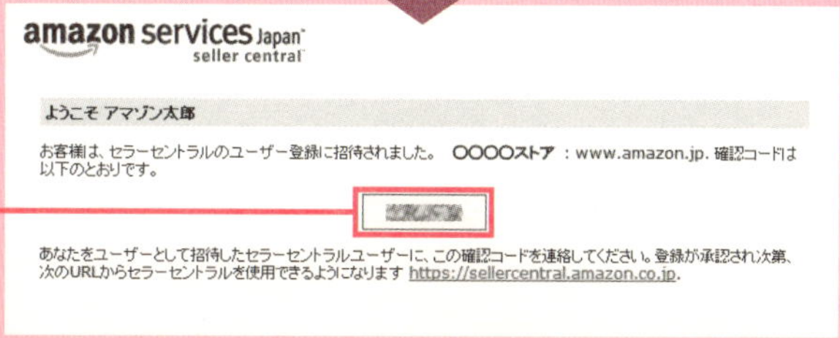
amazon services Japan
seller central
ようこそ アマゾン太郎
お客様は、セラーセントラルのユーザー登録に招待されました。 ○○○○ストア : www.amazon.jp. 確認コードは以下のとおりです。
あなたをユーザーとして招待したセラーセントラルユーザーに、この確認コードを連絡してください。登録が承認され次第、次のURLからセラーセントラルを使用できるようになります https://sellercentral.amazon.co.jp.

ユーザー権限を編集しよう

アカウント責任者が、登録されたユーザーのアクセス権限を変更する方法について説明します。

❶設定タブをクリックしてページを表示し、[ユーザー権限] をクリックします。

❷編集したいアカウントの隣の [編集] をクリックし、ユーザーアカウントの編集ページを表示します。

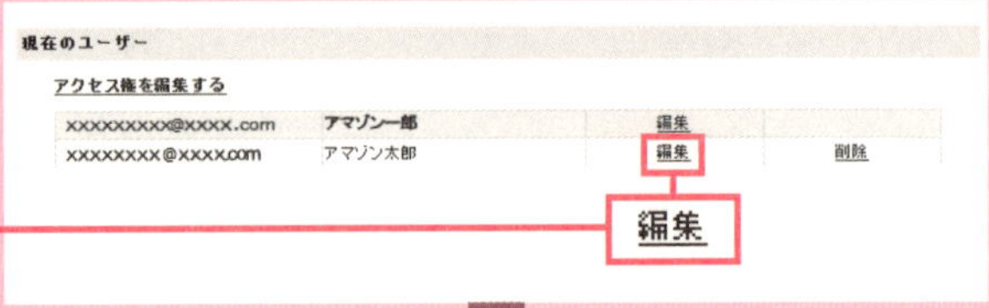

❸ユーザーにアクセスを許可したいツールのラジオボタンをクリックします。

❹入力が完了したら、[次に進む] をクリックします。権限の変更が処理されます。

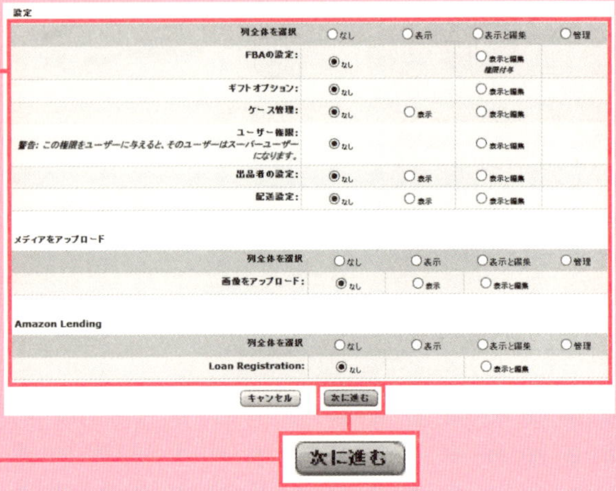

05 出品者ロゴを作成する

出品者ロゴは、まさにお店の看板と言えます。目を引くロゴを制作して、集客アップを目指しましょう。

出品者ロゴとは、Amazonの販売者を一覧表示したときに表示される、バナーリンクのことです。出品者ロゴを登録していない場合は、テキストバナーで表示されますが、きれいに作った出品者ロゴを登録しておいたほうが目を引きます。実店舗ではない、インターネット上の仮想店舗だからこそ、このようなところの心配りが他者と差をつける大事なポイントとなります。

商品価格+配送料	コンディション	販売/出品
￥ 8,070 Prime	新品	AMAZON.CO.JP 配送センターより発送されます 過去 12 か月で96%の高い評価(2,738件の評価) 在庫あり。 お届け日時指定便が利用できます。 国内向け発送料金 および 返品について。
￥ 8,153 Prime	新品	amazon.co.jp 在庫あり。 お届け日時指定便が利用できます。 国内向け発送料金 および 返品について。
￥ 8,080 + ￥ 756 (関東への配送料)	新品	過去 12 か月で92%の高い評価(4,427件の評価) 在庫あり。 国内向け発送料金 および 返品について。

●出品者ロゴの例

やってみよう!

出品者ロゴを登録しよう

出品者ロゴが完成したら、登録しましょう。

❶ セラーセントラルにログインし、右上の「設定」をクリックし、[情報・ポリシー] へ進みます。

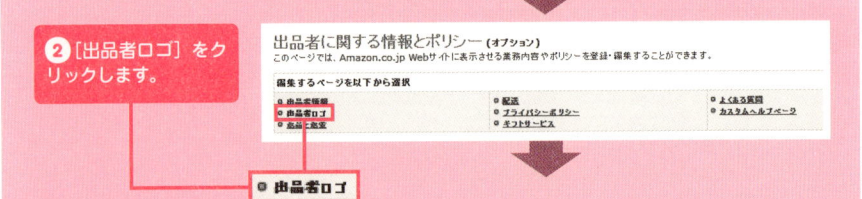

❷ [出品者ロゴ] をクリックします。

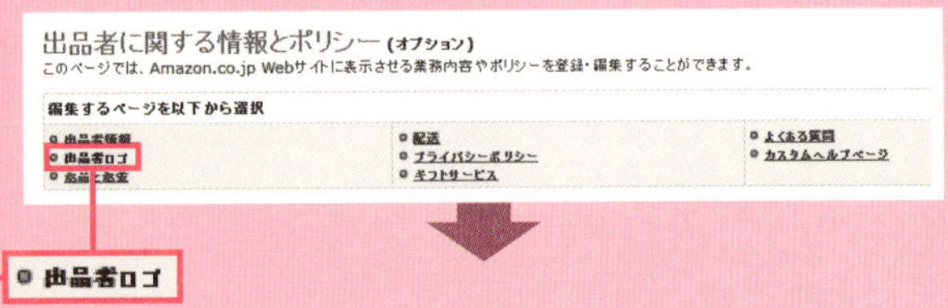

❸「画像の場所」で [参照] をクリックして画像を選択し、[アップロード] で画像を登録します。以上で登録は完了です。出品者ロゴは出品一覧ページの他にも出品者情報ページ、ストアフロントに表示されます。

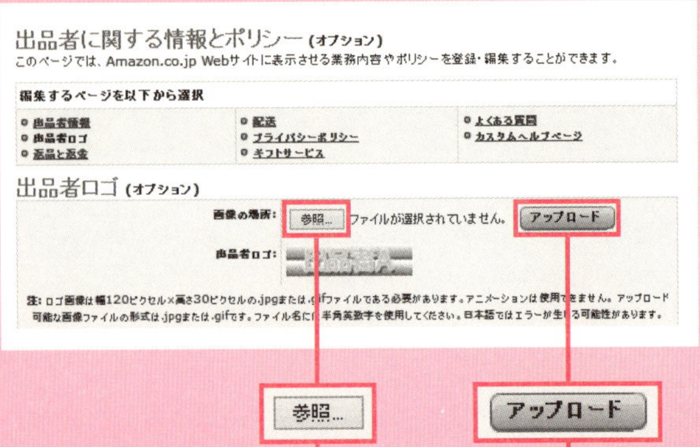

注意!

登録できる画像のサイズ

アップロードできるロゴ画像は、120 × 30 ピクセルの JPEG または GIF 形式のファイルです。サイズ制限もふまえて、ロゴを作りましょう。

chapter

2

既存の商品ページに出品する

Amazonの出品には、すでにAmazonのカタログに掲載されている商品に出品する方法と、新規で商品ページを作成して出品する方法の2通りの方法があります。まずは既存の商品ページに出品する方法を覚えましょう。

01 既存の商品ページに出品する手順

Amazonですでに販売しているものと同じ商品を出品したい場合、その商品の詳細ページからAmazonマーケットプレイスに出品できます。出品の際に手数料はかかりません。

既存の商品ページに出品してみよう

Amazon ですでに販売されている商品を出品する手順を解説します。

❶出品するには、まずAmazon のカタログの中から出品したい商品と同じタイトルを探し、その商品詳細ページにアクセスする必要があります。ページを見つけたら、[マーケットプレイスに出品する] をクリックします。(ご使用のブラウザにより「マーケットプレイスに出品する」ではなく、「Amazon で販売」と表示されることもあります)

❷コンディションの項目を、図と表を参考にして入力してください。

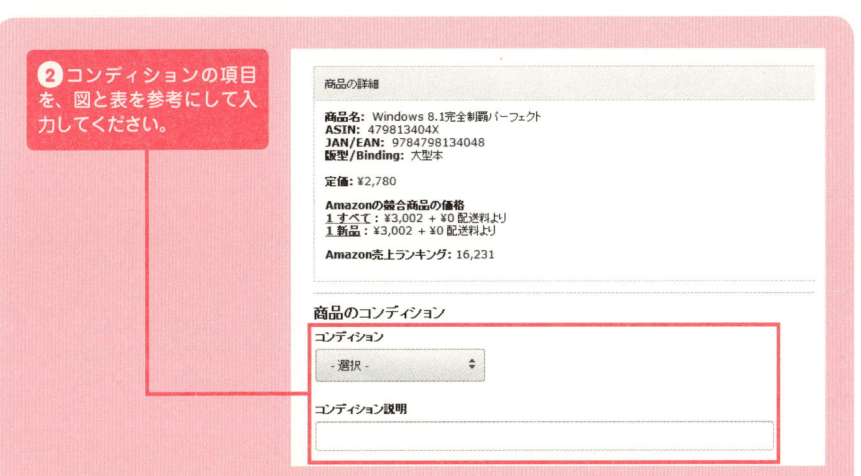

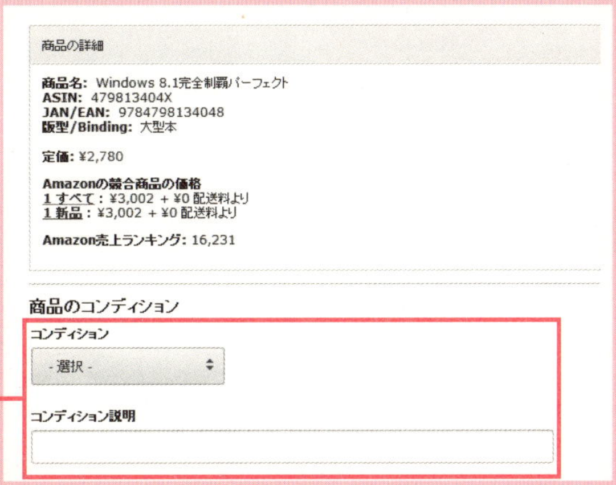
商品の詳細
商品名: Windows 8.1完全制覇パーフェクト
ASIN: 479813404X
JAN/EAN: 9784798134048
版型/Binding: 大型本
定価: ¥2,780
Amazonの競合商品の価格
1 すべて: ¥3,002 + ¥0 配送料より
1 新品: ¥3,002 + ¥0 配送料より
Amazon売上ランキング: 16,231
商品のコンディション
コンディション
- 選択 -
コンディション説明

項目	説明
①コンディション	「新品」、「中古」（ほぼ新品～可の４段階）、「コレクター商品」（ほぼ新品～可の４段階）から当てはまる項目を選ぶ
②コンディション説明	具体的な商品の状態を記入する。購入者からのクレームにならないよう、正しい状態を書き込む

❸「在庫」の欄に出品する在庫数を入力します。

❹「商品の価格」を入力します。

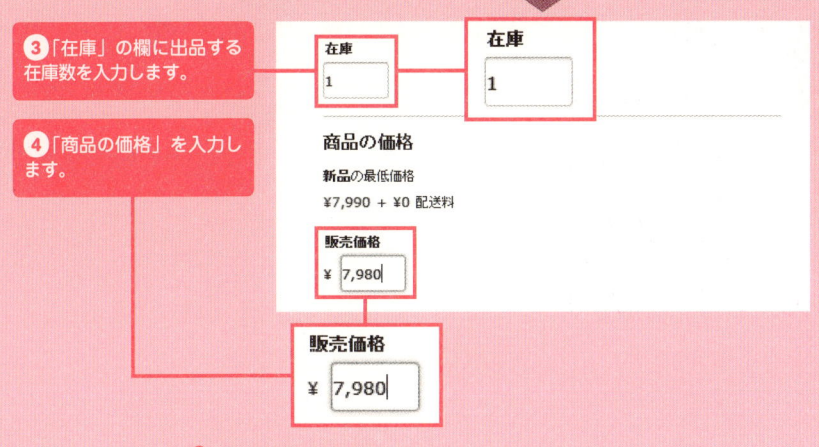

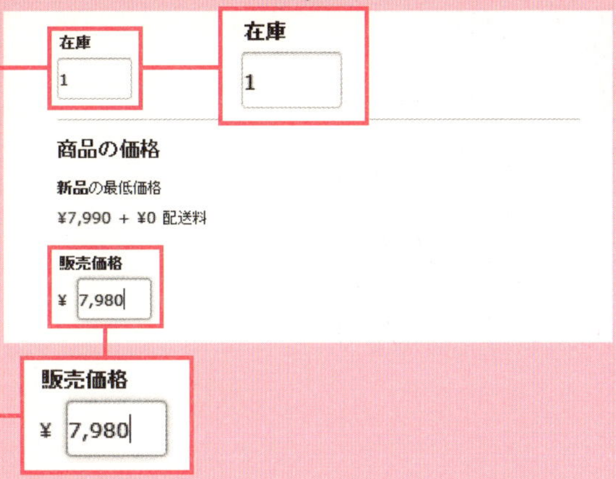
在庫
1
在庫
1
商品の価格
新品の最低価格
¥7,990 + ¥0 配送料
販売価格
¥ 7,980
販売価格
¥ 7,980

ワンポイントアドバイス

価格設定のコツ

「商品の価格」の欄には、コンディション別に現在 Amazon で販売している商品の最安値が表示されます。参考にして自身の商品の販売価格を決めましょう。価格は最安値と同じくらいか、少し安くすると、Amazon 内で露出される確率がアップしますので、商品の動きがよくなります。

❺「商品の SKU」を入力します。

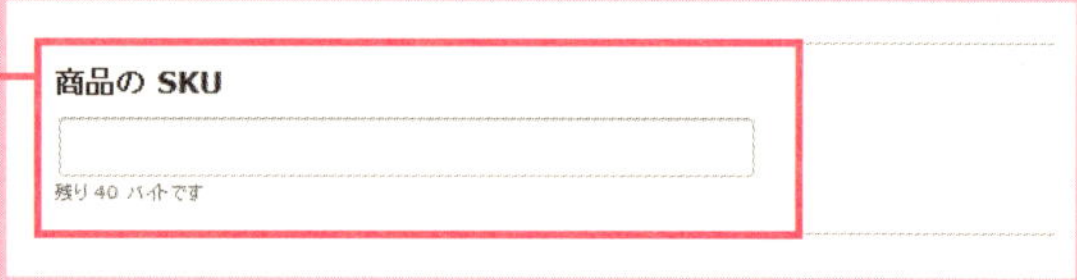
商品の SKU
残り 40 バイトです

ワンポイントアドバイス

SKU とは？

SKU とは「Stock Keeping Unit」の略で、出品者用の商品管理 ID です。 数字やアルファベットで最大 40 文字（全角の場合は 13 文字）まで、自由に設定できます。これから出品する商品と、すでに出品している商品の SKU が重複しないよう、個別の ID を割り当てる必要があります。

❻「提供する配送オプション」の項目では、商品が売れた場合に自己発送をするか、それとも FBA 在庫に登録して商品が売れた場合に Amazon に発送してもらうかを選択します。Amazon FBA については第 4 章で詳しく解説します。

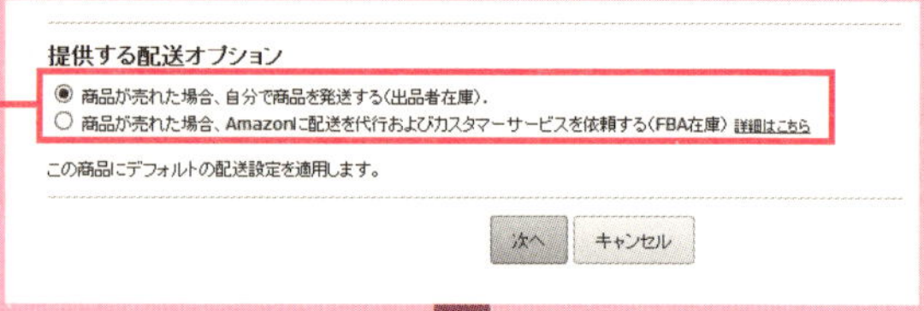
提供する配送オプション
商品が売れた場合、自分で商品を発送する(出品者在庫)。
商品が売れた場合、Amazonに配送を代行およびカスタマーサービスを依頼する(FBA在庫) 詳細はこちら
この商品にデフォルトの配送設定を適用します。
次へ
キャンセル

❼確認画面が出るので、入力した項目に間違いがないか確認し、［今すぐ出品］をクリックすると出品完了となります。流れを見るとわかると思いますが、出品したい商品がすでに Amazon で販売されている場合の出品登録はとても簡単です。

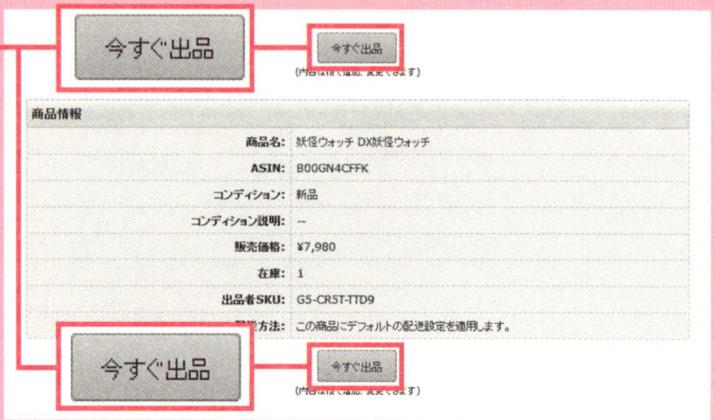
今すぐ出品
今すぐ出品
商品情報
商品名: 妖怪ウォッチ DX妖怪ウォッチ
ASIN: B00GN4CFFK
コンディション: 新品
コンディション説明: --
販売価格: ¥7,980
在庫: 1
出品者SKU: G5-CR5T-TTD9
方法: この商品にデフォルトの配送設定を適用します。
今すぐ出品
今すぐ出品

02 コンディション説明欄の使い方

既存の商品ページに出品するときに商品のアピールポイントにもなる、コンディション説明欄の使い方を解説します。

優位性をアピールできる

コンディション説明の欄に入力した内容は、ページの閲覧者が［新品 / 中古品の出品を見る］をクリックしたときに出品者ごとに一覧表示されます。したがって、コンディション説明欄に入力をした内容は、すでに Amazon に出品されている商品に出品する場合、他者と比較して自分が有利なポイントをアピールする絶好の場となります。

● 優位性をアピールする

商品の状態以外のウリも記入する

購入者は梱包がきれいで配送スピードも速いAmazon配送センターからの配送を好む傾向にあります。もし、FBA倉庫（Amazonの倉庫）から発送される商品の場合、それを利用して「Amazon配送センターからの発送になります」「Amazon配送センターが梱包して迅速に発送します」などの文言を入れることで、他者より有利な点を購入者に向けてアピールすることができます。また、代引きやコンビニ決済など、他者がつけていない決済方法をアピールポイントとして掲げている出品者もいます。

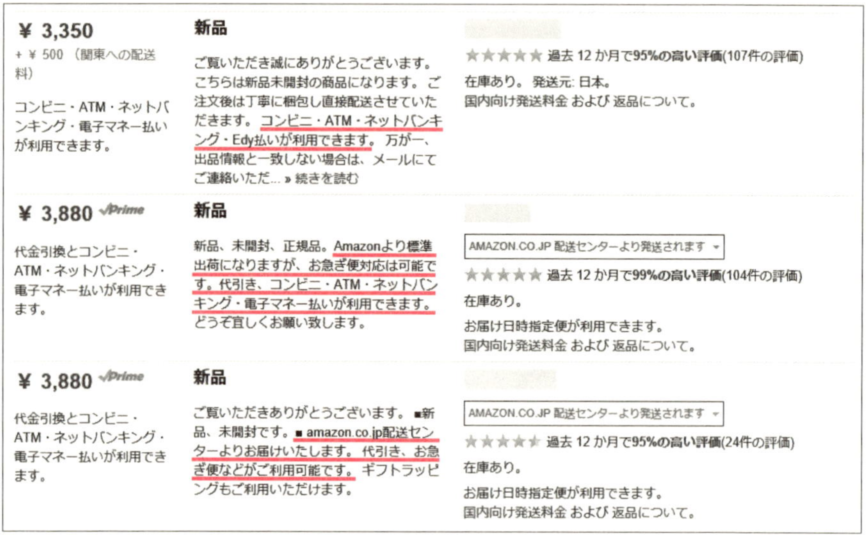

¥ 3,350 + ¥ 500 （関東への配送料） コンビニ・ATM・ネットバンキング・電子マネー払いが利用できます。	新品 ご覧いただき誠にありがとうございます。こちらは新品未開封の商品になります。ご注文後は丁寧に梱包し直接配送させていただきます。コンビニ・ATM・ネットバンキング・Edy払いが利用できます。万が一、出品情報と一致しない場合は、メールにてご連絡いただ... » 続きを読む	★★★★★ 過去 12 か月で95%の高い評価(107件の評価) 在庫あり。 発送元: 日本。 国内向け発送料金 および 返品について。
¥ 3,880 Prime 代金引換とコンビニ・ATM・ネットバンキング・電子マネー払いが利用できます。	新品 新品、未開封、正規品。Amazonより標準出荷になりますが、お急ぎ便対応は可能です。代引き、コンビニ・ATM・ネットバンキング・電子マネー払いが利用できます。どうぞ宜しくお願い致します。	AMAZON.CO.JP 配送センターより発送されます ★★★★★ 過去 12 か月で99%の高い評価(104件の評価) 在庫あり。 お届け日時指定便が利用できます。 国内向け発送料金 および 返品について。
¥ 3,880 Prime 代金引換とコンビニ・ATM・ネットバンキング・電子マネー払いが利用できます。	新品 ご覧いただきありがとうございます。■新品、未開封です。■ amazon.co.jp配送センターよりお届けいたします。代引き、お急ぎ便などがご利用可能です。ギフトラッピングもご利用いただけます。	AMAZON.CO.JP 配送センターより発送されます ★★★★★ 過去 12 か月で95%の高い評価(24件の評価) 在庫あり。 お届け日時指定便が利用できます。 国内向け発送料金 および 返品について。

● 出品者の一覧。Amazonからの発送や、決済方法の多さをウリにしているケースは多い

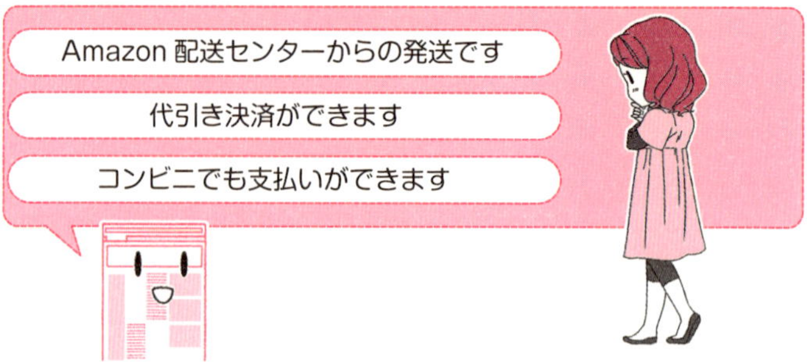
Amazon配送センターからの発送です
代引き決済ができます
コンビニでも支払いができます

● 商品の状態以外のウリも記入する

注意!

外部リンクは禁止

コンディション説明欄に外部リンクなどの URL を貼ることは、Amazon の規約により禁止されていますので注意してください。

●外部リンクは禁止

一覧で比較される項目で編集できるのはここだけ

コンディション説明欄は、同一商品を比較した場合に一覧表示される部分で唯一、書き込みができる箇所です。商品のコンディション説明だけではなく、自身のストアの営業時間、問い合わせ可能な時間帯、まとめ買いでの送料割引の案内など、極力有効に使ったほうがよいでしょう。

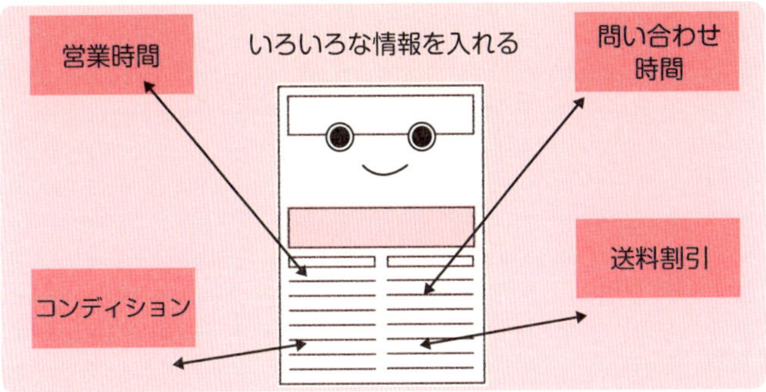

●コンディション説明欄は有効に使う

ワンポイントアドバイス

商品状態の書き方

中古品の場合は、できる限りよいアピールポイントを書くようにすると商品の動きがよくなります。例えば、本であれば「帯あり」や「ハガキ・応募券が付属します」など、いかに商品の状態がよいか書くとアピールになります。

逆に、状態があまりよくない商品の場合においては、「カバーに薄い擦り傷があります」や「経年劣化による色あせが多少あります」など、商品の状態をより詳細に書き記すことで、購入後のトラブルやクレームを防ぐことにつながります。

● 商品の状態は正確に記す

03 価格競争に対応する

Amazonに出品すると必ず悩まされるのが、価格競争の問題です。
適切な価格設定について知っておきましょう。

Amazon内で販売する場合、オリジナル商品でない限りは価格競争から逃れることはできません。もちろん、最安値に設定して充分に利益が取れるのであればよいのですが、なかなかそうはいきません。対策方法について解説します。

競合者の多い商品は避ける

まず、仕入れの段階で競合者の数を調べます。あまりに競合者が多い商品は、仕入れをしないようにしましょう。多くの出品者と競合するということは、価格競争が激しくなり、値下げ合戦になる可能性が高くなります。

販売する商品のランキングにもよりますので一概には言い切れませんが、理想は1商品に競合者が10人以内、多くても20人以内の商品を仕入れるようにしたほうが無難と言えます。

在庫管理画面で最低価格をチェックする

セラーセントラルにログインし、「在庫」から「在庫管理」の画面に移動すると、出品価格の変更ができます。右から2列目には同商品の最低価格が表示されますので、価格変更の際に参考にすることができます。

ただし、こちらに表示されるのは自己発送の商品も含まれますので、実際には最低価格＋発送料がかかるというケースもあります。正確な送料を含んだ最低価格を調べるには商品名をクリックして、商品ページから確認することが必要です。

「在庫管理」のページには手数料見積り額も表示されます。「出品価格－手数料見積り額」で収益がいくらになるか計算できますので、値下げをするときは収益が仕入れ値よりも下回って赤字にならないように気をつけましょう。

出品情報作成日	在庫あり	手数料見積り額 NEW	出品価格	コンディション	最低価格	フルフィルメント
2014/04/05 13:47:40	43	¥487 ¥314 のFBA手数料を含む	¥ 1,730	新品	¥1,130	Amazon
2014/04/04 14:41:37	20	¥414 ¥314 のFBA手数料を含む	¥ 1,000	新品	¥996	Amazon
2014/04/03 22:46:47	0	¥467 ¥314 のFBA手数料を含む	¥1,530	新品	¥1,608	Amazon

在庫管理画面

ワンポイントアドバイス

ライバルの商品が安すぎるとき

ライバルの設定価格が安すぎる場合には、無理をして赤字の価格で追いかけてもメリットはありません。それに最安値だからといって、必ずしもショッピングカートボックスを獲得できるわけでもありません。ライバルの価格が明らかに安すぎる場合は静観して、ライバルの在庫がなくなるのを待つことも必要です。ライバルの在庫がなくなれば、おのずとショッピングカートボックスを獲得するチャンスが回ってきます。そのときにちゃんと利益が取れる価格で販売すればよいのです。

ときには静観も必要

chapter

3

新規で商品ページを作成する

Amazonですでに出品されている商品の登録方法について説明しましたが、カタログに掲載されていない商品の出品をすることも可能です。Amazonのカタログにまだ掲載されていない商品を出品したい場合、あるいはOEM商品やカスタム商品などオリジナルの商品を出品したい場合は、この章で解説する新規商品の掲載方法をマスターしましょう。

01 Amazonカタログに掲載されていない商品の新規登録

Amazonに掲載されていない商品のページを作成して出品をする方法を説明します。

まず大前提として、Amazonカタログに掲載されていない商品の新規登録には、大口出品での契約が必要となります。

以下は、すでに大口出品者となっている場合の手順になります。大口出品の契約方法については、89ページを参照してください。

やってみよう！

商品の新規登録をしよう

実際に手順を見ながら、商品の新規登録をしてみましょう。

1 セラーセントラルにログイン後、「在庫」から「商品登録」のページに進み、［商品を新規登録］をクリックします。

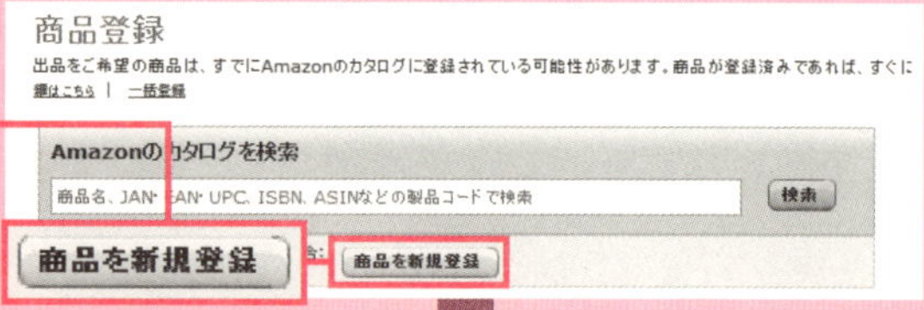

2 出品する商品のカテゴリーを選択します。

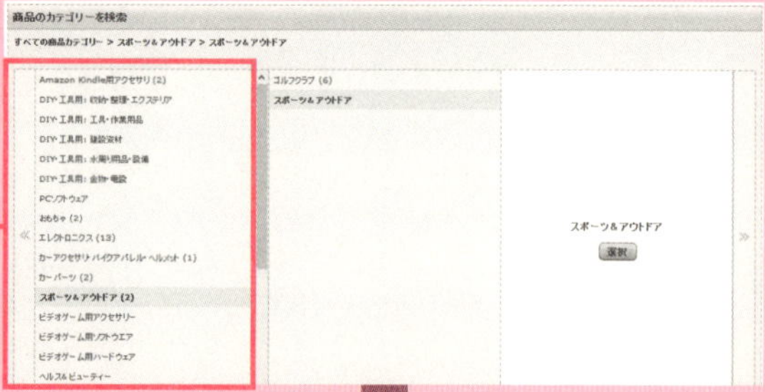

❸「重要情報」を登録します。※の付いた項目は必須項目です。商品名、メーカー名またはブランド名、UPC または JAN/EAN コードと、ほかに登録したい項目があれば入力して［次へ］をクリックします。

項目	備考
①商品名	必須
②メーカー名	必須
③ブランド名	
④型番	
⑤メーカー型番	
⑥パッケージ商品数	
⑦製品コードなしの理由	
⑧色	
⑨サイズ	
⑩推奨ブラウズノード	
⑪バリエーション種類	
⑫ UPC または JAN ／ EAN	必須

●重要情報の項目

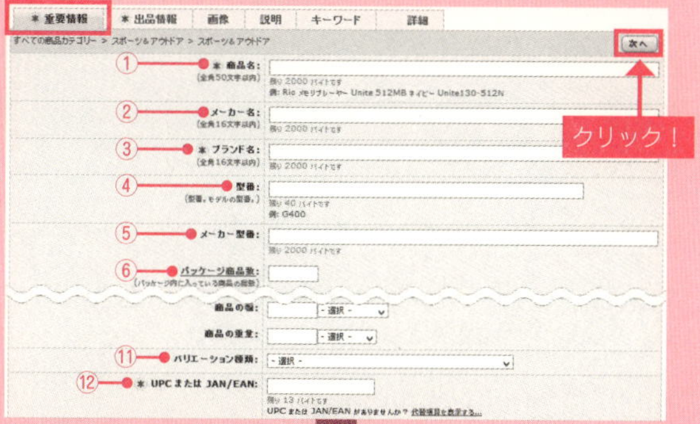

❹「出品情報」を登録します。※のついた項目は必須項目です。コンディション、販売価格、在庫と、ほかに登録したい項目があれば入力して［次へ］をクリックします。

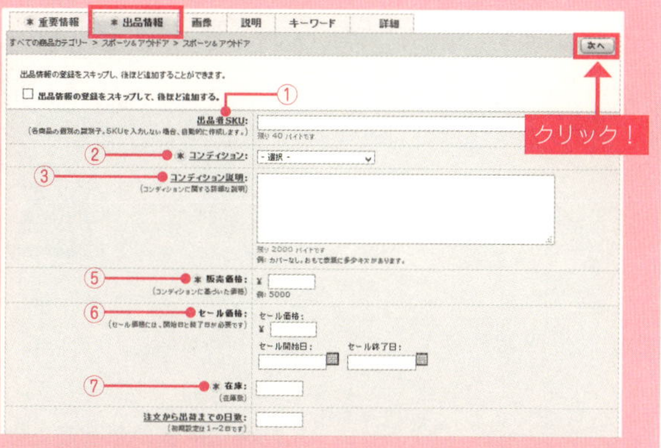

項目	説明	備考
①出品者 SKU	出品者用の管理番号を入力する	
②コンディション	商品の状態を選択する	必須
③コンディション説明	商品状態の詳細を記入する	
④最低価格	同じコンディションの商品の最低価格が表示される	
⑤販売価格	販売価格を入力する	必須
⑥セール価格	セール価格と期間を設定できる	
⑦在庫	出品する商品の在庫数を入力する	必須
⑧販売開始日	販売を開始する日を設定できる	
⑨商品の入荷予定日	出品する商品の入荷予定日を入力する	
⑩生産国	どこの国で生産しているか入力する	
⑪予約商品の販売開始日	予約を受ける商品の販売開始日を設定できる	
⑫出荷方法	出荷の方法（宅配便、郵便など）を入力する	
⑬配送オプション	国内／国外の配送料などを設定できる	

●出品情報の項目

❺商品の画像を登録します。［画像を追加］をクリックして画像を選択します。

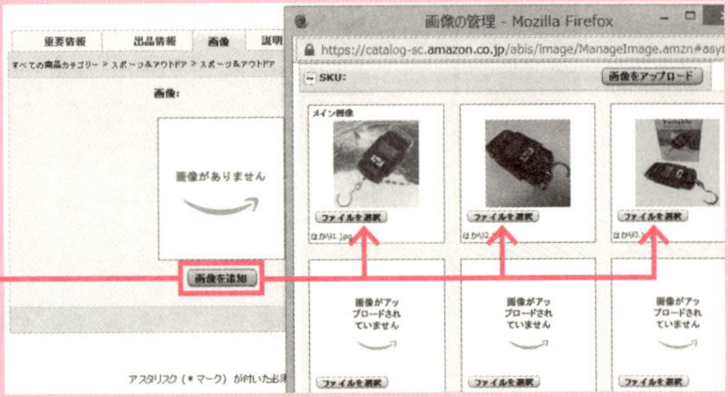

ワンポイントアドバイス

商品画像は複数用意しよう

商品画像は 1 枚だけでなく、さまざまな角度からのものがあったほうが、購買意欲の刺激につながります。

注意!

画像には制約がある

Amazon では、「商品画像スタイルガイドライン」に制約が記載されています。

- 商品が画像の 85% を占めていること
- 販売している商品のみ掲載し、コーディネート品は省くか最小限にすること
- ロゴ、透かし、ハメ込み画像は不可
- メイン画像の背景色は白
- 写真以外（グラフィックやイラストなど）は不可
- サイズは 1000 ピクセル× 500 ピクセル以上
- 形式は JPEG を推奨。TIFF や GIF も可

❻「説明」ページでは商品の仕様と、商品説明文を設定できます。商品の仕様欄には商品のサイズや、例えば電池の持続時間や本体に付属する商品などを書くと親切です。商品説明文の欄には特にその商品のメリットや特徴、セールスポイントを書くようにしましょう。

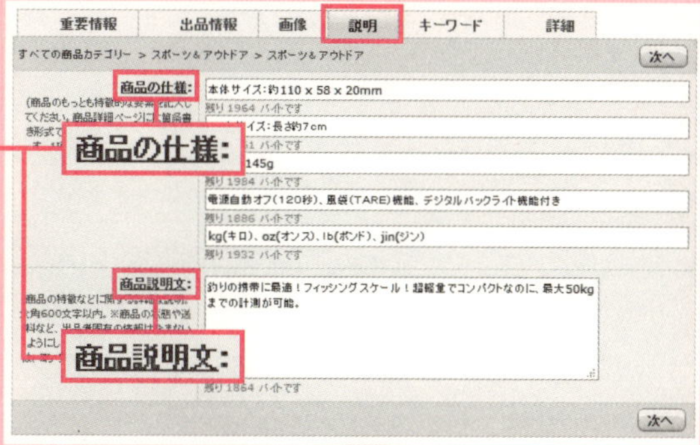

❼「キーワード」ページでは検索キーワードなどを設定できます。「検索キーワード」は文字通り、Amazon内に訪れたユーザーがAmazonの検索窓に入力するキーワードになりますので、できる限り出品する商品に関連するキーワードを取りこぼしないように入れておきましょう。

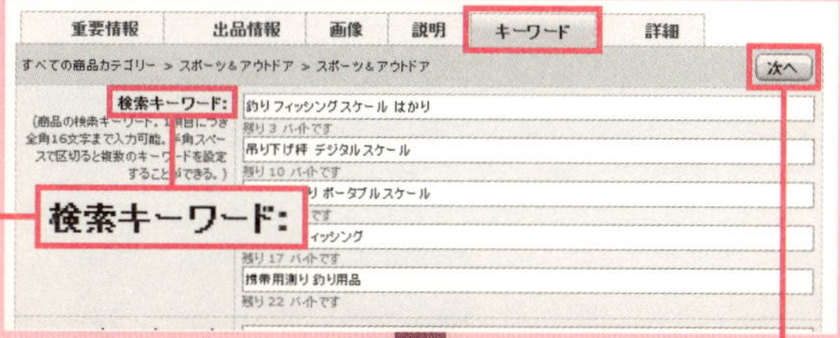

❽［次へ］をクリックします。

❾左サイドメニューの商品登録アシスタントのステータスが「商品作成の準備ができました！」になっていれば商品を登録できる状態です。登録画面の最下部の［保存して終了］をクリックすれば商品の新規登録完了です。

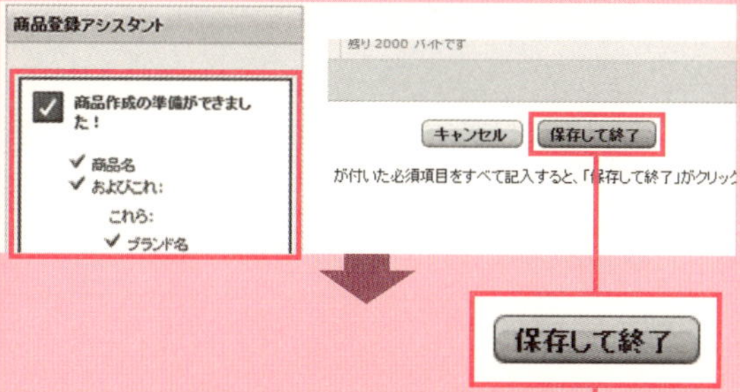

❿セラーセントラルに「ご登録の商品は Amazon に出品されました」と表示されます。おおよそ15分後には、Amazon のカタログに出品商品が掲載されます。

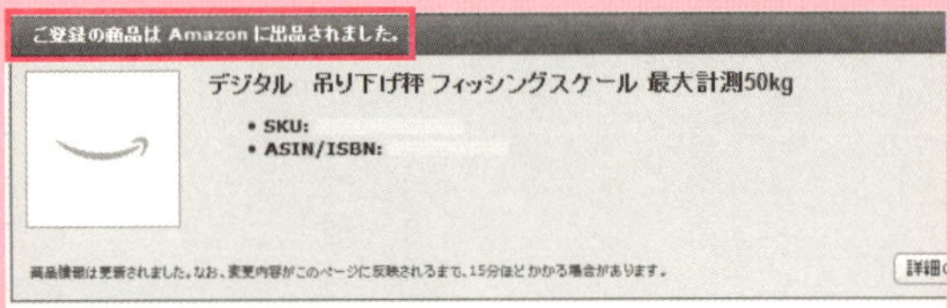

●商品が Amazon に表示される

02 製品コードがない商品の登録方法（Amazon ブランド登録申請）

新規登録をしたい商品の製品コードがない場合は、ブランド登録申請をする必要があります。

製品コードのない商品を Amazon に出品するためにはまず、製品コードのない商品を出品する許可申請を Amazon に提出する必要があります。

やってみよう!

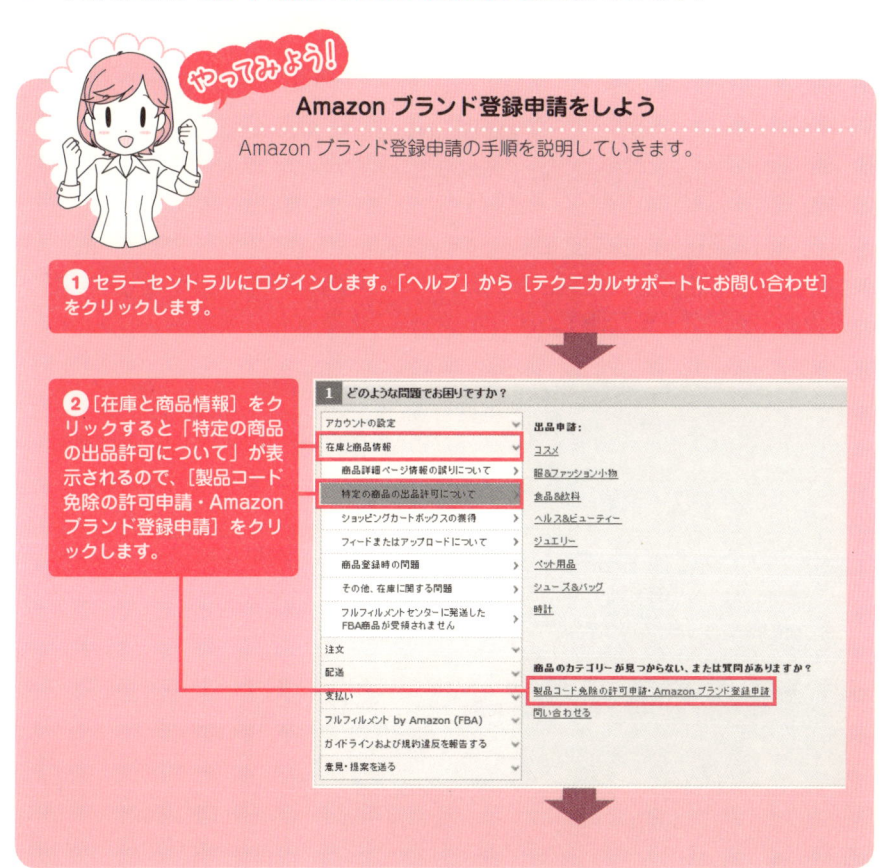

Amazon ブランド登録申請をしよう

Amazon ブランド登録申請の手順を説明していきます。

❶ セラーセントラルにログインします。「ヘルプ」から［テクニカルサポートにお問い合わせ］をクリックします。

❷［在庫と商品情報］をクリックすると「特定の商品の出品許可について」が表示されるので、［製品コード免除の許可申請・Amazon ブランド登録申請］をクリックします。

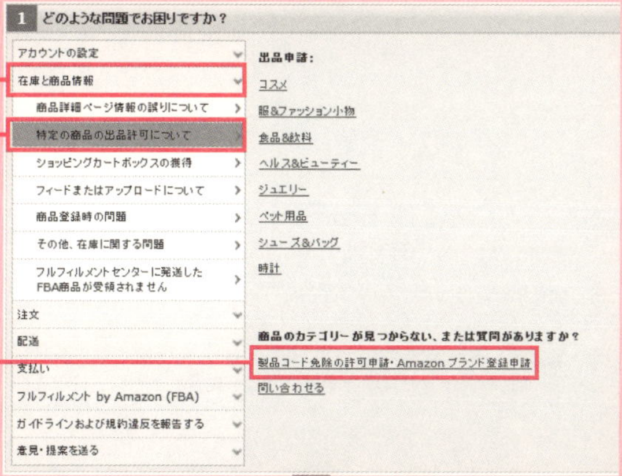

❸申請フォームが表示されるので、各項目を入力します。入力箇所が多くて手間に感じるかもしれませんが、一度審査を通せば、次回からは申請の必要なく製品コードなしの商品を登録できるようになります。まずは申請して許可を得ておきましょう。

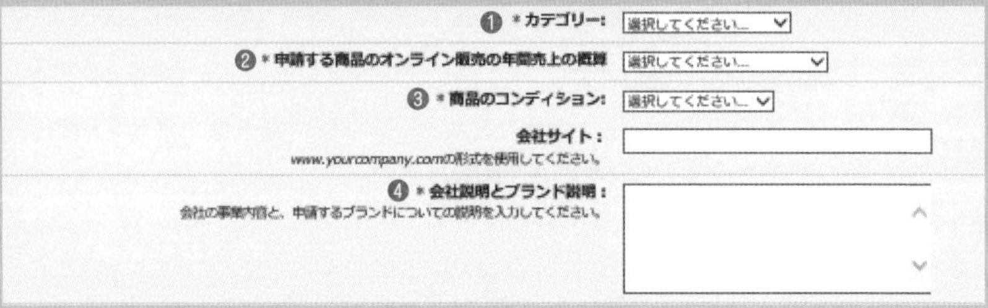

	項目	説明
❶	カテゴリー	出品する商品のカテゴリーを選択する
❷	申請する商品のオンライン販売の年間売上の概算	申請するカテゴリー商品の、ほかのサイトも含めたオンラインショップでの年間売上の目標を入力する
❸	商品のコンディション	コードがない商品は新品であることがほとんどのため、「新品」を選択する
❹	会社説明とブランド説明	事業内容と申請するブランドについての説明を入力する

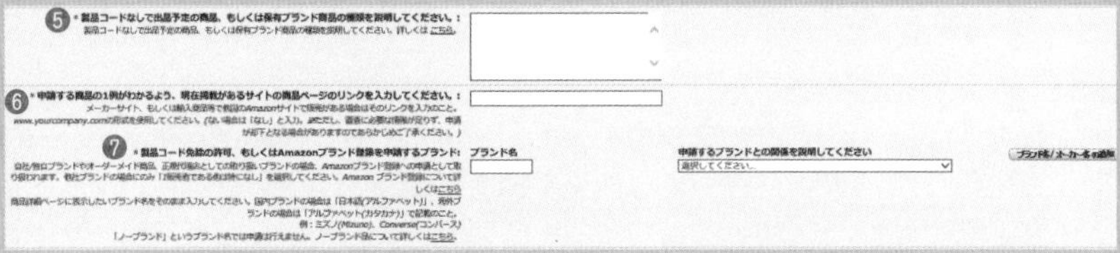

	項目	説明
❺	製品コードなしで出品予定の商品、もしくは保有ブランド商品の種類を説明してください。	商品の入手経路によるコードがない理由を記入する。 下記のようなケースの場合、例外として製品コード免除を許可される。 ・製造元（メーカー）が製品コードを付与していない特殊商品（少量生産の部品やパーツ等） ・非消費者向け商品（小売販売ではなく企業間で取引する商品） ・セット販売が必要な商品（理由があって製品コードがなくセットで販売する商品）
❻	申請する商品の1例がわかるよう、現在掲載があるサイトの商品ページのリンクを入力してください。	申請する商品の仕入れ先のリンクか、自身で他の販売サイトに出品しているページがあれば、そのリンクURLを貼付する
❼	製品コード免除の許可、もしくはAmazonブランド登録を申請するブランド	扱う商品が特にブランド品として出品したい物でなければ、「1販売者である他は特になし」を選択する。ブランド品であれば、当てはまる項目を選択してブランド名を設定する

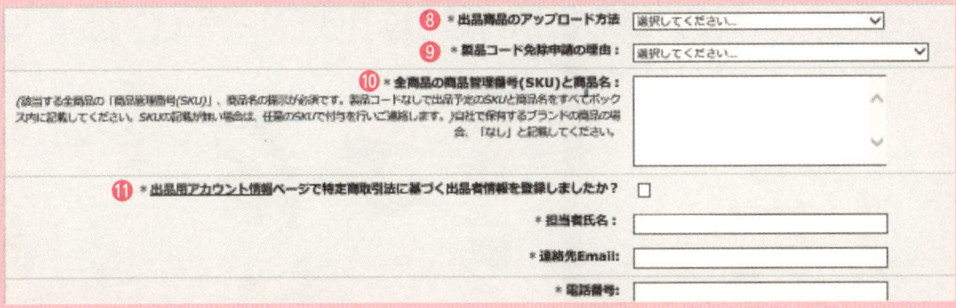

	項目	説明
8	出品商品のアップロード方法	「セラーセントラルの「商品の新規登録」から」を選択する
9	製品コード免除申請の理由	各選択項目から当てはまる理由を選択する
10	全商品の商品管理番号（SKU）と商品名	「なし」と記載すればよい
11	出品用アカウント情報ページで特定商取引法に基づく出品者情報を登録しましたか？	チェックボックスにチェックを入れ、「担当者氏名」「連絡先Email」「電話番号」「会社名」を入力する

各項目を入力して［送信］をクリックすれば、Amazon への許可申請は完了です！あとは Amazon からの回答を待ちましょう。審査に通ると製品コードなし商品の出品ができるようになります。

注意!

「独占販売」の権限ではない

Amazon ブランド登録の申請は、商品を独占するための権限ではありません。製品コード免除の許可権限と同じく、製品コードのない商品を Amazon カタログに登録するための権限になります。したがって、Amazon ブランド登録の申請が許可されても、商品ページから他の出品者を追い出すことはできません。ただし、商品ページの情報が他の出品者に書き換えられる確率が低くなるようです。

03 Amazonで出品が禁止されている商品

Amazonには、出品が禁止されている商品があります。うっかり仕入れてしまわないよう、ここで紹介します。

Amazonで出品が禁止されている商品は、小口出品者と大口出品者とでは若干異なりますが、ここでは大口出品者を対象にした禁止商品を挙げます。

Amazonで販売が禁止されている商品には以下のものがあります。

- 非合法の製品および非合法の可能性のある製品
- 日本における販売の許認可を受けてない商品（電波法、PSEマーク、PSCマークの取得など）
- リコール対象商品
- 不快感を与える資料
- ヌード
- 「アダルト」商品
- アダルトメディア商品
- 同人PCソフト
- 同人CD
- Amazon Kindle商品
- プロモーション用の媒体
- 食品（一部の肉類など）
- 輸入食品および飲料
- 医療機器、医薬品、化粧品の小分け商品
- 海外製医療器具・医薬品
- 海外直送によるヘルス＆ビューティ商材
- 盗品
- 広告
- 無許可・非合法の野生生物である商品
- 銃器、弾薬および兵器

詳しくはAmazonセラーセントラルの「禁止商品」で確認してください。

・禁止商品
URL https://sellercentral.amazon.co.jp/gp/help/200386260/ref=ag_200386260_cont_200301050

chapter

4

フルフィルメントby Amazon（FBA）を活用する

Amazonには、受注管理、出荷業務、出荷後のカスタマーサービスをAmazonが代行するフルフィルメント by Amazon（FBA）というサービスがあります。FBAの商品には、国内配送料無料、Amazonプライム、ギフトサービスなどが適用されます。受注、出荷、配送、カスタマーサービスの品質はAmazonリテール部門が扱う商品と同等にとても優秀で、購入者からの信頼もあります。さらなる売上のアップのためにFBAを上手に活用しましょう。

01 FBAのメリット

Amazonジャパンが2012年1月にFBA利用者にアンケートを取ったところ、86.4%の出品者が「FBAを利用後に売上が向上した」と回答しています。そのFBAにはどのようなメリットがあるのか検証していきましょう。

魅力的な商品ページになる

Amazon出品（出店）サービスにFBAを導入することで、Amazonの経験豊富でクオリティの高い配送サービスを利用できます。特別な配送サービス「Amazonプライム」の対象商品となるため、配送サービスや最短のお届け日の表示などが変更となり、購入時の配送メリットをアピールした商品ページにすることができます。

参考・引用元　FBA導入のメリット

URL http://services.amazon.co.jp/services/fulfillment-by-amazon/benefits.html

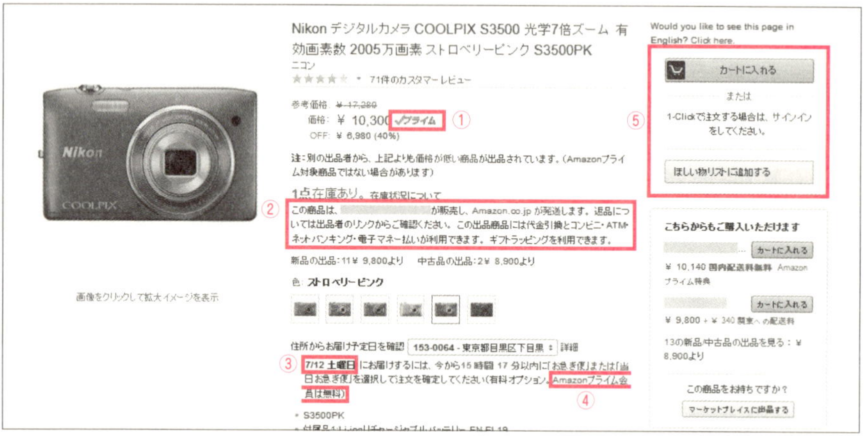

● FBAを導入した場合の商品ページ

① Amazon プライム

Amazon プライムの対象商品となります。

② Amazon.co.jp が発送

Amazon 小売部門の商品と同梱配送も可能となります。Amazon による配送を希望する購入者が安心して購入できます。

③最短お届け日の表示

Amazon の配送による最短のお届け日を購入者に約束することで購入しやすくなります。また、急いで商品が必要な購入者にアピールできます。

④国内配送料無料

通常国内配送料無料は、購入者にとって大きなメリットの 1 つです。

⑤ショッピングカートボックスの獲得率アップ

Amazon の配送レベルに準じるため、ショッピングカートボックスの獲得率が上がります。

出品者一覧ページでも優位に立てる

FBA を利用すると、出品者一覧ページに表示される際にも、自社発送の出品者に比べて優位な位置に表示されやすくなります。

●FBA を導入した場合の出品者一覧ページ

①商品視認率アップ

FBA を利用することで、「通常配送無料」「プライム対象商品」の表示と、配送料無料による上位表示により、購入者の商品視認率が上がります。

②迅速な出荷対応が可能

「Amazon.co.jp 配送センターより発送されます」の表示と、最短お届け日の表示がされることで、購入者が安心して購入できます。

検索結果からも購入のイメージがしやすい

検索結果に表示される際にも購入者にとって購入イメージのしやすい表示のされ方になるので、購入率アップが期待できます。

配送オプションを利用者にアピール

「国内配送料無料」や「Amazon プライム」対象商品に絞って商品を検索する購入者への、販売機会の増加が期待できます。

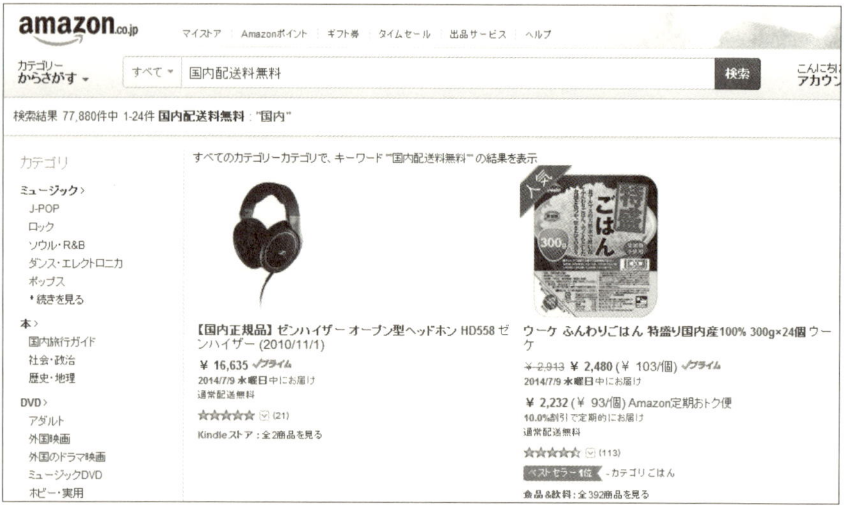

●「国内配送料無料」で検索した例

配送リードタイム表示で購入者に安心感を与えられる

具体的な配送リードタイムが表示されることで、その商品ページのページビューにつながります。

02 FBAの料金プラン

FBAを利用するメリットがわかったところで、FBAがどのような料金体系から成り立っているかを学びましょう。

FBAの料金体系

FBAの料金は、出品者の商品を保管・管理する在庫保管手数料（商品サイズ（体積）、保管日数で日割り計算）と、販売時の出荷・梱包・配送に対して課金される配送代行手数料（個数および重量にて計算、全国配送料含む）の2つからなります。初期費用や固定費は不要で、シンプルな料金体系です。

参考・引用元　FBAの料金プラン
URL http://services.amazon.co.jp/services/fulfillment-by-amazon/fee.html

在庫保管手数料
商品サイズと保管日数に応じた手数料

＋

配送代行手数料
出荷作業手数料＋発送手数料＋発送重量手数料

＝ FBA料金

●FBA料金の計算方法

FBA手数料の内訳

FBAの手数料は大きく分けて、A. 在庫保管手数料とB. 配送代行手数料があります。

A.　在庫保管手数料の計算方法
¥8.126×{[商品サイズ(cm^3)]／(10cm×10cm×10cm)}×[保管日数／当月の日数]

B.　配送代行手数料の計算方法
(出荷作業手数料　[単価]×[販売個数])＋(発送重量手数料［単価］×[出荷数])

出荷作業手数料と発送重量手数料の料金単価は次の表を参考にしてください。

配送代行手数料	メディア		メディア以外		大型商品	高額商品
	小型	標準	小型	標準		
出荷作業手数料（個数あたり）	¥86	¥86	¥76	¥98	¥540	¥0
発送重量手数料（出荷あたり）	¥55	0～2kg：¥76 + 1kg：¥6	¥163	0～2kg：¥216 + 1kg：¥6	¥0	¥0

● FBA 手数料の一覧

注意事項などは、下記の URL から確認してください。

・FBA の料金プラン
（URL http://services.amazon.co.jp/services/fulfillment-by-amazon/fee.html）

● Amazon FBA 在庫から全国へ

03 FBAに納品する

たくさんのメリットを持つFBAを使いこなして、売上アップを目指しましょう。

事前に準備が必要なもの

- □ プリンター
- □ ラベルシール（A4判　24面（33.9mm x 66.0mm））
- □ ダンボール箱
- □ コピー用紙
- □ ガムテープ

FBAに納品しよう

必要なものが用意できたら、FBAに納品しましょう。

❶商品ページから「マーケットプレイスに出品する」を選択して、「コンディション」「コンディション説明」「在庫」「商品の価格」を設定します（詳細は102ページ）。

❷「提供する配送オプション」から「商品が売れた場合、Amazonに配送を代行およびカスタマーサービスを依頼する（FBA在庫）」をチェックして［次へ］をクリックします。

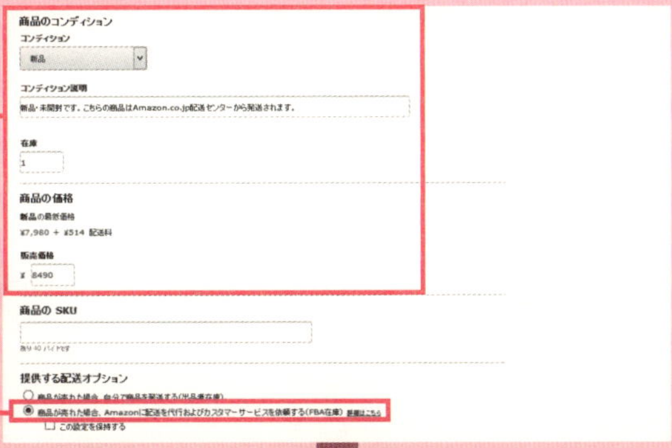

❸［出荷を確定し、納品手続きを開始する］をクリックします。

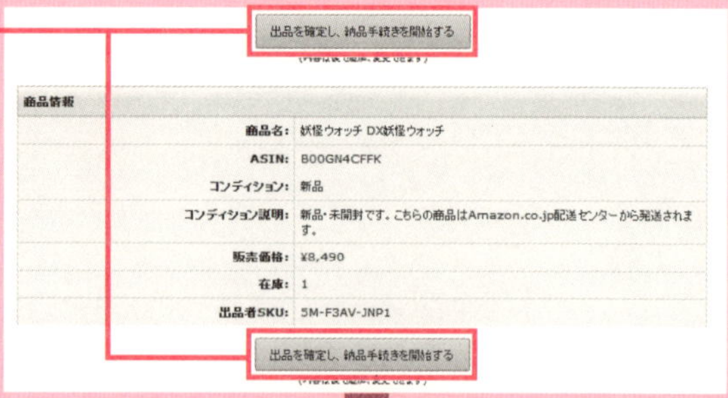

ワンポイントアドバイス

「在庫」ページからも商品を選択できる

「在庫」ページからも商品を選択できます。手順は以下のとおりです。

1　セラーセントラルログイン後、「在庫」から［在庫管理］をクリックします。
2　該当の商品にチェックをつけ、「変更」タブより［Amazon から出荷］を選択します。
3　表示された画面から［変換した在庫商品を出荷］をクリックします。

❹「新規の納品プランを作成」を選択します。

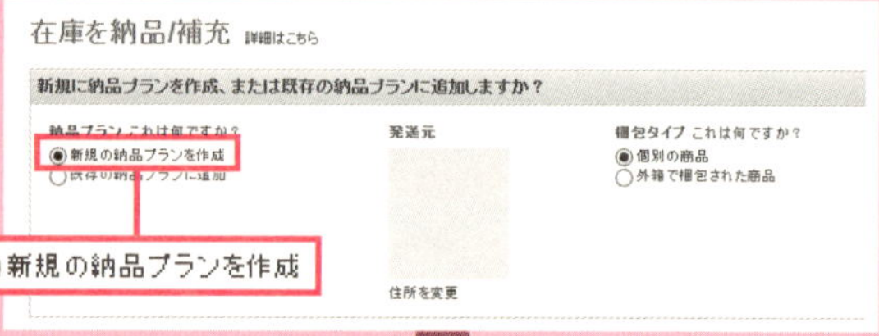

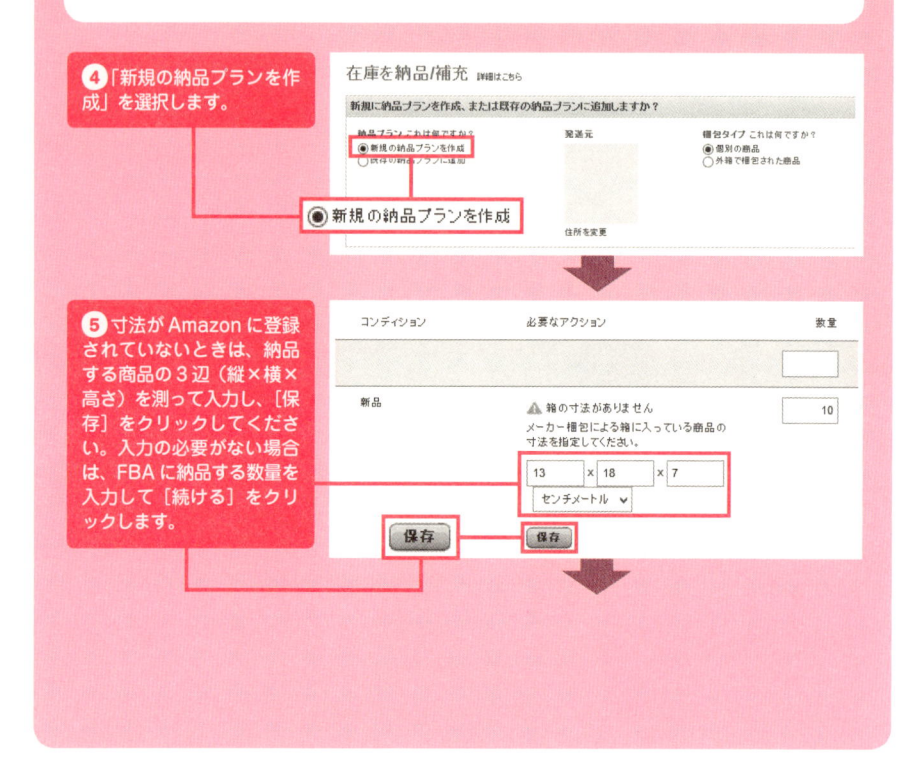

❺寸法が Amazon に登録されていないときは、納品する商品の 3 辺（縦×横×高さ）を測って入力し、［保存］をクリックしてください。入力の必要がない場合は、FBA に納品する数量を入力して［続ける］をクリックします。

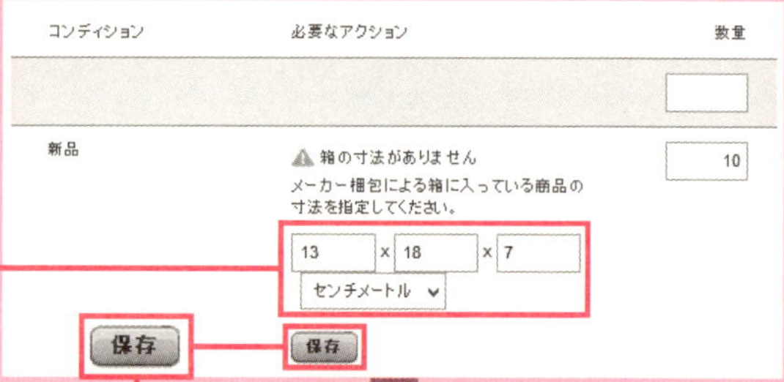

6 ラベル貼付を「出品者」に設定して、[ラベルを印刷]をクリックします。表示されたバーコード情報のPDFを事前に準備しておいたA4判24面のラベルシールに印刷します。印刷したラベルシールは、商品に製品コードがある場合は上から製品コードが隠れる様に貼りましょう。

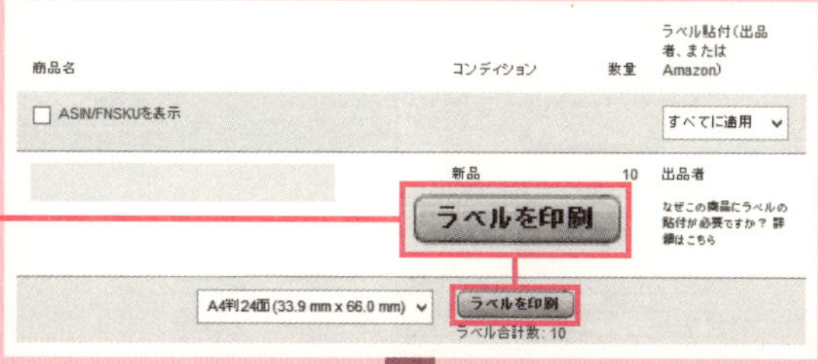

ワンポイントアドバイス

ラベル貼付は自分でやってみよう

Amazon または FBA 納品代行業者にラベル貼付作業を委託することもできますが、まずは作業手順を把握するためにも自分でラベル貼りをすることをおすすめします。慣れてきたら、作業効率を上げるために外注業者に委託するのもよいと思います。

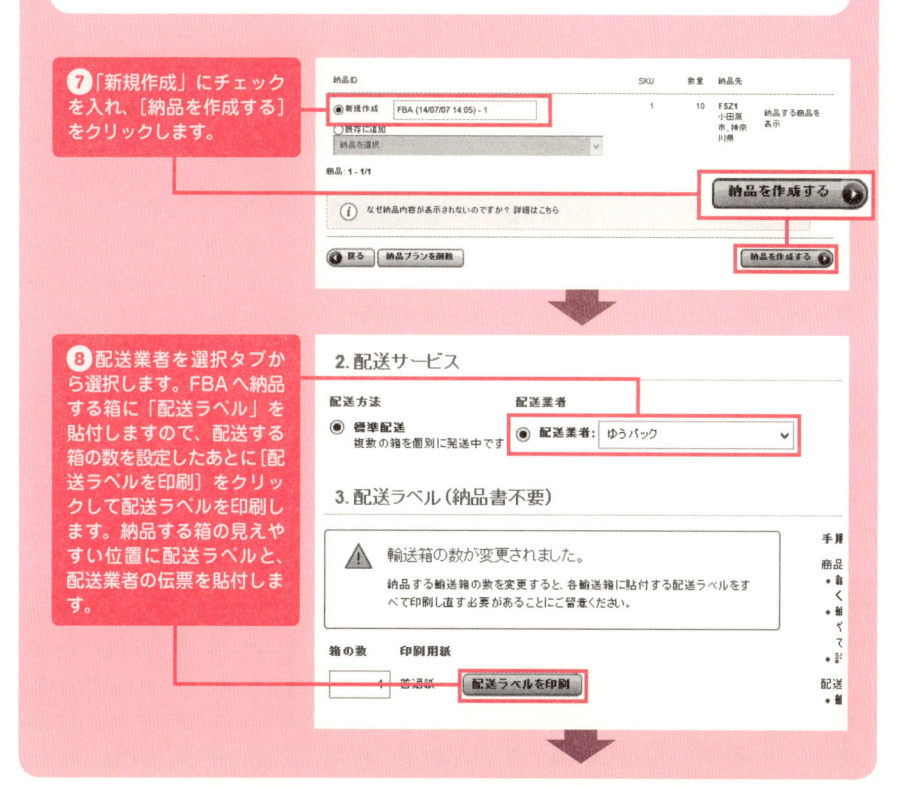

7「新規作成」にチェックを入れ、[納品を作成する]をクリックします。

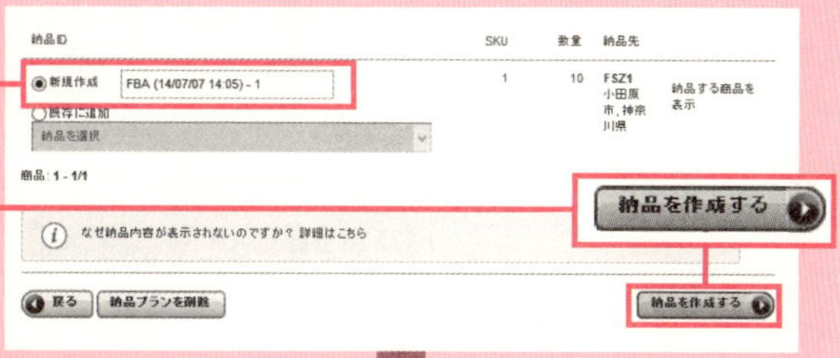

8 配送業者を選択タブから選択します。FBAへ納品する箱に「配送ラベル」を貼付しますので、配送する箱の数を設定したあとに[配送ラベルを印刷]をクリックして配送ラベルを印刷します。納品する箱の見えやすい位置に配送ラベルと、配送業者の伝票を貼付します。

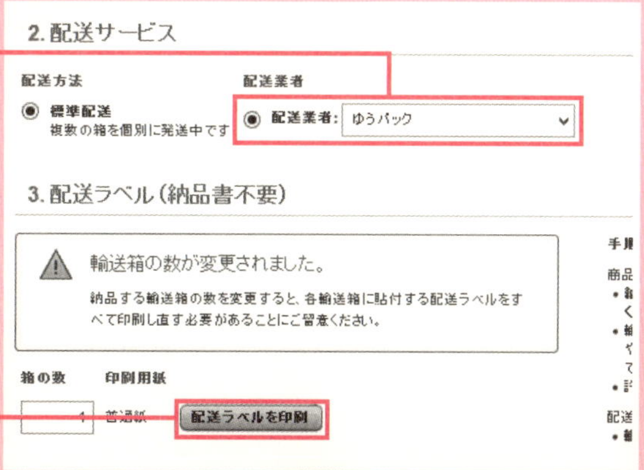

❾［納品を完了する］をクリックします。Amazon のセラーセントラル上での作業は完了です。

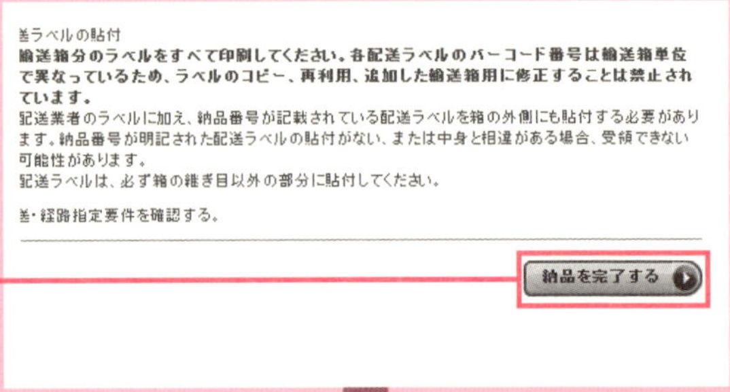
差ラベルの貼付
輸送箱分のラベルをすべて印刷してください。各配送ラベルのバーコード番号は輸送箱単位で異なっているため、ラベルのコピー、再利用、追加した輸送箱用に修正することは禁止されています。
配送業者のラベルに加え、納品番号が記載されている配送ラベルを箱の外側にも貼付する必要があります。納品番号が明記された配送ラベルの貼付がない、または中身と相違がある場合、受領できない可能性があります。
配送ラベルは、必ず箱の継ぎ目以外の部分に貼付してください。
差・経路指定要件を確認する。
納品を完了する

❿手順 8 で設定した配送業者に集荷を依頼して、FBA に商品を納品します。これですべての作業が完了です。

●在庫を FBA 倉庫で管理する

04 FBA在庫の返送／所有権の放棄

いったんFBAに納品した在庫の返送と、所有権の放棄をする方法について解説します。

FBAに納品した在庫が売れ残ってしまった場合、または販売不可の在庫になってしまった場合には、Amazonフルフィルメントセンターに保管されている在庫を返送、または所有権の放棄を依頼できます。

FBAに在庫があっても販売の見込みが立たない場合には、置いておくだけでも保管料がかかりますので、返送、または販売不可の不良品であればAmazonに所有権の放棄を依頼するのもよいでしょう。

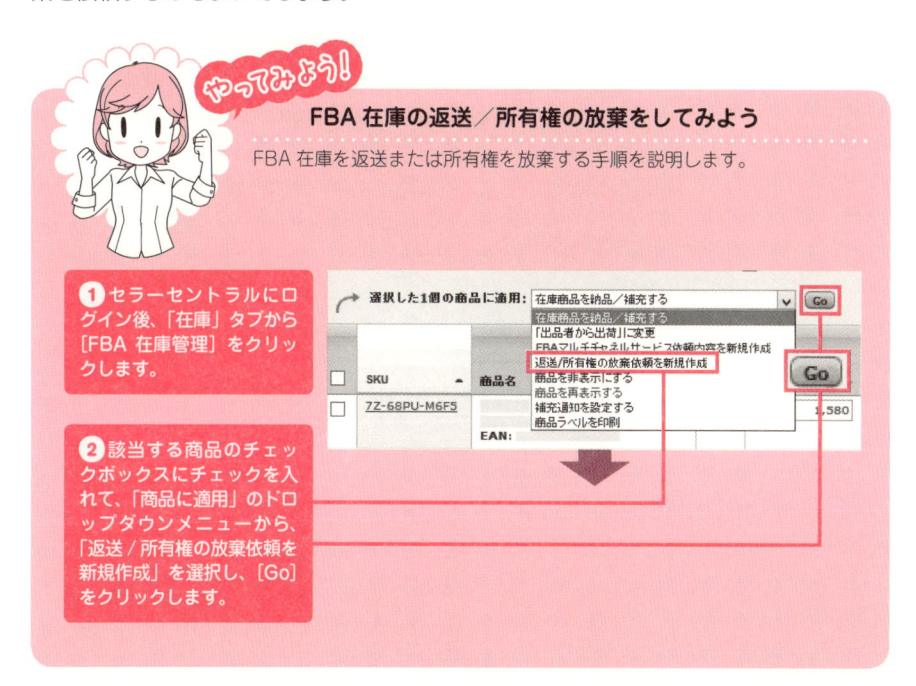

やってみよう!

FBA在庫の返送／所有権の放棄をしてみよう

FBA在庫を返送または所有権を放棄する手順を説明します。

❶セラーセントラルにログイン後、「在庫」タブから［FBA在庫管理］をクリックします。

❷該当する商品のチェックボックスにチェックを入れて、「商品に適用」のドロップダウンメニューから、「返送／所有権の放棄依頼を新規作成」を選択し、［Go］をクリックします。

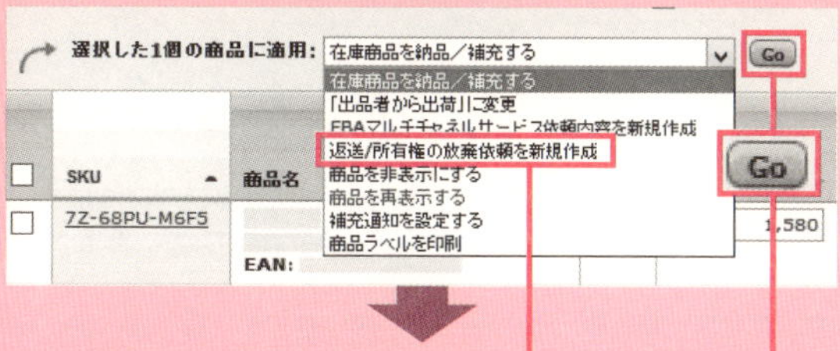

❸依頼内容の項目の「お届け先住所を入力（返送）」か「所有権の放棄」を選択し、［続ける］をクリックします。

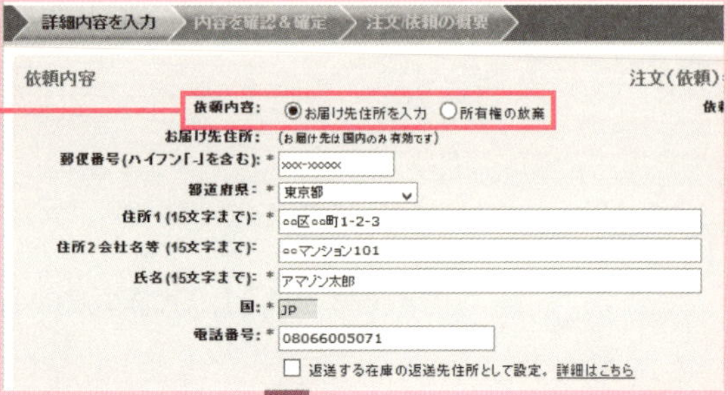

❹［内容を確定］をクリックすると、それぞれ（返送または所有権の放棄）の依頼が確定します。

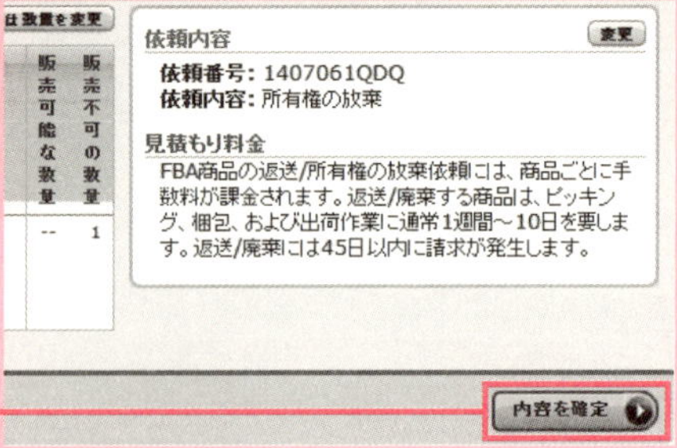

ワンポイントアドバイス

FBA 在庫の返送／所有権の放棄依頼の手数料

FBA 在庫の返送／所有権の放棄依頼の手数料は下の表のとおりとなっています。

全在庫		
返送または所有権の放棄	小型・標準サイズ（1 個につき）	大型サイズ（1 個につき）
返送	¥51	¥103
所有権の放棄	¥10	¥21

●返送／所有権の放棄の手数料（送料含む）

FBA からの返送料金は標準サイズで 1 個あたり 51 円とリーズナブルなので、FBA 在庫で販売が難しいと思ったら、保管料を考えて返送を依頼することも大切です。

05 FBA マルチチャネルサービス

Amazon 以外の EC サイトで販売している商品の出荷などを、FBA が代行してくれるサービスを紹介します。

FBA マルチチャネルサービスとは、自社のオンラインサイトやオンラインショッピングモール店舗など、Amazon 以外の販売経路で販売している商品の出荷・配送・在庫管理までを、Amazon が代行して運用する物流サービスです。初期設定や固定費は一切不要です。Amazon の商品管理ツール（セラーセントラル）からの出荷依頼だけで手軽に利用できますので、特に複数の販路で商品を販売されている方におすすめです。

参考・引用元　FBA マルチチャネルサービス
URL http://services.amazon.co.jp/services/fulfillment-by-amazon/other-services.html

FBA マルチチャネルサービスのメリット

- 24 時間 365 日、出荷対応可能。繁忙期・閑散期の物量に合わせ、必要なときに必要な分だけ利用できる
- 「当日お急ぎ便」「お急ぎ便」にも対応、迅速に商品を届けることができる
- 代金引換決済にも対応、購入者ニーズに即した決済オプションを提供できる
- Amazon ロゴ印刷のない、無地のダンボール箱で出荷される（小田原、川越、川島、大東フルフィルメントセンターのみ）
- 1 商品 1 個から利用可能
- システム利用料などの固定費は一切不要、利用した分のみ課金されるしくみ
- 在庫保管手数料は利用スペース分のみ、日割り計算での請求なので、コスト効率がよく安心

FBAマルチチャネルサービスが便利なケース

便利な使い方を、ケースごとに見てみましょう。

ケース1　手間のかかる出荷作業から解放されたい！

FBAを利用することで、Amazon出品サービスにおける出荷作業負荷は大幅に削減できたが、他のショッピングサイトや自社サイトでも商品を販売しているため、いまだ多くの時間を出荷作業に費やしている。作業から解放され、ビジネスに専念したい。

ケース2　FBA在庫と別販路用の在庫配分が面倒！

Amazonで販売するための商品在庫はFBAで、その他の販路は自社で管理しているが、別々に在庫管理をするのが結構な作業負荷となっている。なんとか一元管理できないものか。

ケース３　販売機会ロス、なんとかしたい！

小ロットの商品を扱っており、中には１点ものの商品もある。販路ごとに在庫を割り当てられず、販売ロスが生じている。このような無駄をなくし、仕入れや販売強化に専念してもっと売上を増加させたい。

あっちにも
在庫があれば…

ケース４　Amazon ロゴのない箱を使いたい！

マルチチャネルサービスは魅力だけど、Amazon ロゴ入りダンボールでの配送は NG ！

うふ

FBA マルチチャネルサービスの料金体系

FBA マルチチャネルサービスでは、通常の FBA と同じ在庫保管手数料と、FBA マルチチャネルサービスの配送代行手数料が発生します。特別な申し込みや固定費はかかりません。

配送代行手数料		メディア		メディア以外		大型商品	高額商品
		小型	標準	小型	標準		
出荷作業手数料（個数あたり）		¥82	¥82	¥134	¥134	¥257	左記に準ずる
発送手数料（出荷あたり）	「標準配送」の場合	¥216	¥319	¥288	¥391	¥453	
	「お急ぎ便」の場合	¥350	¥411	¥391	¥432	¥483	

● FBA マルチチャネルサービスの配送代行手数料
注意事項などは、下記の URLで確認してください。

・FBA マルチチャネルサービス
（URL http://services.amazon.co.jp/services/fulfillment-by-amazon/other-services.html）

やってみよう!

FBA マルチチャネルサービスに発送を依頼してみよう

FBA マルチチャネルサービスを利用するための手続きをしましょう。

❶ セラーセントラルにログイン後、「在庫」タブから［FBA 在庫管理］をクリックをします。

❷ 発送を依頼する商品のチェックボックスにチェックを入れて、選択タブから「FBA マルチチャネルサービス依頼内容を新規作成」を選択し、［Go］をクリックします。

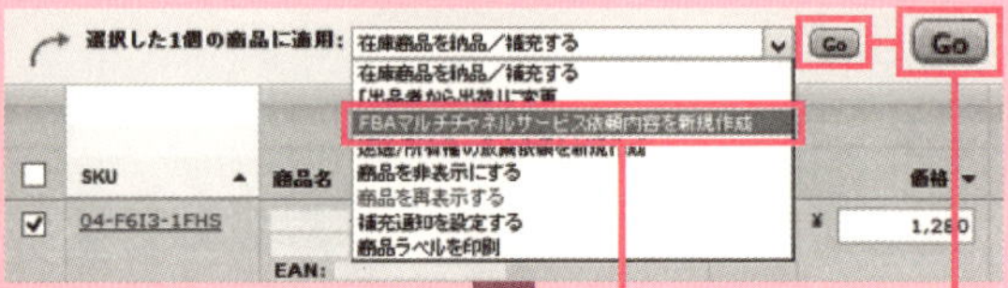

❸ お届け先住所を入力します。「注文（依頼）番号」と「コメント」は必要なければ空白でも問題ありません。入力が済んだら、［続ける］をクリックします。

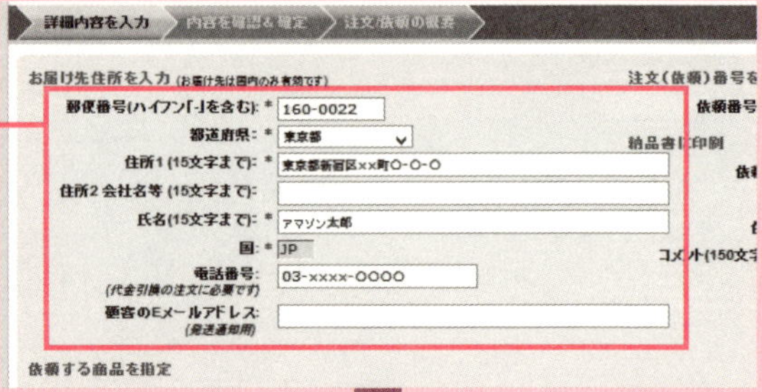

ワンポイントアドバイス

Amazon が出荷通知メールを送ってくれる

「顧客の E メールアドレス」は任意の入力項目ですが、設定すると商品出荷時に購入者が Amazon からの出荷通知を受け取ります。フルフィルメント by Amazon から購入者へこの E メールを送らないようにする場合は、E メールアドレスを空白のままにしてください。

❹依頼内容が右側に表示されます。依頼内容に間違いがなければ、[内容を確定]をクリックして依頼を確定させましょう。

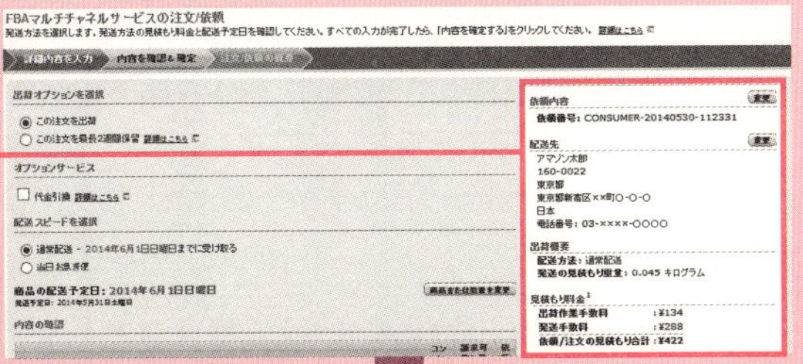

ワンポイントアドバイス

オプションサービスと配送スピード

「出荷オプションを選択」では出荷の保留、「オプションサービス」では代金引換、「配送スピードを選択」では当日お急ぎ便の選択ができます。

FBA マルチチャネルサービス お急ぎ便

お急ぎ便は、注文確定日から 3 日後までに商品を届ける配送方法です。マルチチャネルサービスでのお急ぎ便の出荷依頼締め切り時間は 15:00 です。この時間を過ぎてから出荷を依頼した分は、翌日以降の対応になります。

また、当日お急ぎ便対応が可能なエリアは、当日 8:00 までに出荷を依頼した分が当日配送されます。

対応可能エリアなどは、下記 URL を参考にして ください。

・FBA マルチチャネルサービス お急ぎ便
URL http://www.amazon.co.jp/gp/help/customer/display.html?nodeId=201307930

注意!

お急ぎ便を利用できないことも

悪天候など、お急ぎ便の配達予定日内で届けることが困難な場合、一時的にお急ぎ便が利用できない場合があります。

06 商品ラベル貼付サービスを利用する

Amazon がラベル貼付を代行してくれるサービスを紹介します。

Amazon が出品者に代わって商品ラベルを貼付する有料のサービスがあります。「FBA を利用したいけれど、商品ラベルを貼っている時間がない」「商品を大量に仕入れて FBA に納品したいけれど、保管スペースがない」などの問題を抱えている方におすすめのサービスです。

参考・引用元　商品ラベル貼付サービス

URL http://www.amazon.co.jp/gp/help/customer/display.html?nodeId=200496290

商品ラベル貼付サービスを利用できない商品

以下のような商品は、ラベル貼付サービスを利用できません。

- バーコード（JAN、UPC、EAN など）がついていない
- バーコード部分に穴があいている、印がある、何らかの障害物で隠れているなどの理由で、バーコードの読み取りができない
- バーコードが Amazon 商品カタログに登録されていない
- JAN/EAN/UPC などの製品コードがない「セット商品」（各巻に ISBN コードがあるが、全巻セット商品用の製品コードがないコミックなど）

ワンポイントアドバイス

同一コードに複数の商品コンディションを設定したいとき

同一の JAN/UPC/EAN コードの商品に対し、複数の商品コンディションで SKU を作成して 1 件の納品手続きに含めることはできません（手続きの異なる新品と中古品を 1 つの梱包箱に入れて、フルフィルメントセンターに納品した場合など）。その場合は納品手続きが自動的に分割されますので、納品手続きごとに梱包を行ったうえで商品を発送することが必要です。

商品ラベル貼付サービス手数料

サービス料金はラベル貼付対象となる商品のサイズによって変動します。Amazonフルフィルメントセンターまでの配送費用は出品者の負担です。

分類	サイズ	重量	1枚あたりの料金（税込）
小型商品	25 × 18 × 2cm 以下	250g 以下	19円
標準商品	45 × 35 × 20cm 以下	250g 以上 9kg 以下	19円
大型商品	45 × 35 × 20cm を 一辺でも超えた場合	9kg 超	43円

●商品ラベル貼付サービスの手数料

やってみよう!

商品ラベル貼付サービス用のFBA納品プランを作成してみよう

商品ラベル貼付サービスの依頼は、FBA納品プランを作成する過程で行います。

❶129ページ「FBAに納品しよう」の手順⑥で、ラベル貼付の設定をするときにラベル貼付の選択タブを「Amazon」に設定します。

❷FBAに納品する商品を梱包した箱に、配送ラベルを貼付します。商品ラベル貼付サービスを依頼する商品の配送ラベルの左上部には「FBA-PREP」と記載が入ります。

❸「FBA商品ラベル貼付依頼商品在中貼紙」を梱包した箱の両側面に貼付します。

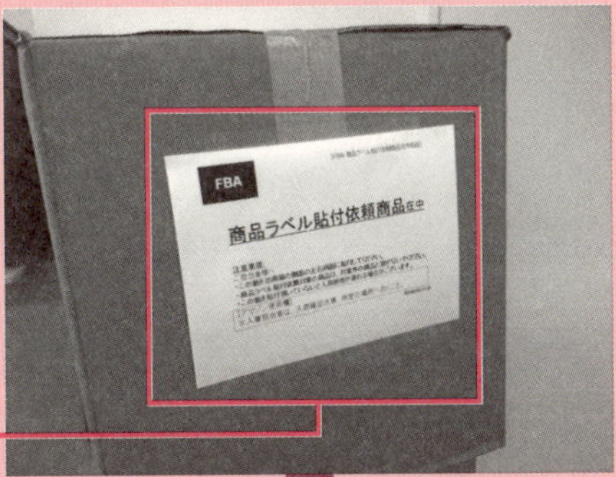

ワンポイントアドバイス

貼紙の入手先

「FBA 商品ラベル貼付依頼商品在中貼紙」は、以下の URL からダウンロードできます。
この貼紙がない場合は、商品ラベル貼付サービス対象商品と判別するのに時間がかかり、受領遅延の要因となる可能性があります。貼り忘れないように気をつけましょう。

・FBA 商品ラベル貼付依頼商品在中貼紙
URL https://images-na.ssl-images-amazon.com/images/G/09/marketing/as/20130401_LabelBoxsheet.pdf

❹「納品プランの管理」の［配送状況の確認］をクリックすると、「商品ラベル貼付」のページに移動します。ここで手数料の見積り額を確認できます。

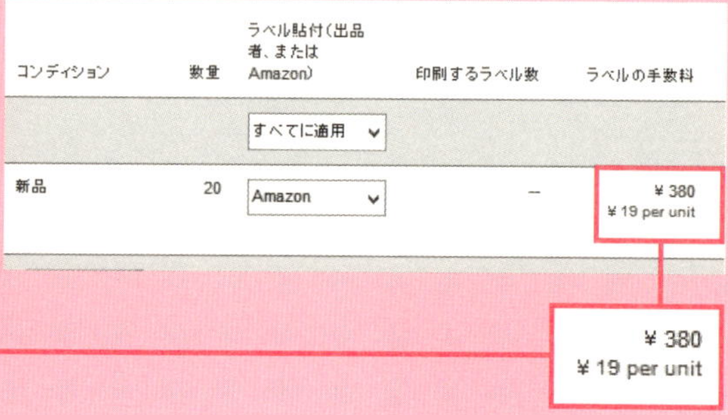

コンディション
数量
ラベル貼付（出品者、または Amazon）
印刷するラベル数
ラベルの手数料
すべてに適用
新品
20
Amazon
–
¥ 380
¥ 19 per unit
¥ 380
¥ 19 per unit

07 FBAに出品できない商品

マーケットプレイスに出品できても、FBAに納品できないものがあります。ここで確認しておきましょう。

フルフィルメント by Amazon（FBA）には、Amazonの出品禁止商品の他にも納品できない商品があります。出品者マニュアルを紹介しますので、FBAを利用する前に納品できる商品かどうかチェックしましょう。

1. 日本国内における各法律や基準を満たしていないもの
2. 常温管理できない製品
3. 食品
4. 食品を含む製品
5. 食品以外で期限表示のあるもの
6. 動植物
7. 危険物および化学薬品
8. 販売にあたり関連省庁などへの届出や許可等が必要なもの
9. 販売禁止商品またはプログラムポリシーで禁止される商品
10. リコールに該当する商品または日本で適法に販売、頒布することができない商品
11. ネオジウム磁石及び磁気が他商品に影響を及ぼす恐れのある強力磁石

詳しくはAmazonの出品者マニュアルで確認してください。

・フルフィルメント by Amazon（FBA） 出品禁止商品

URL http://www.amazon.co.jp/gp/help/customer/display.html/?nodeId=200314960

08 FBA料金シミュレーター（ベータ）を利用する

利益の計算に便利な、Amazonが提供している料金シミュレーター（ベータ）の使い方を説明します。

クオリティの高い配送サービス、ショッピングカートボックス獲得率のアップなど魅力的なFBAですが、何でも納品すればよいかというと、そうではありません。配送代行手数料や出荷作業手数料を計算すると、仕入れ金額や商品の単価によって、自社発送でないと利益が取れないケースも考えられます。

利益が出るか心配なときは、Amazonが提供する「FBA料金シミュレーター（ベータ）」を利用してみましょう。事前にFBA利用時の利益と、自社発送をしたときの利益を比較することができます。

単価が高い商品に比べると、単価が安い商品は商品単価に対して手数料の占める割合が高くなりますので、FBAを利用すると利益が取りづらくなる傾向があります。商品単価が1,000円を下回るようであれば、注意が必要かもしれません。

利益率を比べる

右の図は、ホーム＆キッチン用品をFBAに納品して販売した場合、売上に対するAmazon手数料の占有率を比較したものです。

販売代行手数料と出荷作業手数料は商品の単価で変動しませんので、単価が安いほど負担が大きくなっているのがわかります。

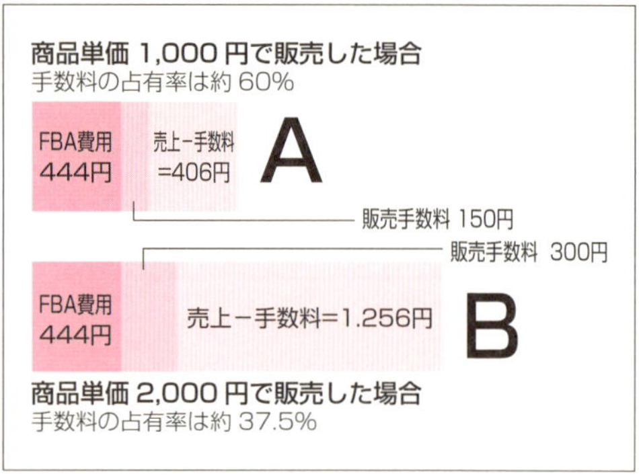

商品単価 1,000円で販売した場合
手数料の占有率は約60%
FBA費用
444円
売上－手数料
=406円
A
販売手数料 150円
販売手数料 300円
FBA費用
444円
売上－手数料=1.256円
B
商品単価 2,000円で販売した場合
手数料の占有率は約37.5%

●商品単価ごとの手数料の占有率

・FBA料金シミュレーター（ベータ）
URL https://sellercentral.amazon.co.jp/gp/fba/revenue-calculator/index.html/ref=ag_xx_cont_xx?ie=UTF8&lang=ja_JP

chapter

5

注文から出荷まで

購入者から注文が入ったら商品の出荷をします。
注文された商品を梱包して出荷しましょう。
また、Amazon マーケットプレイスでは出荷作業は購入者と唯一、直接の接点となる工程になります。それだけに最も重要な作業といっても過言ではありません。
しっかりと出荷作業をマスターして、評判のよいお店づくりを目指しましょう。

01 注文が入ったら

出品作業が完了して注文が入ったら、あわてずに出荷の準備をしましょう。購入者は注文した商品が届くのを心待ちにしています。満足してもらえる取引をするためにも、丁寧でスピーディな出荷を心がけましょう。

注文から出荷までの流れ

STEP1　注文確定のメール通知が届く

初期設定では出品者は通常、受注から2営業日以内に商品を発送する必要があります。

注文が入ったらAmazonに登録をしたメールアドレスに「注文確定」のメール通知が届きます。

注文確定のメールには、出品タイトルの他に「注文番号」「コンディション」「出品ID」「SKU」「数量」「注文日」「価格」「配送料」「Amazon手数料」「振込金額合計」の情報が記載されています。

STEP2　注文内容を確認する

「注文確定」のメールが届いたら、セラーセントラルにログインして注文内容を確認しましょう。

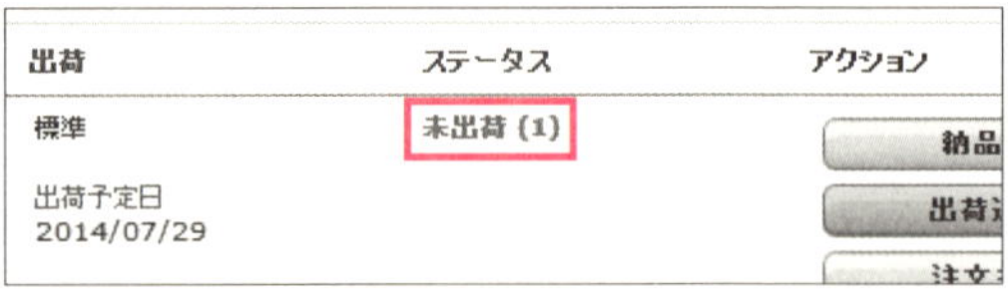

●発送前の商品は「未出荷」と表示される

注文内容は、「注文」→「注文管理」から確認することができます。「注文管理」ページに注文が入っている商品の一覧が表示され、発送前の商品のステータスには赤文字で未出荷と表示されます。

「注文管理」ページの注文番号（3桁-7桁-7桁）の数字をクリックすると、「注文の詳細」ページにジャンプします。このページで、購入者の「配送先住所」「電話番号」「名前」を確認できます。

STEP3　納品書を印刷する

納品書の印刷はセラーセントラルの「注文」→「注文管理」ページの右側、アクションの「納品書の印刷」のリンクから、もしくは「注文の詳細」ページ右上の「納品書の印刷」から実行できます。

この納品書は、商品に同梱して送るものです。プリンターがない場合はデータをUSBメモリーなどに移して、コンビニでもプリントアウトできますが、わざわざ商品が売れるたびに外で印刷をするのは面倒なうえコストパフォーマンスもよくないので、プリンターを持っていない方は購入をおすすめします。白黒印刷ができればよいので、高いものを買う必要はありません。

STEP4　商品を包装する

購入者に直接届く商品ですので、できるだけきれいに包装しましょう。破損の恐れがあるものなら、エアーパッキンなどを使って包装します。

ワンポイントアドバイス

こわれものでなくても丁寧に梱包しよう

宅配中に雨などで濡れることを想定して、ビニール袋やOPP袋を使うと丁寧です。袋とじはテープで構いませんが、シーラーを使えば作業効率もよく、きれいに封ができます。

あると便利な梱包用品

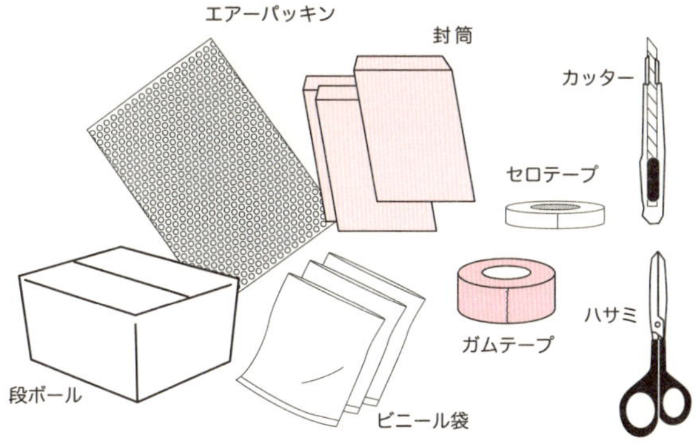
エアーパッキン
封筒
カッター
セロテープ
ガムテープ
ハサミ
段ボール
ビニール袋

STEP5　商品を発送する

外箱もしくは外袋に商品を梱包して発送します。納品書は郵便サイズの封筒に入れて同梱すると丁寧です。

箱はスーパーなどで無料でもらえるものでもよいですが、購入者に不快な思いをさせないように臭いのないものを選びましょう。また、基本的に有料ですが、各運送会社は包装箱や包装袋を用意しています。無料のものを用意している場合もありますので、問い合わせをしてみましょう。

●発送前に入れ忘れのチェックをしよう

STEP6　運送会社に集荷を依頼する

運送会社に電話をして、荷物の集荷を依頼します。毎日、発送がある場合は、夕方の決まった時間に集荷に来てもらうようにすると手間が省けます。

●集荷を依頼する

STEP7　出荷通知を送信する

出荷通知はセラーセントラルの「注文」→「注文管理」ページのアクション「出荷通知を送信」からできます。

「出荷通知を送信」では、「配送業者」をタブで選択して、「配送方法」に当てはまる方法（配送名が特になければ宅配便でよい）を入力し、「トラッキング番号 / お問い合わせ伝票番号」に追跡番号を入力します。［出荷通知を送信］をクリックすれば、出荷作業は完了です。

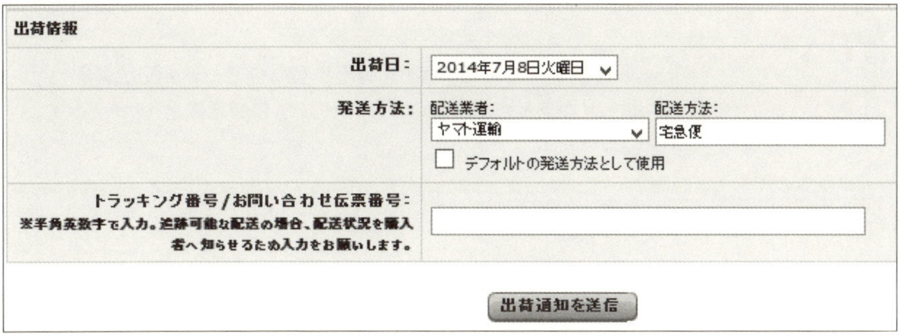

● 出荷通知を送信する

注意!

住所が完全に記載されていない場合

まれに購入者の住所が、町名や番地までしかないことがあります。これは購入者が Amazon に住所を登録するときに、完全に入力をしていない場合に起こるケースです。そのまま表記の住所へ発送をすると商品が届きませんので、記載の電話番号もしくは E メールアドレスに連絡して、配送先住所の確認をしましょう。メールでの連絡は「注文の詳細」ページの「購入者に連絡する」にある購入者の名前のリンクから送ることができます。

02 発送方法を知る

Amazonで販売するには、FBAを利用する場合でも必ず配送業者との関わりがあります。ここでは、一般的な配送業者のサービスを紹介します。

いろいろな発送方法がある

発送方法はいろいろありますので、自分の扱う商品に適した発送方法を把握するようにしましょう。

購入者の立場から考えてメリットがあり、かつ自分自身もしっかりと利益が取れる方法で発送することが大事です。

クロネコメール便

厚さ2cmまでの商品であれば、ヤマト急便のクロネコメール便が使えます。このサービスでは、A4サイズで厚さ1cmまでなら82円、A4サイズで2cmまでなら全国一律164円で発送できます。配送スピードも通常の宅配便プラス2日程度で追跡番号も出ますので、売買取引には向いたサービスと言えます。

サイズ	A4（角2封筒以内） 厚さ1cmまで	A4（角2封筒以内） 厚さ2cmまで
料金	¥82	¥164

● クロネコメール便の価格　URL http://www.kuronekoyamato.co.jp/mail/mail.html

ワンポイントアドバイス

送料を出品価格に含めて「送料無料」にする

クロネコメール便であれば、送料を無料にして出品したとしても、出品価格に164円を乗せるだけで元が取れます。
送料が無料や格安なのは購入者にとって、とてもお得感があり好まれます。

レターパック

郵便局のレターパックというサービスがあります。レターパックライトはA4サイズ4kg以内で厚さ3cmまでなら、全国一律360円です。レターパックプラスはA4サイズ4kg以内で、専用の封筒に入る厚みなら何cmでも、全国一律510円で発送できます。

通常、宅配便であれば配送する距離によって料金設定も高くなりますので、このような全国一律料金のサービスを利用することで、配送にかかるコストを抑えることができます。

サイズ	340mm × 248mm（A4ファイルサイズ）
厚み	3cm以内
重量	4kg以内
配達方法	郵便受け

●レターパックライトの価格　URL http://www.post.japanpost.jp/lpo/letterpack/index.html

サイズ	340mm × 248mm（A4ファイルサイズ）
厚み	専用封筒に入れば何cmでも
重量	4kg以内
配達方法	対面（受領印または署名をもらう）

●レターパックプラスの価格　URL http://www.post.japanpost.jp/lpo/letterpack/index.html

ワンポイントアドバイス

配送業者と契約する

自社発送をする場合、配送業者との付き合いは必要不可欠になります。身近な配送業者できればすべてに配送料の見積りを出してもらいましょう。

1カ月の出荷量によって、集荷料金が変わってくるところも多いので、ネットショップを運営することのアピールと、予測で1カ月の出荷量を伝えることが大事です。

いつ購入者からの注文が入ってもよいように、依頼主欄にAmazonのストア名を印字した出荷伝票も作ってもらいましょう。

また、代引き取引はオンラインストアで人気の取引方法です。Amazonで代引き取引を有効に設定した場合、代引き発送伝票は登録から作成まで時間がかかる場合がありますので、早めに配送業者に作成依頼を出しておきましょう。

03 Amazonの出荷設定をする

Amazonでは、出荷リードタイムや配送料の設定ができます。トラブルを避けるためにも、きちんと設定しましょう。

出荷作業時間（リードタイム）を設定する

リードタイムとは、出荷までに要する時間のことをいいます。初期設定で1～2日になっているリードタイムを、最長30日まで変更可能です。

この設定でリードタイムを変更することによって、出荷までの時間を遅らせることができます。例えば、出張などにより商品の出荷が困難なときや、倉庫から取り寄せをするために数日必要な場合にこの設定が有効です。

●注文が来てからあわてないように リードタイムを設定する

やってみよう！

リードタイムを変更してみよう

自分の状況に合ったリードタイムを設定しましょう。

❶セラーセントラルの「在庫」→［在庫管理］をクリックします。

❷該当商品の「変更」にカーソルを合わせて［詳細の編集］をクリックします。

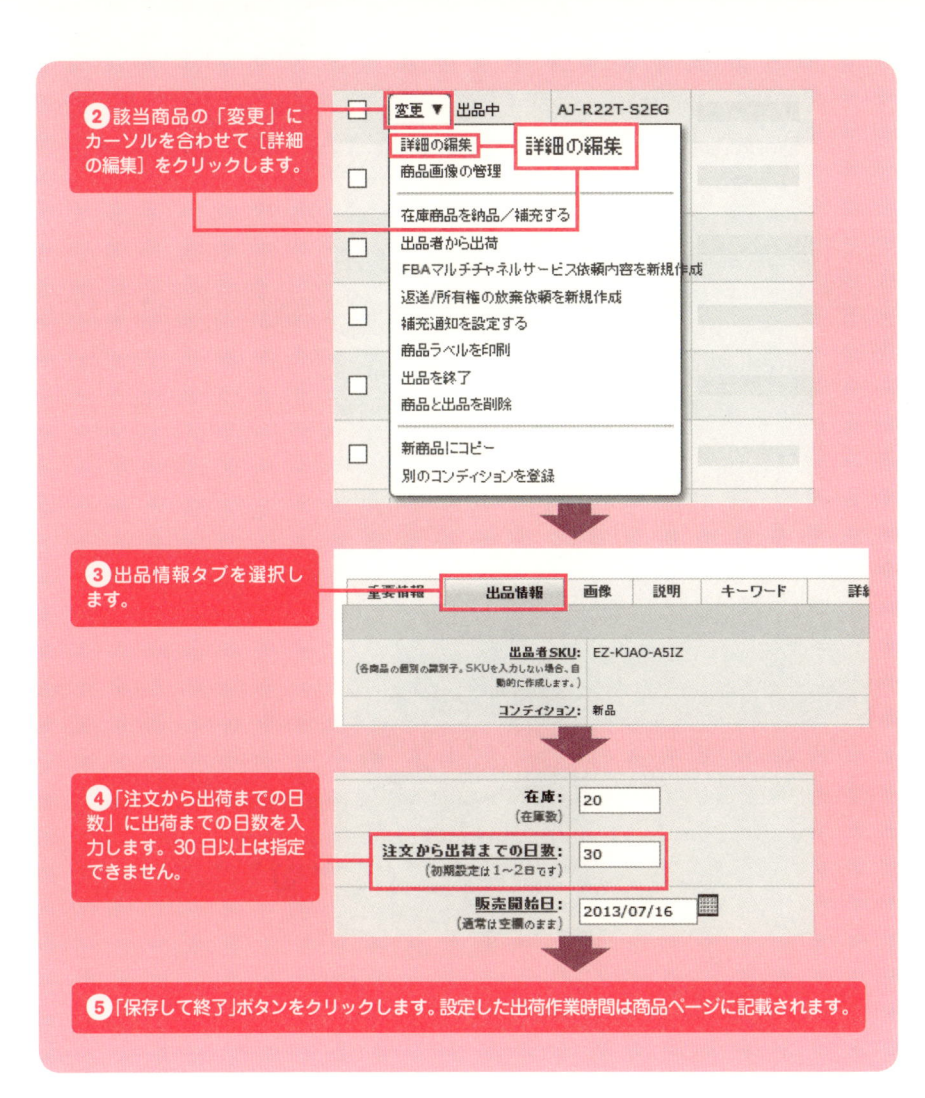

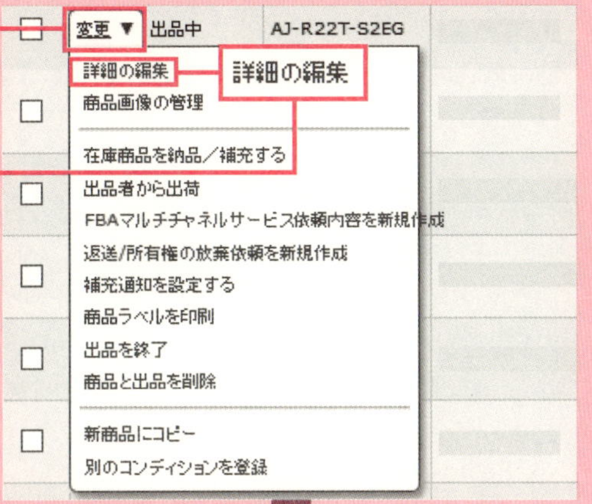

❸出品情報タブを選択します。

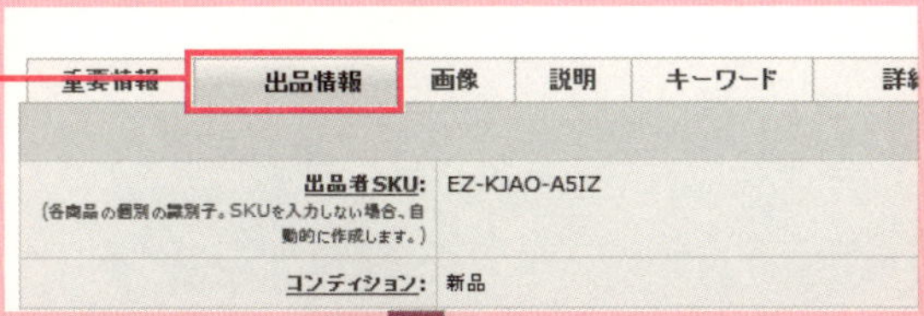

❹「注文から出荷までの日数」に出荷までの日数を入力します。30日以上は指定できません。

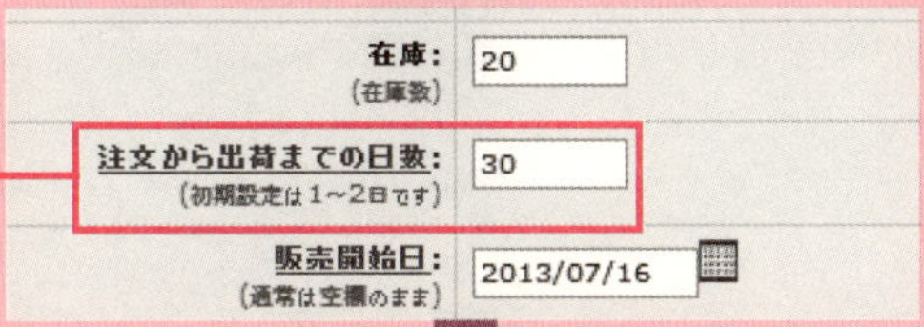

❺「保存して終了」ボタンをクリックします。設定した出荷作業時間は商品ページに記載されます。

出荷通知の期限

出荷通知は受注後 30 日以内に送信する必要があります。もし出荷通知を 30 日以内に行わなかった場合は、注文日から起算して 30 日後に自動的にキャンセルされます。注文がキャンセルになると、購入者に代金が請求されないため、出品者の売上は計上されません。たとえ商品を発送していたとしても、出荷通知を送信しなければ代金を受け取ることはできません。商品を発送したら、出荷通知は忘れずに送信しましょう。

出品者が出荷通知をしていない場合、出荷予定日の 3 日後と注文日から 25 日後に Amazon から出荷通知の送信を促すメールが送信されます。Amazon に対する出荷通知の送信漏れや、発送不可の場合に迅速に注文キャンセルを行わなかったなどの理由で注文が自動キャンセルされると、出品者パフォーマンスの評価が下がりますので、充分に気をつけましょう。在庫切れなどの理由で注文を発送できないことがわかった場合は、速やかに注文のキャンセル手続きを行いましょう。

●出荷通知を忘れないように

配送料

配送設定をしていない出品者の配送料には Amazon が指定する料金が適用されます。

商品が購入された時点で、各商品カテゴリーに当てはまる配送料を Amazon が購入者から直接、回収してくれます。

品目	配送料
本	¥257
CD ／レコード	¥350
ビデオ	¥391
DVD	¥350
PC ソフト	¥350
TV ゲーム	¥350
おもちゃ&ホビー	¥514
ヘルス&ビューティ	¥514
ベビー&マタニティ	¥514

●日本国内の配送料（商品 1 点ごと）

注意!

配送料が規定の金額を上回ることがある

実際にかかる配送料が表の金額より上回る場合があります。それでも購入者に商品を配送しなければなりません。このように実際の配送料と相違が出る場合も考慮したうえで、あらかじめ出品価格を設定する必要があります。

海外に配送する

出品者からの海外発送は、セラーセントラルの「設定」→「配送設定」から有効にすることができ、利用のために追加の手数料はかかりません。なお、メディア以外の海外発送は大口出品が対象となります。Amazon 直販部門や FBA 商品など Amazon の倉庫から発送されるメディア（本、CD・レコード、DVD）以外の商品に関しては、海外発送の対象になりません。

Amazon で海外発送する場合には、国内と同様の管理業務で海外に発送できるというメリットがあります。海外発送により生じた関税に関しては、購入者が支払います。為替レートは円での決済となり、為替損益が生じることはありません。入金は国内と同じく Amazon が代金回収を代行し、振込手数料も Amazon が負担します。入金確認や代金未回収のリスクはありません。

また、消費税については、国内外同じ商品価格（消費税込）での販売となりますので、出品者に不利益が出ることはありません。

品目	地域 1（アジア／グアム／マーシャル諸島／ミッドウェイ／その他）	地域 2（北米／中米／オセアニア／ヨーロッパ）	地域 3（アフリカ／南米）
本	¥823	¥1,234	¥1,440
CD ／レコード	¥617	¥823	¥926
ビデオ	¥823	¥1,234	¥1,440
DVD	¥617	¥823	¥926

●海外への配送料（商品 1 点ごと）

ワンポイントアドバイス

海外配送業者

代表的な海外配送業者を以下に挙げます。詳しくはそれぞれのWebサイトを参照してください。

- 日本郵便 国際スピード便（EMS）
  URL http://www.post.japanpost.jp/int/ems/
- 日本郵便 航空エコノミー便（SAL）
  URL https://www.post.japanpost.jp/int/service/dispatch/sal.html
- 日本郵便 船便 / 海上便
  URL https://www.post.japanpost.jp/int/service/dispatch/index.html
- DHL エクスプレスワールドワイド
  URL http://www.dhl.co.jp/ja/express/export_services/export_time_definite.html
- UPS ワールドワイド・エクスペダイテッド
  URL http://www.ups.com/content/jp/ja/shipping/time/service/inter/expedited.html
- FedEx
  URL http://www.fedex.com/jp/

● 海外への配送も簡単

04 キャンセルの依頼が届いたら

注文が確定したあとにキャンセルの依頼が届いた場合の対処法を説明します。

注文が確定したからといって、すべての商品が取引成立となるわけではありません。注文を依頼した購入者が都合によりキャンセルをするなど、実践を重ねていくとイレギュラーなことは必ずといってよいほど起こるものです。あらかじめ起こりうるトラブルを想定して、対処法を学んでおきましょう。

●事前にトラブルに備えよう

注文キャンセル依頼の連絡

商品を注文した購入者からのキャンセルの依頼は、Amazonのカスタマーサービスを経由してメールで届きます。

購入者からのメール通知は、セラーセントラルの「出品用アカウント情報」→「出品者の情報」内の「カスタマーサービス返信用Eメール」に設定したメールアドレスに送られます。

購入者からメールが届いた場合は、セラーセントラルトップページの「購入者のメッセージ」に「未回答のメッセージ」として表示されます。

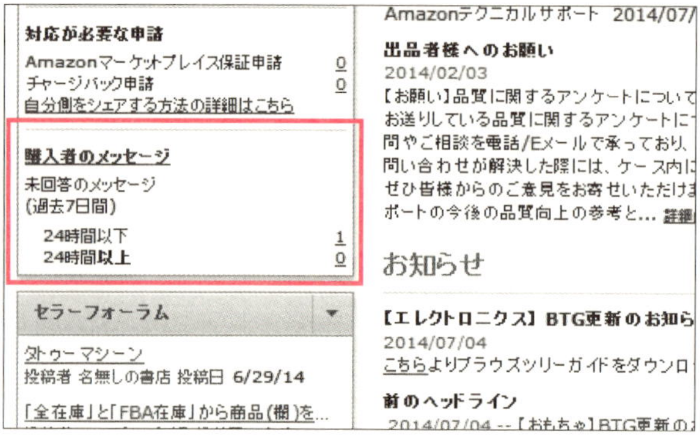

●「購入者のメッセージ」が届いたことが通知される

COLUMN

Amazon カスタマーサービスを経由する理由

購入者と出品者の直接のやり取りでなく、Amazon に購入者と出品者とのやり取りの履歴を残すことにより、取引の公平性と健全性を保つ意味があります。

注意!

メッセージへの返信は 24 時間以内に

「購入者のメッセージ」に 24 時間以内に返信しないと「回答遅延」になります。回答遅延は「回答時間」のパフォーマンスに影響し、「注意」または「悪い」になった場合、出品権限に影響することになるので充分に気をつけましょう。
セラーセントラルにログインしたら、まず「購入者のメッセージ」が届いてないかを確認し、もし届いていたら 24 時間以内の返信を心がけましょう。

規約にキャンセルを受ける義務が定められている

注文キャンセルの連絡は「マーケットプレイス・メッセージ管理」に、「Amazon のカスタマー○○様から注文キャンセル依頼のご連絡」という件名で届きます。

出荷通知を行っていない場合、Amazon の規約により出品者はいかなる場合でもキャンセルを受ける義務があります。発送前の商品の注文キャンセルは管理画面上で行います。

やってみよう!

注文がキャンセルされたときの操作をしよう

注文がキャンセルされたときに出品者がしなければいけない操作を説明します。

1 セラーセントラルにログイン後、「注文」→「注文管理」ページへ進みます。

2 注文をキャンセルする対象の商品のアクション「注文キャンセル」をクリックします。

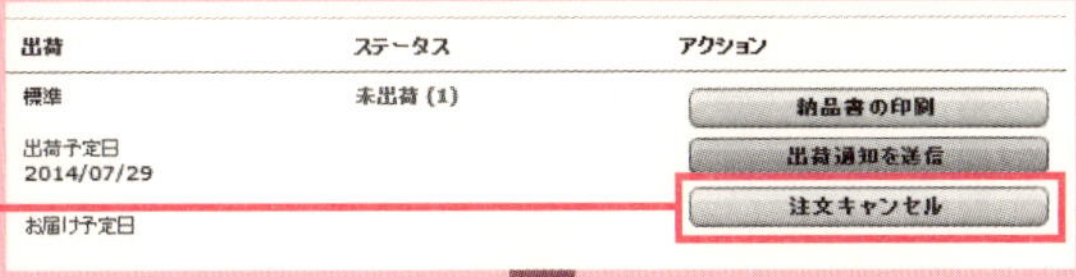

3「キャンセル理由」をプルダウンメニューから選択し、「出品者メモ」を入力します。

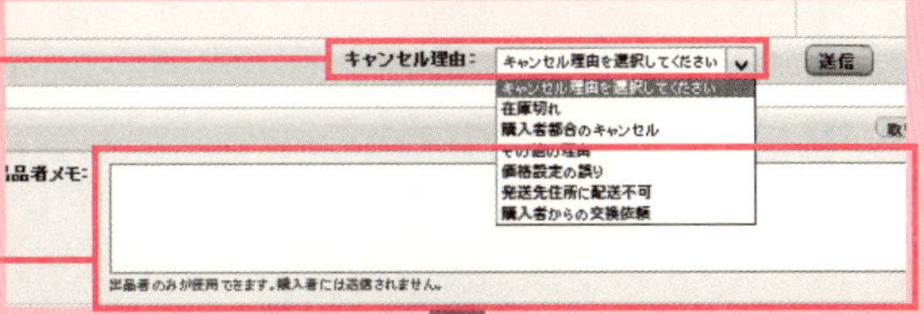

4 注文キャンセルの処理を実行したことを購入者に連絡します。セラーセントラルの右上「メッセージ」から、「マーケットプレイス・メッセージ管理」のページに移動して、購入者に注文のキャンセル処理をした内容のメッセージを書いて送信します。

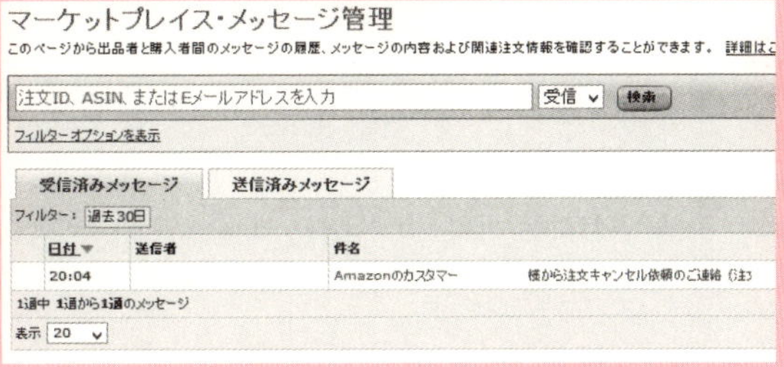

ワンポイントアドバイス

キャンセル理由の選びかた

キャンセル理由は「購入者都合のキャンセル」を選択して「送信」をクリックすればOKです。また、「在庫がない」「価格の間違い」などで出品者に非がある場合には、それぞれ当てはまるキャンセル理由を選択する必要があります。出品者責任のキャンセルは顧客満足指数の「出荷前キャンセル率」に影響し、キャンセル率のパフォーマンスが悪くなると、出品権限の一時停止につながる可能性があるので気をつけてください。
また、購入者が登録した住所に不備があり、発送先が不明の場合は購入者責任の注文キャンセルになりますので、キャンセル理由から「発送先住所に配送不可」を選択して送信し、購入者に正しい住所で注文し直してもらうように伝えましょう。

● 在庫数や価格の間違いに気をつける

05 返品リクエストが届いたら

商品発送後に返品の依頼があったときの対処法を説明します。

返品の責任が出品者にある場合（実際の商品コンディションがAmazonの商品ページの記述と明らかに異なる場合や、不良品だった場合など）は返品を了承しなければなりません。返品に関する購入者との協議方法などの規定は、Amazonマーケットプレイスのヘルプに明記されています。購入者は商品受領後30日以内であれば返品を申し出ることができ、購入者と協議が解決して7日以内の消印有効で返送された商品が返品の対象となります。

出品者側に落ち度があった場合には速やかに返品を受けて返金をするのが得策です。

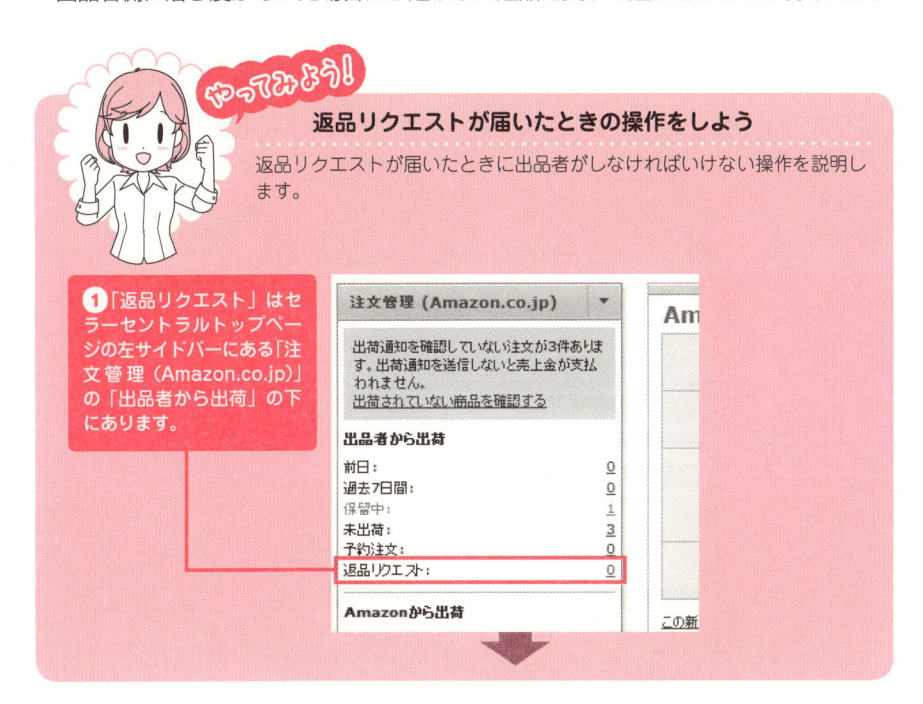

やってみよう!

返品リクエストが届いたときの操作をしよう

返品リクエストが届いたときに出品者がしなければいけない操作を説明します。

❶「返品リクエスト」はセラーセントラルトップページの左サイドバーにある「注文管理（Amazon.co.jp）」の「出品者から出荷」の下にあります。

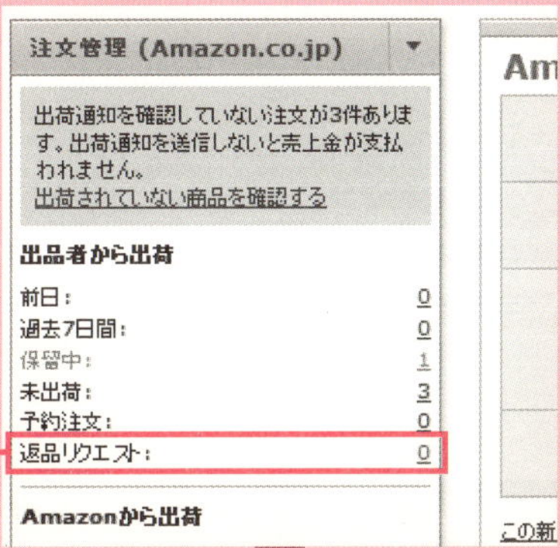

❷「返品管理」のページを開くと、「返品リクエストを承認」「返品リクエストを終了」「返金を実行」「購入者に連絡」という4つのボタンが表示されます。状況に応じて、必要な操作をしてください。

項目	説明
返品リクエストを承認	返送先住所を購入者に開示する処理に進む
返品リクエストを終了	返品リクエストを終了する理由を選択し、購入者に向けてコメントを入力する処理に進む
返金を実行	返品の必要がなく、購入者が商品を所有できる場合、すぐに返金を実行できる。商品が返送される場合は、商品の状態を確認するために商品の到着を待ってから返金することも可能
購入者に連絡	購入者にメールで連絡する

● 返品管理の項目

ワンポイントアドバイス

「返品リクエストを終了」を選ぶとき

「返品リクエストを終了」は、返金を行っても商品の返品が必要ないと判断した場合や、Amazonの返品ポリシーの適用外などの理由で返品を受けつけないと判断した場合に選択します。

● 自分に落ち度があるときは速やかに返品処理をする

購入者への任意支払

出品者は、注文代金の返金と別に購入者に支払いを行いたい場合、任意支払を行うことができます。例えば、「購入者が受領した商品が不良品だった場合、返品の送料は出品者が支払う」と約束をしたような場合に使用します。

任意支払の種類は「返品配送料の任意支払」と「その他の任意支払」の二つです。任意支払を実行した場合、金額は出品用アカウントから差し引かれます。

ワンポイントアドバイス

任意支払で誠意を示す

任意支払のシステムを利用して購入者へ誠意を示すことも、ときには必要です。例えば「受け取った商品が色違いだったけれど、返品交換をしなくても構わない」と連絡された場合に任意支払で返金すれば、購入者は「きちんと対応してくれた」と感じるでしょう。

やってみよう!

任意支払してみよう

任意支払の方法を順を追って説明します。

1. セラーセントラルにログインし、「注文」→「注文管理」ページに進みます。
2. 返金の対象となる商品の注文番号（3桁-7桁-7桁の数字）をクリックします。
3. 「注文の詳細」ページに移動したら、ページ中央にある［返金する］をクリックします。

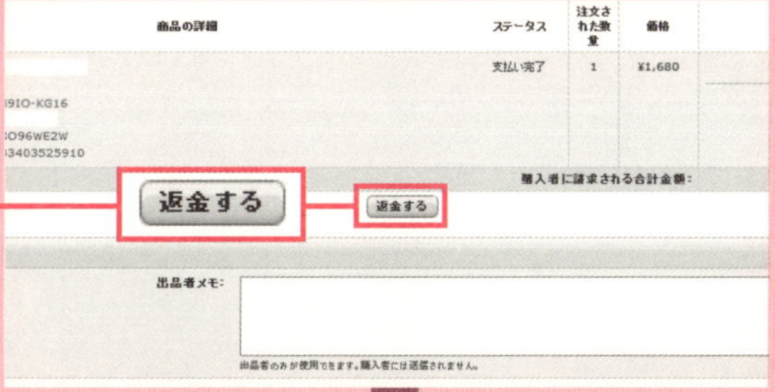

❹「返金する」のページで、「全額返金」と「一部返金」から当てはまるタブを選択します。「返金理由」は必須項目ですので、「購入者からの返品」か「その他の理由」のどちらかを選択しましょう。

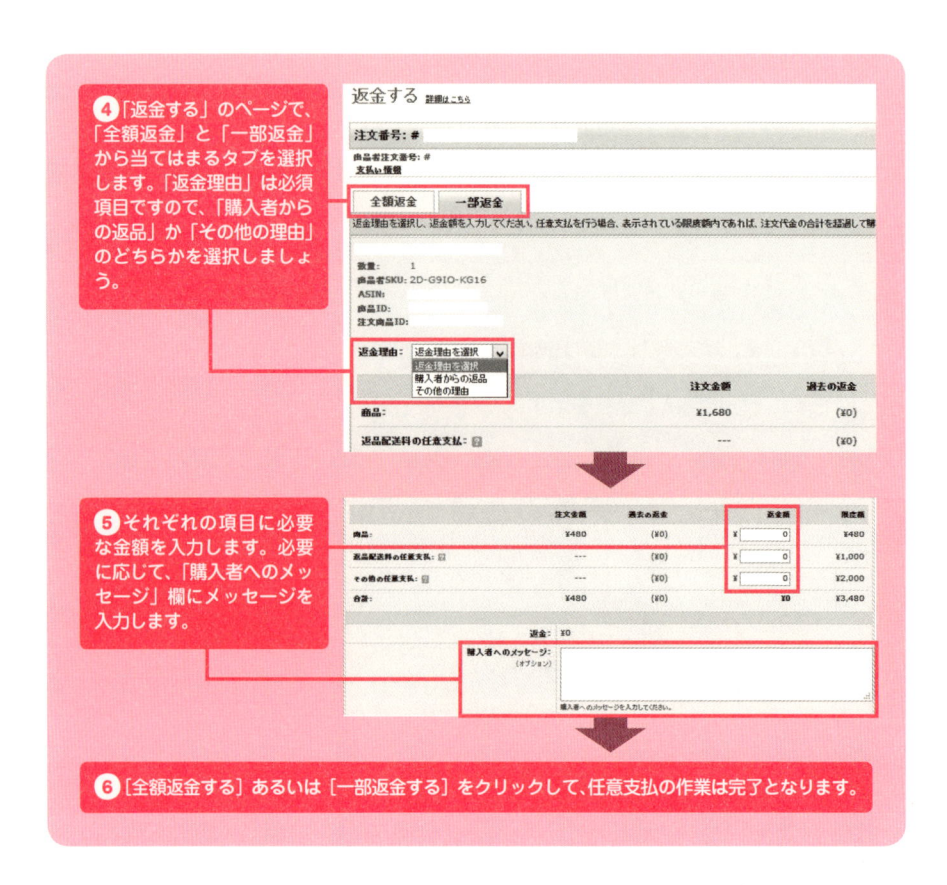

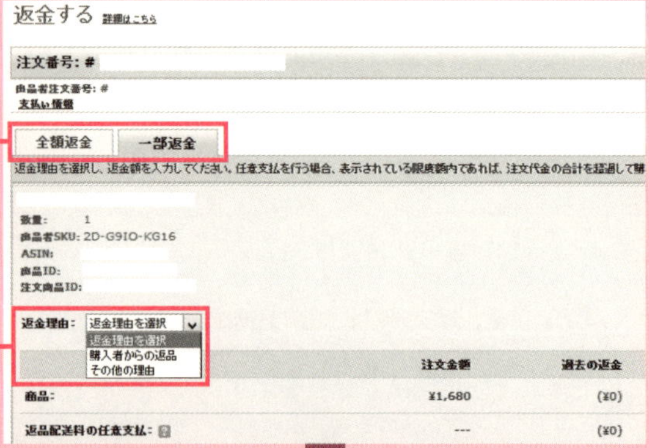

❺それぞれの項目に必要な金額を入力します。必要に応じて、「購入者へのメッセージ」欄にメッセージを入力します。

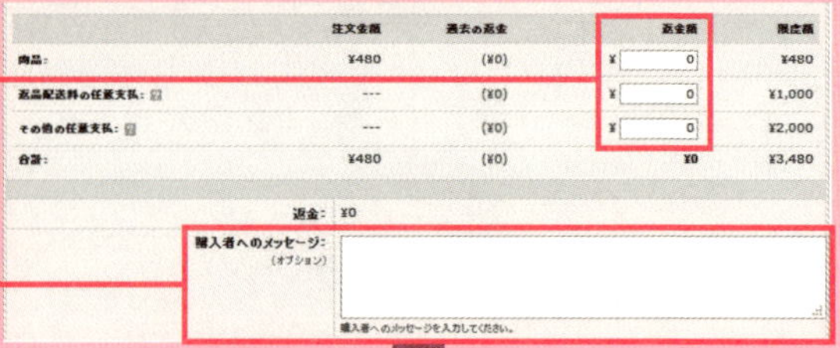

❻［全額返金する］あるいは［一部返金する］をクリックして、任意支払の作業は完了となります。

06 Amazonを経由せずに返品やキャンセルの連絡が届いた場合

Amazonカスタマーサービスを通さず、直接返品やキャンセルの依頼をされることがあります。その場合の対処法を見ていきましょう。

返品リクエスト機能を使わずに、直接メールや電話で返品の連絡があるケースも多くあります。これは購入者が返品リクエストというシステムを知らない場合、商品の宅配伝票に書いてある依頼主の電話番号や、Amazonマーケットプレイスの出品者ページに記載されている連絡先に直接、連絡するためです。

このように直接、購入者から連絡が来たとしても基本的に対応は同じです。わざわざ購入者に返品リクエストから連絡するように頼む必要はありません。

むしろ購入者と直接やり取りすると話し合いが円滑に進み、まるく収まることがあります。とにかく、購入者に状況を確認して、双方納得のいく解決策を見出すことが大事です。商品を購入者に返品してもらう際は、着払いで発送をしてもらうなどの配慮をしましょう。返金対応に関しても、「返金リクエスト」がない場合は「任意支払」の手順で出品アカウントからの返金が可能です。

ワンポイントアドバイス

特定商取引法にもとづく表記義務について

特定商取引法により、すべてのオンラインストア運営者に氏名、住所、電話番号などの情報の記載が義務づけられています。Amazonの出品者ページでも開示されますが、フルタイムでの電話対応が難しい場合には詳細ページに「電話受付時間（平日○時～○時まで）」や、「当ストアは電話でのお問い合わせは受けつけておりません。お手数ですがメールにてお問い合わせください。」などの文面とメールアドレスを掲載しておくのも手です。

そのような「おことわり」の文面は、「出品者情報」の「出品者情報の内容」の空欄に書き込むことができます。連絡先が何も記載されていない出品者も多くいますが、記載がない出品者よりも多くの情報を載せている出品者のほうが信頼につながり、より人気の高いストアになることは間違いありません。

・特定商取引法とは（消費者庁）
URL http://www.no-trouble.go.jp/search/what/P0204001.html

07 購入者都合で返品する場合

出品者側に落ち度がなくても、返品を要求されるケースがあります。理由は「買ってから気が変わった」「購入者の間違いで別の商品を買ってしまった」などさまざまですが、出品者に明らかに責任がないと思われる場合の対処はどうしたらよいのでしょうか。

購入者都合の返品

Amazon のヘルプページには次のように書いてあります。

「購入者が返品リクエストを送信したとき、商品到着から 30 日以内にその通知が送信されたことが確認できる場合に限り、購入者都合による返品を出品者は了承しなければいけません。出品者に責任のない返品の場合には、出品者から購入者へ商品が送られた際の送料および返品の際に要する送料は購入者の負担となります。商品が返品されましたら、出品者から購入者へ商品が送られた際に要した送料を支払われた代金全額から差し引き、返金手続きをしてください。」

つまり、Amazon マーケットプレイス出品者にはどのような理由であっても商品到着から 30 日以内であれば、返品を受けつける義務があります。返品に関わる費用は購入者に負担してもらい、返品を確認したら商品代金を購入者に返金しなければいけません。

参考・引用元　Amazon ヘルプページ

URL http://www.amazon.co.jp/gp/aw/help/id=1085254

使用済みまたは開封済み商品の返品

購入者都合による返品の場合、特に使用済みまたは開封済みの商品に関しての返品・交換に対するポリシーはカテゴリーによって異なります。

「Kindle」「服＆ファッション小物」「シューズ＆バッグ」「食品＆飲料」「特別取扱商品」のカテゴリー商品は、使用済みまたは開封済みの場合は返品・交換を受けられません。

しかし、Amazon では上記以外のカテゴリー商品の場合は、出品者は 30 日以内に購入者から返品の要請があれば、使用済みであっても開封済みであっても、**商品代金（税込み）の 50%を返金**しなければいけないと定められています。交換は受けられません。

商品到着後 30 日を越えた商品の返品への対応

商品が未使用未開封の場合、返品期間である 30 日を過ぎても返品を受けなければなりませんが、返金額が 20%減額されます。

Amazon 上の返品（返金・交換）ポリシーのページへの進み方

Amazon の定める返品（返金・交換）に対するポリシーは出品者、購入者の両者が確認できるように Amazon トップページ上部のヘルプから見ることができます。

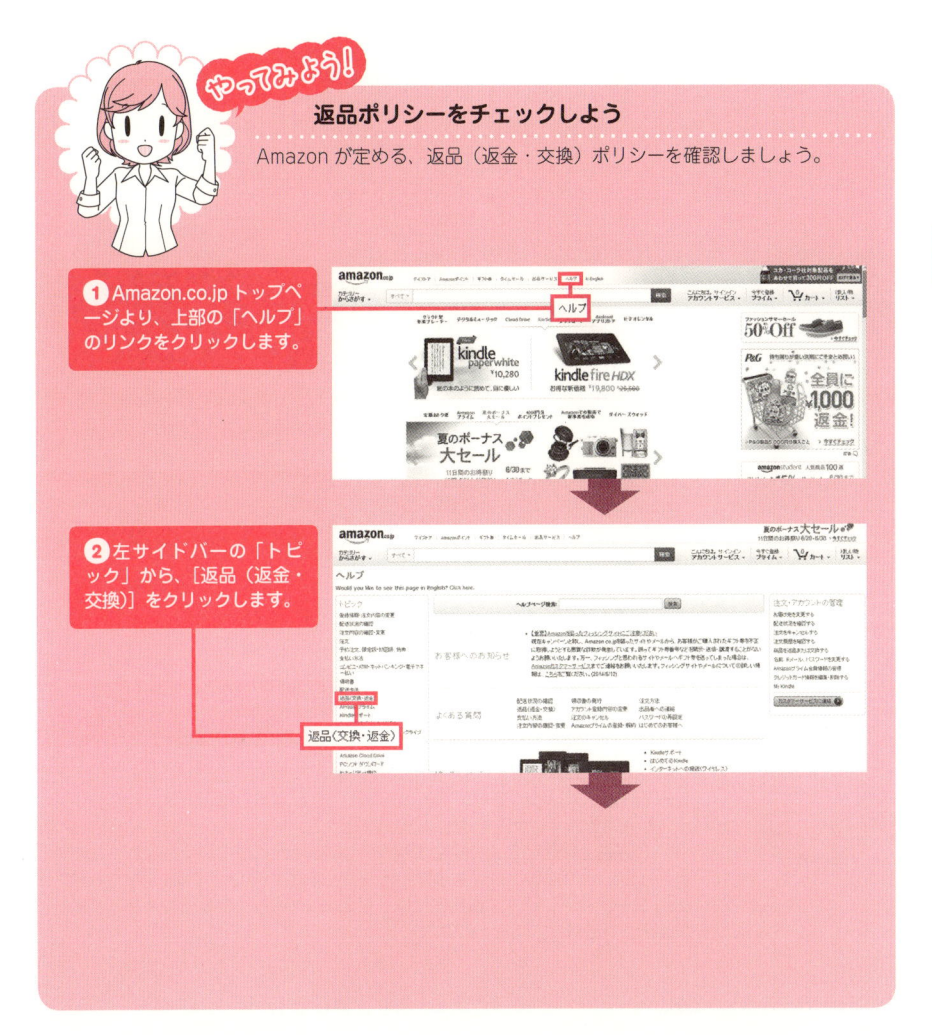

返品ポリシーをチェックしよう

Amazon が定める、返品（返金・交換）ポリシーを確認しましょう。

❶ Amazon.co.jp トップページより、上部の「ヘルプ」のリンクをクリックします。

❷ 左サイドバーの「トピック」から、[返品（返金・交換）] をクリックします。

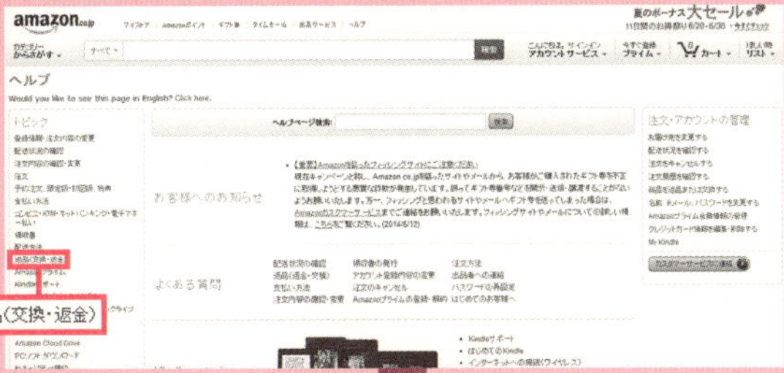

❸「服＆ファッション小物」「シューズ＆バッグ」「食品＆飲料」「特別取扱商品」「その他（「Kindle」「服＆ファッション小物」「シューズ＆バッグ」「食品＆飲料」「特別取扱商品」以外）」「高額商品」のうち該当するカテゴリー商品のリンクページに進みます。

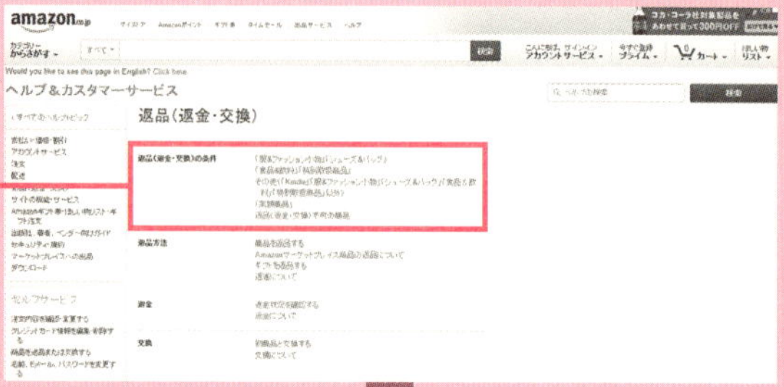

amazon.co.jp
Would you like to see this page in English? Click here
ヘルプ＆カスタマーサービス
返品（返金・交換）

❹ジャンルごとのポリシーが表示されます。該当する購入者から、返品（返金・交換）に関する問い合わせが来た場合には、こちらのページを案内して Amazon の返品ポリシーを理解してもらうようにしましょう。

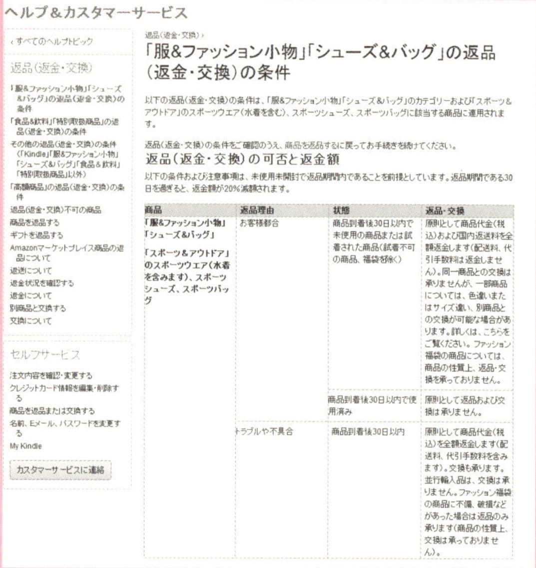

ヘルプ＆カスタマーサービス
‹ すべてのヘルプトピック
返品（返金・交換）
「服&ファッション小物」「シューズ&バッグ」の返品（返金・交換）の条件
「食品&飲料」「特別取扱商品」の返品（返金・交換）の条件
その他の返品（返金・交換）の条件（「Kindle」「服&ファッション小物」「シューズ&バッグ」「食品＆飲料」「特別取扱商品」以外）
「高額商品」の返品（返金・交換）の条件
返品（返金・交換）不可の商品
商品を返品する
ギフトを返品する
Amazonマーケットプレイス商品の返品について
返送について
返金状況を確認する
返金について
別商品と交換する
交換について
セルフサービス
注文内容を確認・変更する
クレジットカード情報を編集・削除する
商品を返品または交換する
名前、Eメール、パスワードを変更する
My Kindle
カスタマーサービスに連絡
返品（返金・交換）›
「服&ファッション小物」「シューズ&バッグ」の返品（返金・交換）の条件
以下の返品（返金・交換）の条件は、「服&ファッション小物」「シューズ&バッグ」のカテゴリーおよび「スポーツ&アウトドア」のスポーツウエア（水着を含む）、スポーツシューズ、スポーツバッグに該当する商品に適用されます。
返品（返金・交換）の条件をご確認のうえ、商品を返品するに戻ってお手続きを続けてください。
返品（返金・交換）の可否と返金額
以下の条件および注意事項は、未使用未開封で返品期間内であることを前提としています。返品期間である30日を過ぎると、返金額が20%減額されます。
商品
返品理由
状態
返品・交換
「服&ファッション小物」「シューズ&バッグ」
「スポーツ＆アウトドア」のスポーツウエア（水着を含みます）、スポーツシューズ、スポーツバッグ
お客様都合
商品到着後30日以内で未使用の商品または試着された商品（試着不可の商品、福袋を除く）
原則として商品代金（税込）および国内返送料を全額返金します（配送料、代引手数料は返金しません）。同一商品との交換は承りませんが、一部商品については、色違いまたはサイズ違い、別商品との交換が可能な場合があります。詳しくは、こちらをご覧ください。ファッション福袋の商品については、商品の性質上、返品・交換を承っておりません。
商品到着後30日以内で使用済み
原則として返品および交換は承りません。
トラブルや不具合
商品到着後30日以内
原則として商品代金（税込）を全額返金します（配送料、代引手数料を含みます）。交換も承ります。並行輸入品は、交換は承りません。ファッション福袋の商品に不備、破損などがあった場合は返品のみ承ります（商品の性質上、交換は承っておりません）。

注意!

独自のポリシーが適用されるとは限らない

Amazon マーケットプレイスの出品者の中には、独自に返品および返金に関するポリシーを設定している出品者がいます。しかし、出品者が独自で決めたポリシーが必ずしも適用されるわけではありません。
Amazon の規約上、返品および返金ポリシーは Amazon が定めるポリシーと同等か、それ以上のものでなければならないと決められているからです。したがって、Amazon マーケットプレイス出品者には、平等に Amazon の返品および返金ポリシーが義務づけられていることになります。

08 代金引換決済の落とし穴

インターネットショッピングで人気の「代引き」ですが、注意しなければいけないことが多くあります。ここで対応の仕方を知っておきましょう。

Amazonで売上を上げていくために、決済方法を増やすことは大事です。特にネット通販で買い物をする人の中には、インターネットでクレジットカードを使いたくないなどの理由で、「代引き」（代金引換）発送を主な決済手段として買い物される方が多く存在することも事実です。

しかし代引きの場合、出品者にとって決済方法が増えるというメリットだけではなく、思わぬ落とし穴もあります。

代引き発送した商品が受け取り拒否された！

代引き発送をした場合、一番ありがちなトラブルが購入者による受け取り拒否です。代引きでは、購入者は商品を注文する際にを支払う必要がなく、商品が届いたときに支払いをすればよいので、「受け取り時に気が変わった」「代引き手数料を考えず注文したので思ったよりも請求が高くついた」などの理由で商品の受け取りを拒否されることがあります。

この場合、出品者から購入者への送料だけでなく、場合によっては代引き手数料まで請求されることもあるようです。本来ならば、受け取り拒否をした購入者に対して送料と返送料を請求したいところではありますが、Amazonのシステム上、これらを購入者から回収する術がありませんので、ほとんどの場合は泣き寝入りするしかありません。

ただし、Amazonの手数料は返金してもらえます。その方法を説明します。

やってみよう!

受取拒否の注文を処理しよう

代金引換決済の購入者が受け取り拒否した場合は、Amazon の手数料を返金してもらうために受け取り拒否の処理をします。

❶ セラーセントラルから「注文」→「注文管理」ページへ進みます。

❷ 該当する注文のアクション［返金する］をクリックします。

❸「返金する」画面に進みますので、「返金理由」の「受取拒否」または「発送先住所に配送不可」を選びます。「この注文が代金引換であることを確認しました。」のチェックボックスにチェックを入れて［全額返金する］をクリックすれば完了です。

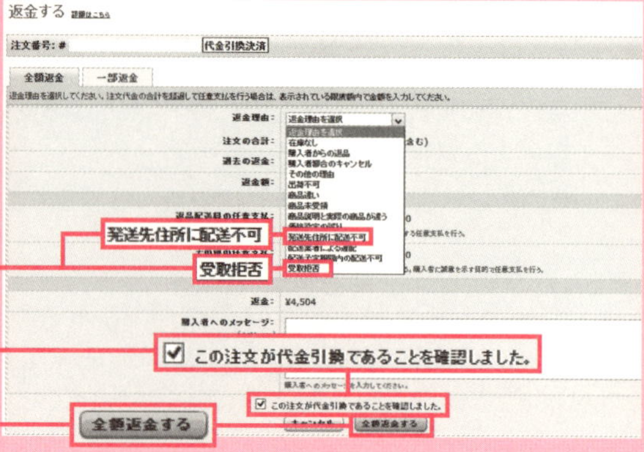

注意！

他の返金理由は選ばないように！

「受取拒否」または「発送先住所に配送不可」以外の返金理由を選択すると、代金を受け取っていなくても購入者へ返金されるので注意しましょう。

ワンポイントアドバイス

いやがらせを受けたら

まれにではありますが、Amazon で出品をしていると同業者などから、いやがらせを受けることがあります。例として、代金引換で注文して受け取り拒否をされたり、実在しない住所宛ての注文であったりすることがあります。

しかし、いやがらせを受けていると感じても Amazon のシステムでは、なかなか対処が難しいのが現状です。

もし、通常の購入者ではないと推測される相手からの受け取り拒否が続いている場合は、代金引換決済を無効に設定するなどして自己防衛をすることも必要です。

Amazon の機能を使いこなせば成功する！

スーパーパワーセラー特別対談！

成功する Amazon セラーになるコツ！

『Amazon 出品サービス達人養成講座』の著者である小笠原満氏と
『ネットショップ＆ヤフオク　海外仕入れの達人養成講座』の著者である
山口裕一郎氏に、成功する Amazon セラーになるためのコツをお聞きしました。

小笠原満

山口裕一郎

Q1 Amazon 出品サービスをはじめたきっかけは？

小笠原：はじめはヤフオクやモバオクで販売していて、販路を広げたいと思ったのがきっかけです。
ヤフオクとモバオクで売れる商品数の限界が見えていたので、販路を広げればその分、売上が増えるのではないかと思いました。
ただ Amazon の手数料は他と比べて高く、利益を取ろうと思うと値付けが高くなるため、それほど期待していなかったですね。
実際にはじめてみると、ヤフオクやモバオクとは客層が違い、「思ったより売れるな」と感じました。

山口：私が Amazon に出品をはじめた当時は、楽天市場、ヤフオク、Amazon、ビッダーズといった販売サイトがありました。当時は個人でインターネット販売をしていたので、個人で登録できる Amazon は自然と選択肢に入りました。私が扱う販売量だと、大口出品者のほうが手数料は安いので、当時から大口出品者で登録していました。
まずは自宅にある古本や CD を出品しました。出品してみたら思いのほか売れましたね。出品するときに画像を登録する必要がない点も便利だと思いました。

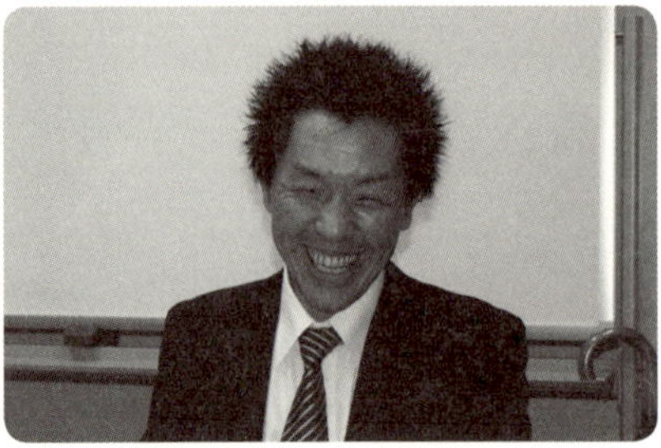

Q2 国内の Amazon で人気のジャンルは？

小笠原：昔から本、CD、DVD などメディア商品が人気ですね。おそらくメディア商品を買う人が一番多く流れるところが Amazon だと思います。

山口：個人で販売しやすいものだと、パソコンや携帯の周辺機器も人気です。ブランド品は個人では利益を上げにくいので、中国からノンブランド品やバルク品を仕入れて売るのがよいと思います。
「使えればそれでいい」という人は多いですから。私自身も顧客として買っています。
もちろんブランド商品はもっと人気ですが、私のような中小企業や個人セラーは、卸値が高くなってしまうのです。

Q3 国内で商品を安く仕入れるコツは？

小笠原：私は問屋から仕入れていますが、本書の第 1 部の第 4 章で紹介している「PRICE CHECK」や「Amashow」などのツールで値段を比較して、利ザヤが取れそうであればまとめて仕入れています。
問屋だからといって、たくさん仕入れなければいけないわけでもありません。箱単位で卸してくれるので、ひと箱に 6 個入りの商品なら、6 個から仕入れることができます。
ただし、基本的に問屋さんは値下げしてくれません。問屋さんが設定した卸値で利益が取れるかどうかを判断しなければいけません。

山口：問屋さんから早く情報を仕入れたいので、困っているときに商品を購入することもあります。そうすると、人気商品が出たときに一番先に連絡をもらえます。利益としてはトントンかなというケースでも、後々のお付き合いも考えて買うことがあります。

小笠原：問屋さんが早く処分したいものは安く売ってもらえることもあります。例えば、放送中のテレビアニメのキャラクター商品などは、放送が終わると売れなくなってしまいます。問屋さんも「早く在庫をなくしたい」と考えているため、卸値自体、安くなります。

山口：私の場合、問屋さんの営業の方からよく電話がかかってきます。ただし、

紹介される商品のすべてがお値打ち商品ではないので、どういう意図をもって電話してきたのか、冷静に判断するようにしています。紹介される商品の中には、特に購入したいと思わないものもあります。一方で本当によい商品もあるので、問屋さんの意図を冷静に判断することが大切です。

よい商品はほかの人も目をつけているので、あとから注文しても手に入らないことも多いです。おそらく問屋さんは、定番商品以外はほとんど在庫を持っていないはずです。よく持っている商品だと、閉店物件の商品ですね。問屋さんであっても、上限なく仕入れられる商品は基本的にないと思います。

小笠原：限りなく在庫がある商品はAmazonで価格競争になるので、どちらにしても商売にならないですね。

山口：一般の小売店で仕入れる人も多いですよ。普通の商品を家電量販店やCD & DVDチェーン店などで仕入れればよいと思います。

転売をしている人たちは、店頭でツールを使って、店舗ごとの価格比較と直近3カ月程度の価格の動きをチェックしています。もちろんノウハウは必要ですが、転売で1億稼いでいる人もしていることは同じです。

少しノウハウの話をしましょう。例えば家電量販店に行って膨大な商品をすべてチェックするわけにはいかないですよね。そこで最初に型遅れの商品を探します。一般的に最新型が売れると思われがちですが、利幅がよくないので避けたほうが無難です。また最新型は量販店も放っておいても売れるので、安く売りません。その一方で型遅れの商品は、量販店も「早く売り切りたい」と思っています。そういった事情を察することが大切です。

あとメディア商品も小売店でよく安売りをしています。流通のしくみで説明すると、卸業者は小売店に商品を抱き合わせで購入してもらっているケースがあるのです。例えば、「PS4コーナー」というような形のセットで卸します。すると小

●量販店で商品を探すコツ

売店で売れない商品が出てきますので、処分するためにワゴンセールやタイムセールをすることになります。そういったセール品を狙うと、国内で安く仕入れることができます。

Q4 仕入れに使える、おすすめのツールを教えてください。

小笠原：本書でも紹介しましたが、「price-chase（プライスチェイス）」というツールがあります。商品名で検索すると、ヤフオクと楽天オークションのリアルタイムの値段と落札までの残り時間が表示されます。オークションを利用すれば、新品を相場より安く仕入れられることがあるので、このツールは便利です。

山口：私は「Amashow」や「せどりすと」などバーコードリーダー系のツールを使っています。バーコードリーダーはいちいち番号を打たなくてよいので楽です。小笠原さんのすすめるツールに近いものだと、Google Chromeの拡張機能に入れられる「クローバーサーチ」がありますね。Amazonで検索してヒットしたものが、ほかのオンラインストアでいくらなのか表示されます。
自分で操作しなくても情報ウインドウが開くので、あちこちに行って調べる必要もなくて便利です。ただし、知っている人も多いので、結果的に奪い合いになります。
情報を見ていると、Amazonよりほかのストアで安く買える商品もあることがわかりますよ。拡張機能は日々進化しています。今となってはGoogle Chromeなしで転売することは難しいです。

小笠原：ほかにもGoogle Chromeの拡張機能では「Amadiff」「掘り出しもんサーチB」などもおすすめします。Amazonのサイトを開くだけで、いろいろな価格情報が表示されます。

山口：Chromeウェブストアで「オークション」や「最安値」などで検索すると、たくさん表示されます。

Q5 流行の情報をキャッチする手段は？

山口:私は雑誌で情報収集をしています。定期購読にして自宅に送ってもらっています。

ファッション誌やDIME、日経トレンディのように最新情報をチェックできる雑誌、情報誌が中心です。

ファッション誌のような業界誌ばかりだと情報がかたよるので、何種類か読むようにしています。また、雑誌からだけではなく、セラーの生の声を聴きたいので、オフ会に出て情報収集をしています。

小笠原：私はテレビっ子なので、テレビが情報源です。ほかには、物販をしている友人から何が流行っているか聞いています。

山口：テレビの通販番組はすごく勉強になります。中国に行けばたくさん売っているような商品にブランド名と日本語の箱だけつけて商品にしているものがたくさんあります。「自分でもこういう商品をプロモーションすれば売れそうだな」と思いながら番組を見ています。

通販番組で扱っている中国製品は、おそらく独占販売の契約をしています。個人でも独占契約を結ぶことはできますが、現地に赴いて先方の企業の担当者と交渉すること、実際に契約を結んでから商品を作ってもらうときの管理などを考えると、コストと時間的に個人で対応するのは難しいかと思います。

大企業の場合、中国で大量の商品を作れば人件費が安い分、原価を安く抑えられます。しかし個人でそうしたことを行うのは大変です。個人の方は、既製品を売るのが一番よいと思います。

通販番組

情報誌

●流行の情報をキャッチする

私は自分でファッション品を作成して販売しています。それは自分が楽しいからです。「自分が楽しめる」商品を作って販売すると、長続きしますよ。

Q6 最近気になったライバルのセラーはいますか？

小笠原：私が見かけた人では、お客様を逃がさないような努力をしている方がいました。その方は、在庫がなくても、「入荷予定」をキャンペーン機能で告知していましたね。うまいなと思いますね。
特典つきの商品を売っている方もいました。ちょっとしたものでも、特典がつかないよりはついたほうがよいと思わせる手法です。
ほかには、既存の商品をセット販売にして、独自の商品として売っているセラーの方もいました。

山口：同じタイプのセラーの方をよく見かけますね。セラーの方ごとに得意のジャンルがあるので、自分の得意ジャンルの売れ筋商品をチェックすると、必然的に同じ方をよく見かけます。
ライバルを探すツールもあるようですが、わざわざ探さなくても自然と目に留まるものですよ。

Q7 Amazonで「商品を売る」コツを教えてください。

山口：オリジナルの商品なら、設定した定価より売値を大幅に安くすると、「何%オフ」の表示がつきます。Amazon側のほうで計算して表示しているようです。

小笠原：「お得」マークもつきますね。このマークはどういう基準でつくのかよくわからないですね。

● 「何%オフ」の表示

山口：「全体の相場から何%安い」などのロジックがあるかもしれません。Amazonは基本的にロジックを公開していないので、何も知らずにはじめると戸惑うこともあると思います。
ほかにはAmazon内セールもありますね。セールページと通常ページで同じものを売っています。買う側になって考えれば、セールページを知らないと損をしてしまいます。トップページで「セール」と検索するだけでも、結構ヒットすると思います。

● 「お得」マーク

Amazon のセールで仕入れて、ほかの国の Amazon に転売する人もいますね。現在 Amazon 輸出ビジネスが流行っていますが、儲ける方法の 1 つです。

Q8 マーケットプレイスで成功する秘訣は？

小笠原：Amazon の機能をきちんと使えば、ほかのセラーと差をつけられると思います。
意外と Amazon の機能を使いこなしているセラーの方は少ないですね。商品ページを見ると、きちんと機能を使っているかどうかは、すぐにわかります。
本書で紹介したプロモーション機能も、使っている人をあまり見かけません。合わせ買いの設定をすれば、1 個買うつもりだった人が 2 個買ってくれる可能性もあります。

山口：決済方法で代引き可にするだけでも、決済率は上がります。ただし、代引きはデメリットもあります。というのも受け取りを拒否する人がいるのです。
配送業者にお金が支払われないとセラーに商品が戻ってきてしまうので、自分で配送料と代引き手数料を支払わないといけません。しかしトータルで見れば、売上は上がります。
送料ゼロ円設定もいいですね。デフォルトで「送料 350 円」などの表示をしている人もいるので、比べられたときに購買のきっかけとなるでしょう。

小笠原：もう 1 つ挙げるなら、やはり FBA を上手に使うことですね。FBA を使うことで得られるメリットは非常に大きいです。具体的には、カートボックスの獲得、Amazon と同レベルの早さの出荷などです。結果としてよい評価につながりやすいです。

山口：FBA は登録作業をためらってしまう人がいますね。初めて Amazon に出品する人に教えるのは大変かもしれません。しかし本書を読めば、バッチリで

● Amazonの機能を使いこなす

すよ！　それと、データ重視の人は成功しやすいと思います。セラーセントラルやビジネスレポートでかなりの情報を得ることができます。私はデータをExcelで分析するのはあまり得意ではありませんが、数字を扱うのが好きな人であれば、成功すると思います。
逆にどんぶり勘定で「5、6個購入して、出品すれば何か売れるだろう」という考えでは失敗しやすいです。
Amazonのシステムは使い方が簡単なので、数字が苦手な人でも分析できます。外部のツールなども一緒に使えば、成功する確率は高くなると思います。

小笠原：そういった意味では、誰でも稼げるチャンスがありますね！

編集部：ありがとうございました！

chapter

6

さらに売上を上げるために

この章からは、実際に繁盛店を作り上げるために有効なシステムの活用方法や、実践的な売上アップの手段などを解説していきます。
Amazonにはさまざまな出品者をサポートするシステムが用意されています。それだけに奥が深く、知らなければもったいないことが数多くあります。
出品者に向けて、たくさんのハイクオリティなシステムやサービスを提供しているAmazonマーケットプレイスを使いこなして、出品マスターを目指しましょう。

01 プロモーションを活用する

プロモーション管理の機能を使えば、特定の商品や「合わせ買い」商品の割引、配送料無料のようなキャンペーン、ストアに訪れた訪問者への告知などができます。

プロモーション管理は、売上を上げていくためには欠かせない機能と言っても過言ではありませんが、認知度が低いのかあまり有効活用している人は多くないようです。

この機能を上手に使いこなしてライバルに差をつけ、繁盛店を目指しましょう。

プロモーションを新規作成する

セラーセントラルにログインし、上部の「在庫」にポイントアイコンを重ねると表示される選択肢から「プロモーション管理」のページに移動することができます。プロモーションを行うためには、まず商品セレクションリストを作成する必要があります。商品セレクションを作成したら、「配送料無料」「購入割引」「1 点購入でもう 1 点プレゼント」「告知のみ」の中からプロモーションを作成します。

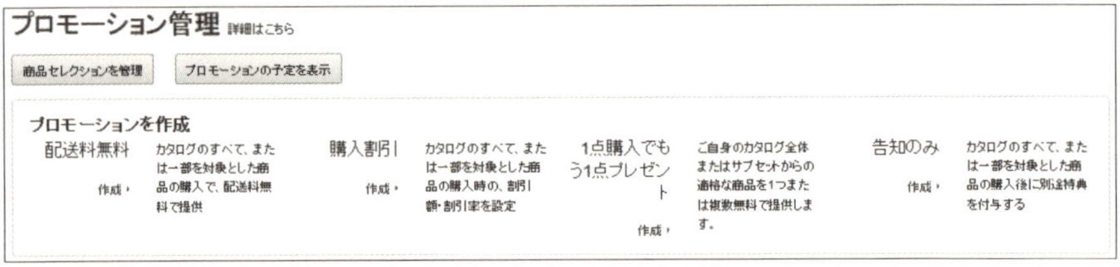

● プロモーション管理ページ

商品セレクションリストを作成しよう

商品セレクションリストの作成手順を解説します。

❶「プロモーション管理」ページより、［商品セレクションを管理］をクリックします。

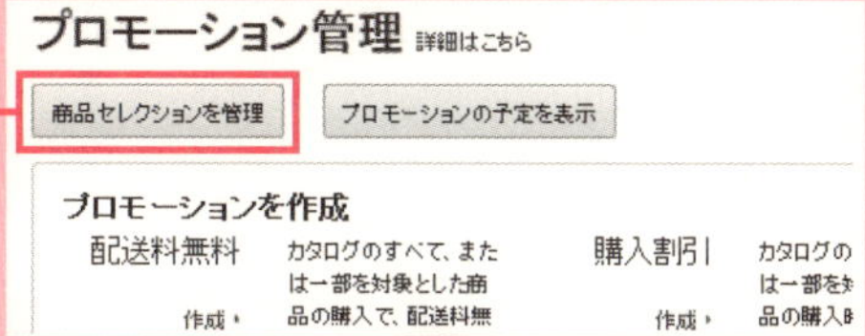

❷「商品セレクション管理」ページの右側にある［商品セレクションを作成］をクリックして、作成ページに進みます。

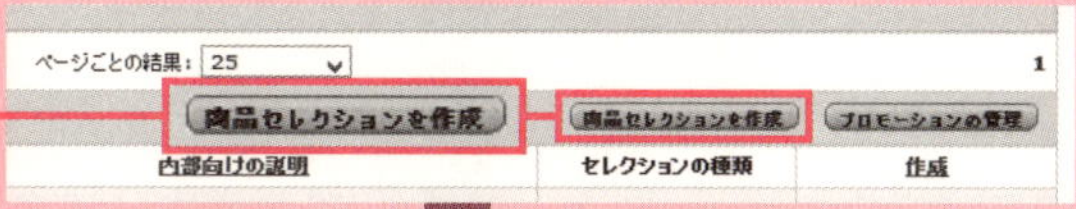

❸商品セレクションのタイプを選択して［送信］をクリックします。

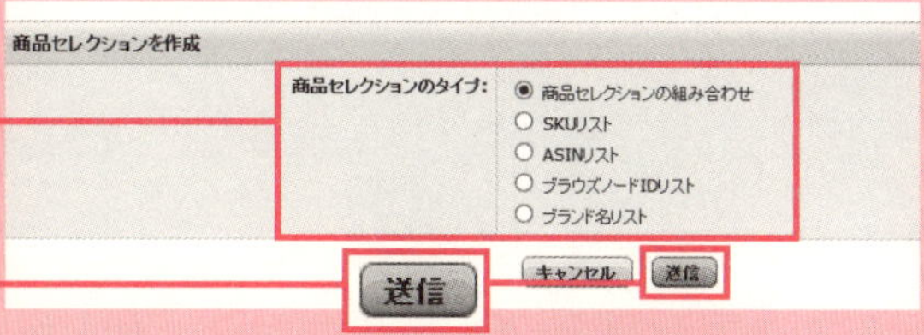

商品セレクションのタイプ	説明	機能の詳細
商品セレクションの組み合わせ	1件以上の、ID、コード、または名前で構成したリスト	多様な切り口から商品セレクションを作成できる
SKUリスト	SKU（在庫商品の管理番号）のリスト	1行に1件ずつ、最大4000件のSKUを記述できる
ASINリスト	商品のASIN（Amazon標準識別番号）のリスト	最大4000件のASINを記述できる。複数のASINがある場合は、それぞれを改行、スペース、コンマ、セミコロンで区切る
ブラウズノードIDリスト	対象商品がAmazonカタログのどこに割り当てられているかを指定するAmazonブラウズノードIDのリスト。プロモーションはブラウズノードにある商品にのみ適用される	最大で250件のブラウズノードIDを記述できる。複数のIDがある場合は、それぞれを改行、スペース、コンマ、セミコロンで区切る
ブランド名リスト	Amazonのブランド名を指定するリスト	1行に1件ずつ、最大4000件のブランド名を記述できる。ブランド名は大文字と小文字を区別し、Amazonカタログに登録されている名前と正確に一致させる
サプライヤ部門コード一覧	商品のサプライヤ部門コードのリスト	1行に1件ずつ、最大4000件のサプライヤ部門コードを記述できる。サプライヤ部門コードは大文字と小文字を区別し、Amazonカタログに登録されているコードと正確に一致させる

商品セレクションのタイプ	説明	機能の詳細
GL 商品グループリスト	Amazon 商品グループのリスト	商品グループの追加と削除にはセレクションツールを使用する
商品タイプ名リスト	Amazon のブランド名を指定するリスト商品グループを指定するリスト	最大で 4000 件の商品タイプ名を記述できる。複数の名前がある場合は、それぞれを改行、スペース、コンマ、セミコロンで区切る
業者 ID 一覧	Amazon のベンダー ID を指定するリスト	最大で 4000 件のベンダー ID を記述できる。複数の ID がある場合は、それぞれを改行、スペース、コンマ、セミコロンで区切る

●商品セレクションリストのタイプ

④図と表を参考に、それぞれの項目に入力をします。

⑤各項目の入力が終わったら［送信］をクリックすると、商品セレクションリストの作成完了です。

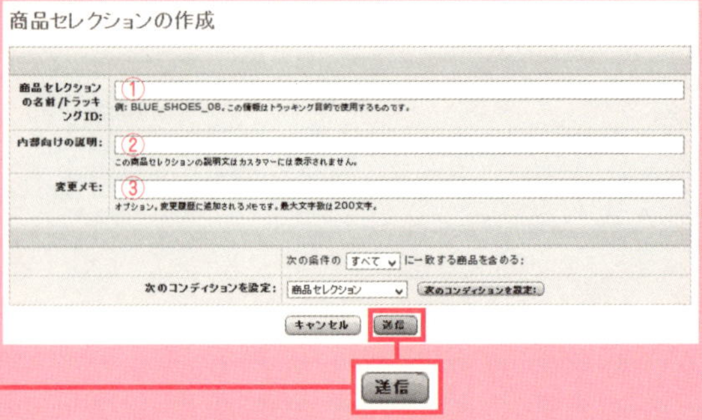

	項目	説明
①	商品セレクションの名前／トラッキング ID	トラッキング時に使用する名前
②	内部向けの説明	商品セレクションリストの説明を入力する。管理用なのでカスタマーには表示されない
③	変更メモ	変更履歴に追加されるメモ。入力しなくてもよい

●商品セレクションリストの項目

参考・引用元
Amazon ヘルプページ
URL http://www.amazon.co.jp/gp/help/customer/display.html/ref=hp_left_ac?ie=UTF8&nodeId=201210810
URL http://www.amazon.co.jp/gp/help/customer/display.html?nodeId=201210830

配送料無料

このプロモーションは、「設定した金額または数量以上の商品を購入すると、配送料を無料にします」という、商品の購入条件によって配送料を無料にするキャンペーンを設定できます。

配送料無料の設定をしよう

配送料無料のプロモーションを作成してみましょう。

❶図と表を参考に、条件を設定します。

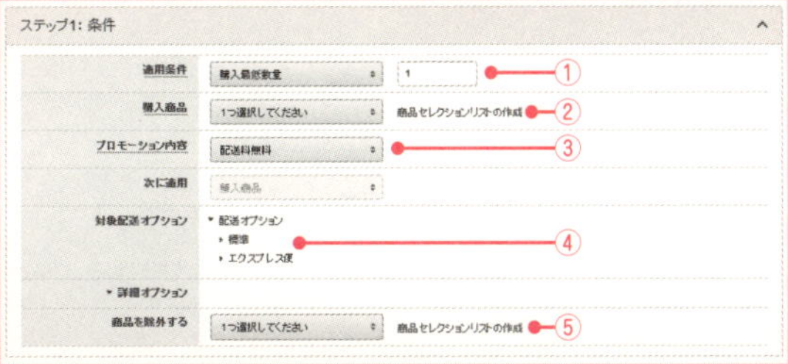

	項目	説明
①	適用条件	「購入最低額（¥）」か「購入最低数量」を選択する。数字の入力欄には適用したい購入最低額か購入最低数量を入れる
②	購入商品	対象にする商品を選択する。選択したい商品セレクションリストがないときは、選択タブの右側にある「商品セレクションリストの作成」から商品セレクションリストを作成する
③	プロモーション内容	ここで選択できるのは配送料無料のみ
④	対象配送オプション	対象になる配送を細かく選択できる。配送料は出品者の負担になるため、地域や、標準／エクスプレス便の配送方法を指定できる
⑤	商品を除外する	プロモーションから除外したい商品を設定できる

●条件の項目

❷実施時期の項目を入力します。

	項目	説明
①	開始日	プロモーションの開始日と開始時間を設定できる
②	終了日	プロモーションの終了日と終了時間を設定できる
③	出品者内部向けの説明	変更履歴に追加されるメモ。入力しなくてもよい
④	プロモーショントラッキング ID	出品者が使用するために設定する。ユーザーには表示されない

● 実施時期の項目

❸追加設定の項目を入力します。

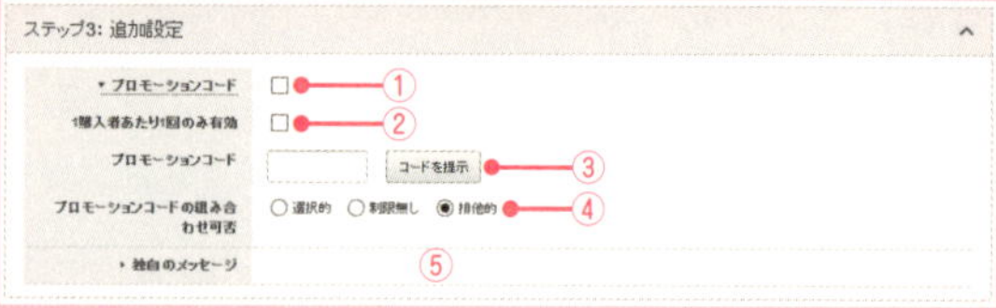

	項目	説明
①	プロモーションコード	プロモーションの適用と引き換えに使用するコードが必要な場合、プロモーションコードを選択する。［プロモーションコード］をクリックすると、オプションの設定項目が表示される
②	1 購入者あたり 1 回のみ有効	プロモーションが適用される回数を、購入者 1 人 1 回限りに制限したい場合に選択する
③	プロモーションコード	「コードを提示」をクリックするとランダムなコードが生成される。出品者独自のコードを入力することも可能
④	プロモーションコードの組み合わせ可否	ひとつの商品に複数のプロモーションが利用できる場合の、プロモーションコードの組み合わせを選択できる
⑤	独自のメッセージ	利用規約を含む、各種メッセージを作成またはカスタマイズし、表示順位を設定する。メッセージは設定が必須の場合と、オプションの場合がある。［独自のメッセージ］をクリックすると、設定可能な項目が表示される。詳細は次の表を参照

● 追加設定の項目

項目	説明
注文確定ページで表示されるテキスト	初期設定されているテキストは「プロモーション」。注文確定ページに表示される
簡易表示テキスト	商品詳細ページや、検索結果ページに表示されるテキスト。表示されるのはカートボックスを獲得しているときのみ
商品詳細ページの表示テキスト（チェックボックス）	チェックすると、商品詳細ページの「キャンペーンおよび追加情報」欄に表示できるメッセージを指定できる。表示されるのはカートボックスを獲得しているときのみ
購入商品の表示テキスト	商品詳細ページの表示テキストの初期設定として使用される
商品詳細ページの表示テキスト	「商品詳細ページの表示テキスト」で設定されたテキストを選択するか、独自のテキストを入力する。購入者がプロモーションの内容をよく理解できるよう、簡潔で正確な記述を心がける
表示順位	商品詳細ページでのプロモーションの順位を決定する。同一商品にプロモーションを複数設定する場合、各プロモーションが何番目に表示されるかを指定できる
利用規約	配送料無料の特典についての購入者向け利用規約を設定できる

●追加設定「独自のメッセージ」の項目

④［プレビュー］をクリックして、入力したプロモーション情報を確認します。変更がある場合は［戻る］をクリックします。修正がなければ、［送信］をクリックしてプロモーションの作成を完了させます。

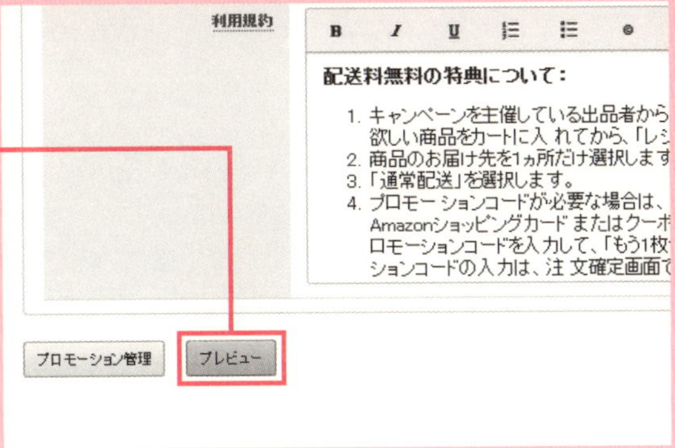
利用規約
配送料無料の特典について：
1. キャンペーンを主催している出品者から
欲しい商品をカートに入 れてから、「レ
2. 商品のお届け先を1ヵ所だけ選択します
3. 「通常配送」を選択します。
4. プロモー ションコードが必要な場合は、
Amazonショッピングカード またはクー
ロモーションコードを入 力して、「もう1枚
ションコードの入力は、注 文確定画面
プロモーション管理
プレビュー

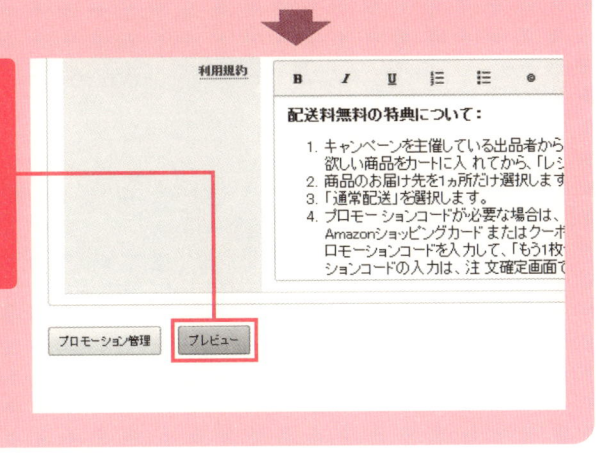

購入割引

このプロモーションは、「設定した数量ごと、または最低数量以上の商品を購入すると割引します」という割引キャンペーンを作成できます。

購入割引の設定をしよう

購入割引のプロモーションを作成してみましょう。

❶ 条件を設定します。

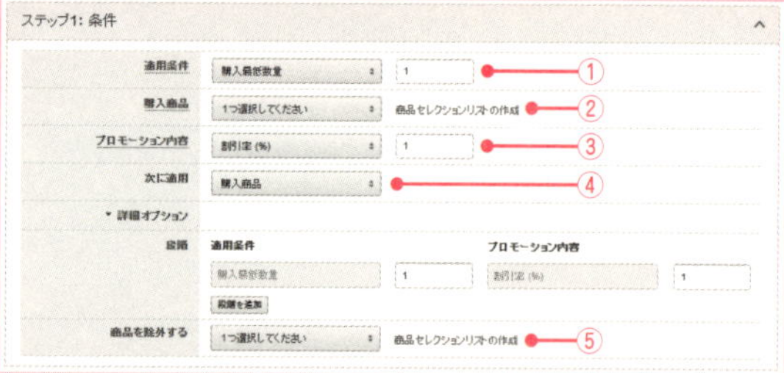

	項目	説明
①	適用条件	「購入最低数量」か「購入数量ごと」を選択する。数字の入力欄には適用したい購入最低数量か、購入数量ごとの数字を入力する
②	購入商品	対象にする商品を選択する
③	プロモーション内容	割引額（¥）か割引率（%）を選択し、数字の入力欄には適用したい割引額か割引率を入力する
④	次に適用	割引を「購入商品」に適用するか、ほかに「適用商品」を設定するかを選択する。「適用商品」を選択した場合は、[ASINを選択] をクリックして適用商品として指定する商品を検索できる
⑤	商品を除外する	プロモーションから除外したい商品を設定できる

●条件の項目

❷ 以降は「配送料無料」のプロモーションと同じ手順です。182ページの「配送料無料」の手順②以降を参照してください。

1点購入でもう1点プレゼント

このプロモーションは、「購入数量ごと、または最低数量以上の商品を購入すると、もう1点プレゼントします」というプレゼントのキャンペーンを作成できます。

1点でもう1点プレゼントの設定をしよう

1点でもう1点プレゼントのプロモーションを作成してみましょう。

❶条件を設定します。

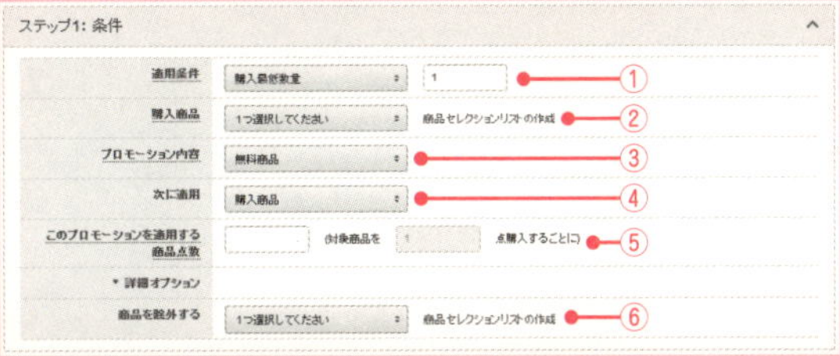

	項目	説明
①	適用条件	「購入最低数量」か「購入数量ごと」を選択する。数字の入力欄には適用したい購入最低数量か、購入数量ごとの数字を入力する
②	購入商品	対象にする商品を選択する
③	プロモーション内容	ここで選択できるのは無料商品のみ
④	次に適用	もう1点プレゼントを「購入商品」に適用するか、ほかに「適用商品」を設定するかを選択する。「適用商品」を選択した場合は、[ASINを選択]をクリックして適用商品に指定する商品を検索できる
⑤	このプロモーションを適用する商品点数	条件を満たした購入者にプレゼントをする商品数を入力する
⑥	商品を除外する	プロモーションから除外したい商品を設定できる

●条件の項目

❷以降は「配送料無料」のプロモーションと同じ手順です。182ページの「配送料無料」の手順②以降を参照してください。

告知のみ

適用条件を満たした購入者に対して、告知のみを行います。文字どおり、特典が付与されるわけではなく、購入者に対しての告知だけを行います。例えば、合わせ買いや近日行う予定のキャンペーン、ストアの休暇情報を告知する場合に使用します。

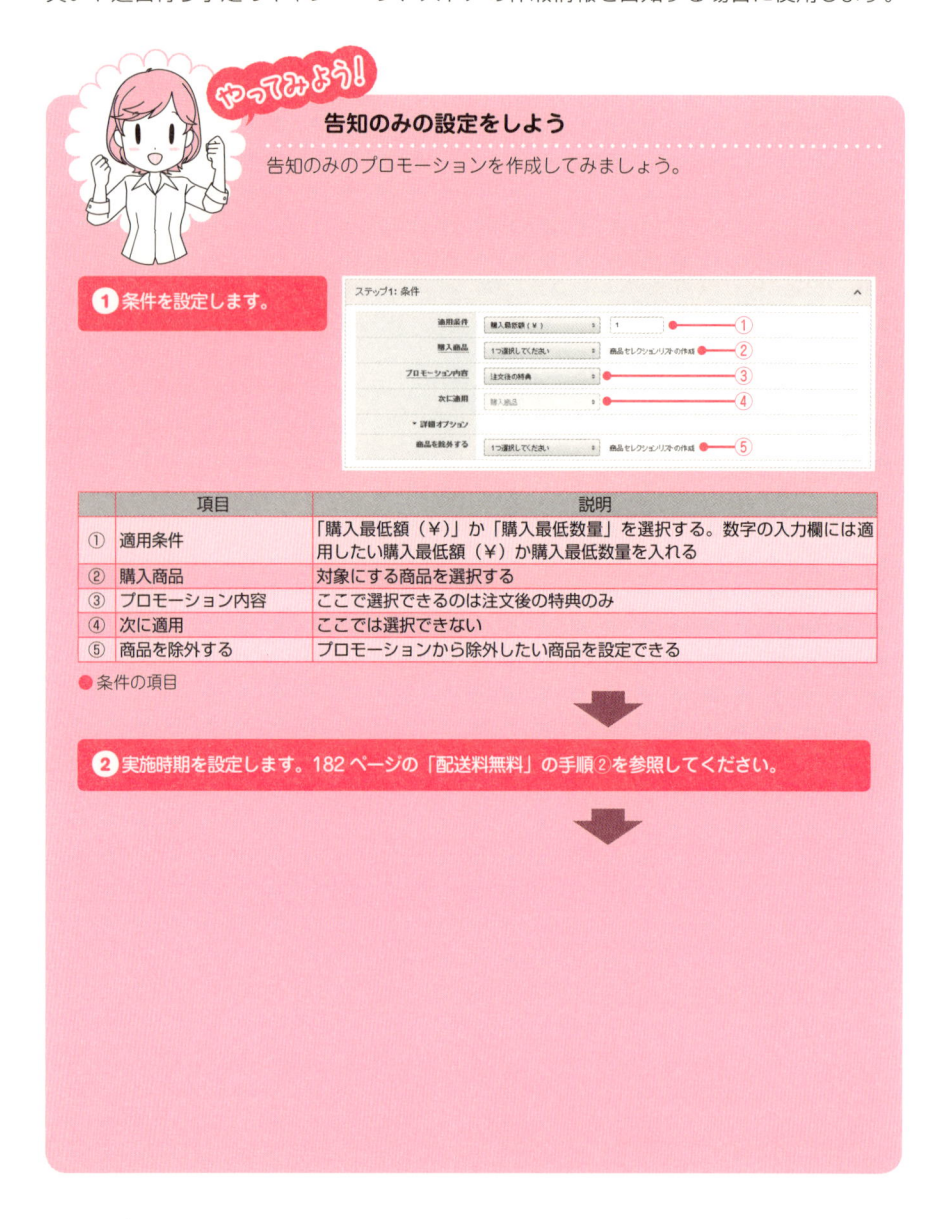

告知のみの設定をしよう

告知のみのプロモーションを作成してみましょう。

1 条件を設定します。

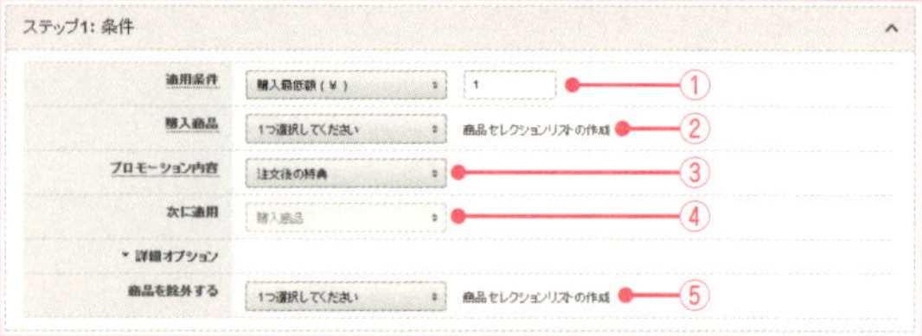

	項目	説明
①	適用条件	「購入最低額（¥）」か「購入最低数量」を選択する。数字の入力欄には適用したい購入最低額（¥）か購入最低数量を入れる
②	購入商品	対象にする商品を選択する
③	プロモーション内容	ここで選択できるのは注文後の特典のみ
④	次に適用	ここでは選択できない
⑤	商品を除外する	プロモーションから除外したい商品を設定できる

● 条件の項目

2 実施時期を設定します。182 ページの「配送料無料」の手順②を参照してください。

❸ 追加設定をします。

ステップ3: 追加設定
* プロモーションコード
①
1購入者あたり1回のみ 有効
プロモーションコード
コードを提示
プロモーションコードの組み合わせ可否
選択的
制限無し
排他的
* 独自のメッセージ
②
注文確定ページの確認用テキスト
注文確定ページで表示されるテキスト
プロモーション
商品詳細ページの表示テキスト
利用規約
プロモーション特典を得るには:
1. 以下の2つの方法のどちらかで、プロモーションメッセージで説明されている商品をすべてショッピングカートに入れます。
a. 商品の説明にある【両方ともカートに入れる】ボタンで商品をショッピングカートに入れる。または、
b. それぞれの商品情報のページにある【ショッピングカートに入れる】ボタンから商品をショッピングカートに入れる。
2. このプロモーションの特典は、注文の最終確認のページに反映されません。注文の処理が行われた後で、出品者が特典を適用します。
3. お客様がショッピングカートからプロモーション対象商品のいずれかを削除した場合、またはお客様が

	項目	説明
①	プロモーションコード	ここではプロモーションコードの設定は不要
②	独自のメッセージ	利用規約を含む、各種メッセージを作成またはカスタマイズし、表示順位を設定できる。メッセージは、設定が必須の場合と、オプションの場合がある。[独自のメッセージ]をクリックすると、設定可能な項目が表示される。詳細は次の表を参照

●追加設定の項目

項目	説明
注文確定ページの確認用テキスト	注文確定ページの先頭に表示される（例：長期休暇のお知らせ。12月28日より1月7日まで出荷できません。1月8日より出荷開始となります。）
注文確定ページで表示されるテキスト	注文確定ページに表示されるテキストを10文字以内で設定できる（例：長期休暇のお知らせ）
簡易表示テキスト	カートボックスを獲得している際、商品詳細ページに表示されるテキストを10文字以内で設定できる（例：長期休暇のお知らせ）
商品詳細ページの表示テキスト（チェックボックス）	チェックすると、商品詳細ページの「キャンペーンおよび追加情報」欄に表示するメッセージを指定できる。表示されるのはカートボックスを獲得しているときのみ
購入商品の表示テキスト	商品詳細ページに表示するテキストの初期設定として使用される（例：長期休暇のお知らせ）
商品詳細ページの表示テキスト	商品詳細ページの表示テキストで初期設定されたテキスト選択するか、独自のテキストを入力する。購入者がプロモーションの内容をよく理解できるよう、簡潔で正確な記述を心がける
表示順位	商品詳細ページでの、プロモーションの表示順を設定する。同一商品にプロモーションを複数設定する場合、各プロモーションが何番目に表示されるかを指定できる
利用規約	プロモーションの購入者向け利用規約

●追加設定「独自のメッセージ」の項目

❹［プレビュー］をクリックして、入力したプロモーション情報を確認します。変更がある場合は［戻る］をクリックします。修正がなければ、［送信］をクリックしてプロモーションの作成を完了させます。

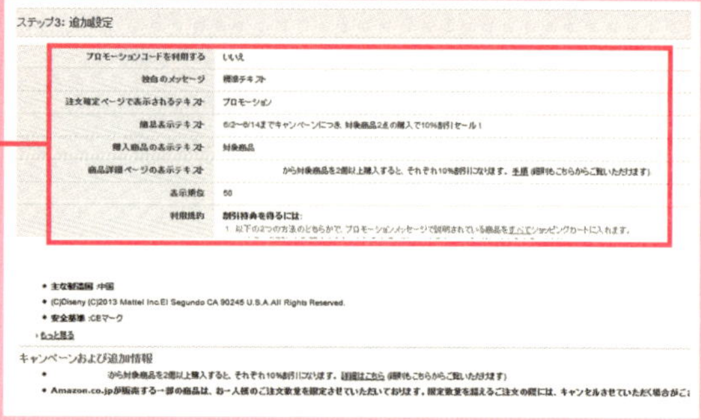

ステップ3: 追加設定
プロモーションコードを利用する　いいえ
独自のメッセージ　標準テキスト
注文確定ページで表示されるテキスト　プロモーション
商品表示テキスト　6/2～6/14までキャンペーンにつき、対象商品2点の購入で10%割引セール！
購入商品の表示テキスト　対象商品
商品詳細ページの表示テキスト　から対象商品を2個以上購入すると、それぞれ10%割引になります。手順 (説明もこちらからご覧いただけます)
表示順位　50
利用規約　割引特典を得るには:
1. 以下の2つの方法のどちらかで、プロモーションメッセージで説明されている商品をすべてショッピングカートに入れます。
• 主な製造国 :中国
• (C)Diseny (C)2013 Mattel Inc.El Segundo CA 90245 U.S.A.All Rights Reserved.
• 安全基準 :CEマーク
もっと見る
キャンペーンおよび追加情報
• から対象商品を2個以上購入すると、それぞれ10%割引になります。詳細はこちら (説明もこちらからご覧いただけます)
• Amazon.co.jpが販売する一部の商品は、お一人様のご注文数量を限定させていただいております。限定数量を超えるご注文の際には、キャンセルさせていただく場合がご

●魅力的なプロモーションを考えよう

02 ペイメントを確認する

Amazon セラーセントラルのレポート下にある「ペイメント」には支払いに関する情報がまとめられています。売上と Amazon からの振込に関する重要な情報が詰め込まれたページです。各情報に何が書いてあるか把握しましょう。

ペイメントで表示される情報

ペイメントのページでは「一覧」「トランザクション」「過去の決済情報」「期間別レポート」の４つのタブに分かれたページが表示されます。ここで特に重要な情報は「一覧」と「トランザクション」の２つです。

「一覧」には決済期間の売上と振込額、支払手続きを開始する予定日の情報が表示されます。

「トランザクション」では、商品が販売された日付や Amazon 手数料、売上金額、計上金額などが表示されます。

右端の合計の金額をクリックすると、Amazon 手数料の内訳を確認できます。

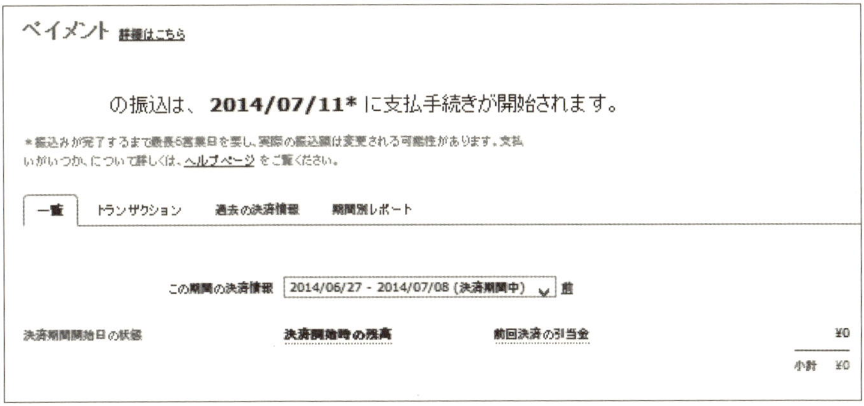

●ペイメントのページ

ペイメント内の各情報の内容

ペイメント内の情報を整理します。情報の意味を理解して、運営に役立てましょう。

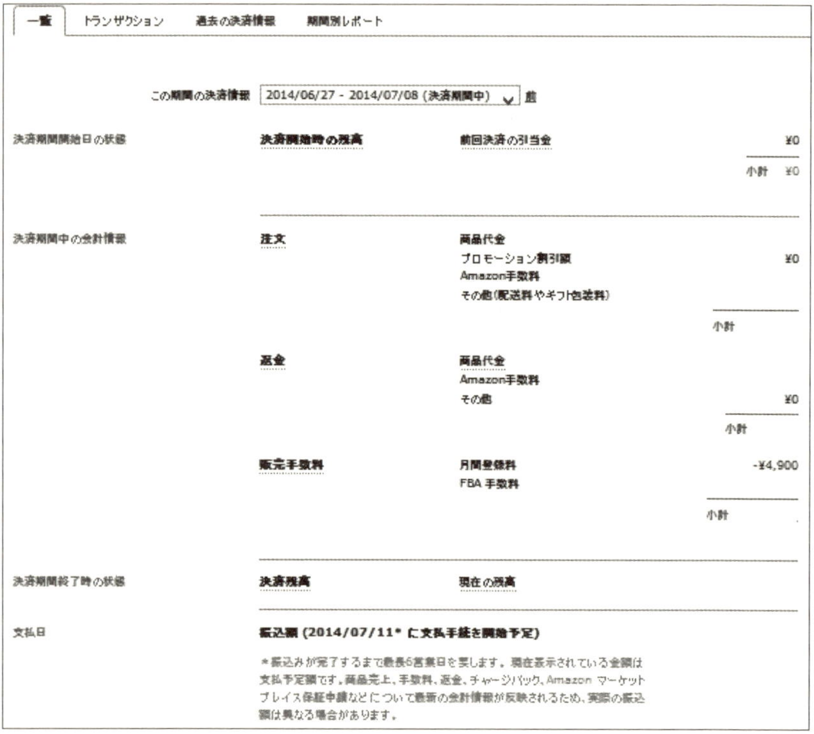

● ペイメント一覧画面

項目	説明
決済開始時の残高	払い戻し（チャージバック）、返金、手数料が発生した場合に備えた留保額と、前回の決済期間の終了時に銀行口座に振り込めなかった金額が合算されている
注文	前回の決済期間以降の注文売上の総額 ・商品代金：商品売上の売上額（配送料やそのほかの金額は含まない） ・プロモーション割引額：割引が生じるプロモーションを設定している場合の割引額 ・Amazon 手数料：商品代金、配送料への手数料など、注文に係る手数料と、フルフィルメント by Amazon など Amazon が提供するサービスにともなう手数料 ・配送料やギフト包装料：配送やギフト包装のため購入者が支払った手数料 ・その他：商品以外に係る売上
返金	前回の決済期間以降に発生した、返金総額 ・商品代金：商品の返金額（配送料やそのほかの金額は含まない） ・プロモーション割引額：プロモーション割引に関する返金額 ・Amazon 手数料：出品者への Amazon 手数料返金額 ・その他：配送料やギフト包装手数料、返品・交換など、商品に直接関連しない返金額

項目	説明
その他のトランザクション	特定の注文に関連づかない請求額や支払額 ・月額登録料：出品形態にもとづく月額登録料 ・FBA 在庫保管手数料：Amazon フルフィルメントセンター在庫の月次保管手数料。通常毎月 7 日から 15 日の間に前月の手数料が請求される
現在の決済額	アカウントの現在の残高から引当金を差し引いた額 ・現在の残高：アカウントの残高。アカウント一覧の注文、返金、その他のトランザクションの金額を合算したもの ・引当金：チャージバック、返金、手数料の発生に備え、Amazon がペイメントアカウントに留保した金額。「理由を見る」をクリックすると詳細が表示される
振込みの額と日付	指定した日付に銀行口座に振り込まれる予定の金額振込みが完了するまで最長 6 営業日を要し、実際の振込額は変更される可能性がある。残高がマイナスの場合、出品用アカウントに登録されたクレジットカードに請求される
トランザクション検索	注文番号から注文を検索し、特定の注文の支払い・手数料・調整の支払い処理内容を確認できる

●ペイメント内一覧の項目

トランザクション（支払い処理）の確認

トランザクションページでは、前回の決済期間から確認前日までの支払い処理の概要を確認できます。トランザクション（支払い処理）には、注文、返金、返済、そのほかの Amazon からの請求や支払いが含まれる場合があります。結果や検索条件を絞り込んでトランザクションを検索し、表示するトランザクションを変更できます。

絞り込む

支払い処理の種類や処理日付・期間などで情報を絞り込むことで、内容を特定することができます。

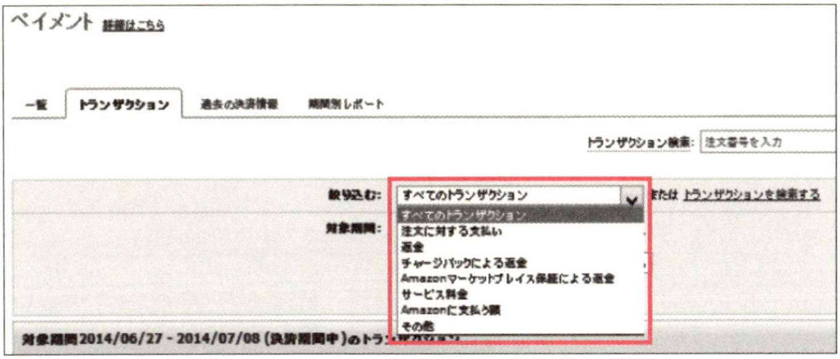

●トランザクション「絞り込む」のドロップダウンリスト

項目	説明
すべてのトランザクション	初期設定で表示されるトランザクションの一覧
注文に対する支払い	Amazon マーケットプレイスで販売した商品の支払い
返金	購入者への返金
チャージバックによる返金	購入者がクレジットカード会社にチャージバックを請求した場合に発生する
Amazon マーケットプレイス保証による返金	Amazon マーケットプレイス保証が適用された場合の返金
サービス手数料	FBA 在庫保管手数料、または納品時の手数料などの手数料
配送サービス手数料	出品用アカウントに発生した郵送、配送料
その他	月額登録料の請求や、そのほかの調整手数料、Amazon からの振込額、課金額など

●トランザクション「絞り込む」のドロップダウンリストの各項目

対象期間

トランザクション概要ページの表示情報を、日付や期間で絞り込むことができます。絞り込む項目や日付・期間を選択し、［更新］をクリックすると結果が表示されます。

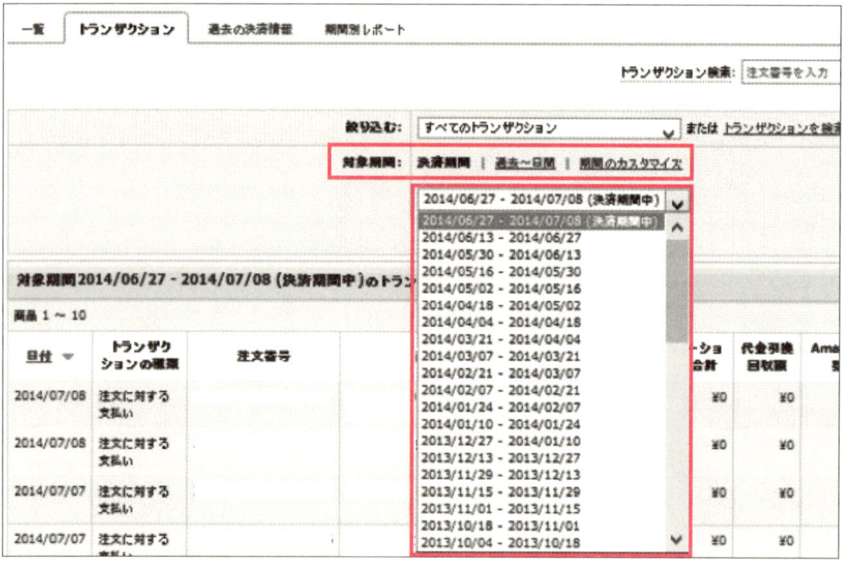

●トランザクション「対象期間」

項目	説明
決済期間	初期設定で表示される、現行の決済期間
過去〜日間	過去の日数を選択できる
期間のカスタマイズ	期間を自由に選択できる

●対象期間の各項目

トランザクション検索

注文番号から注文を検索し、関連トランザクションを表示します。トランザクション（支払い処理）の詳細を確認するには、検索結果ページ右端の「合計」列の金額をクリックしてください。

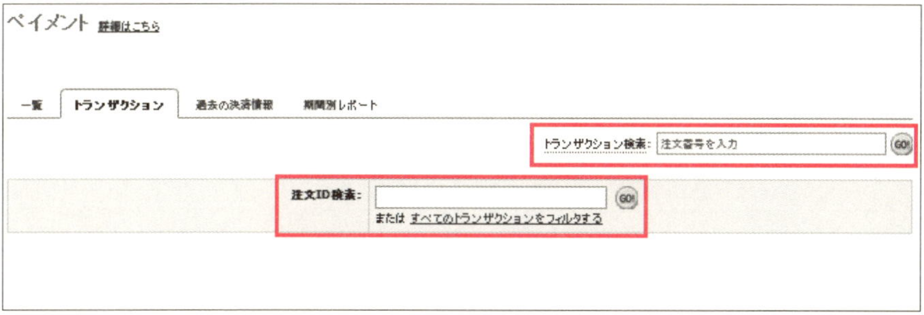

●注文番号でも検索できる

サービス料金・その他の調整の種類

ペイメントに請求あるいは返金される料金の種類です。下記の表を参考にしてください。

サービス料金・その他の調整の種類	定義
FBA 在庫保管手数料	Amazon フルフィルメントセンターに保管されているすべての商品の寸法をもとに体積を毎日計算し、月次で発生する保管手数料
返金の払戻し	FBA 注文に対し、Amazon に起因した返金額の払戻し
引当金	処理中のマーケットプレイス申請やチャージバックに備え、前後の決済期間で繰り越される金額
前期からの引当金残高	前決算から繰り越された金額で、現在の残高に合算される
月額登録料	大口出品者に請求される月額登録料
未請求	前決算期に残高がマイナスだったために請求できなかった金額

●サービス料金・その他の調整の種類

03 ビジネスレポートを理解する

Amazonでは、「ビジネスレポート」という売上に関する情報が提供されています。ここでは各画面の構成について説明します。

ビジネスレポートとは、簡単に言えば売上関連のデータのことです。例えば、どれくらいの訪問者が出品者のページを訪れているのか、出品している商品でどれだけの注文数があったのか、あるいはどれくらいの売上があったのかを、日別もしくは商品ごとに確認するためのレポートを抽出できる機能です。

ビジネスレポートは売上ダッシュボード、ビジネスレポート、Amazon 出品コーチの３つの機能で構成されています。Amazon 出品コーチについては、204 ページで詳しく解説します。

●ビジネスレポートを理解する

売上ダッシュボード

売上ダッシュボードは日・週・月・年単位での売上比較ができる機能です。約 1 時間ごとに更新されます。

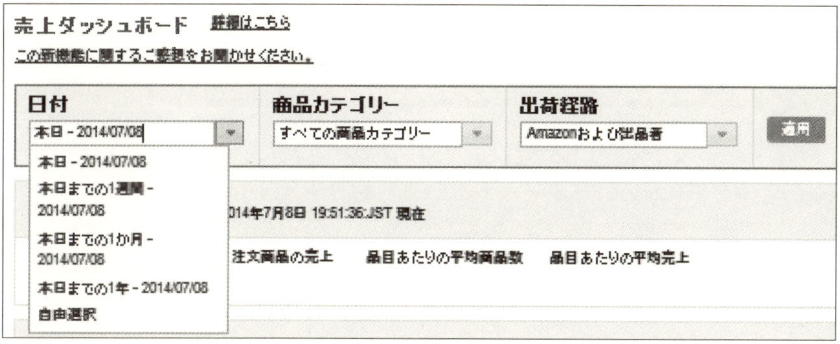

●売上ダッシュボード

項目	説明
売上スナップショット	日付、商品カテゴリー、出荷経路での絞り込みができる。それぞれの抽出条件に応じて「注文品目数」、「注文商品数」、「注文商品の売上」、「品目あたりの平均商品数」、「品目あたりの平均売上」のデータが表示される
売上の比較	売上情報をグラフまたは表形式で閲覧できる。ページ上部の日付（期日別フィルター）の選択にしたがって情報が表示され、本日の売上と、昨日、先週の同じ曜日、昨年の同日の売上などと比較が可能。同様に週別、月別、年別の売上比較も可能なうえ、期日を自由に選択することもできる
カテゴリー別売上	売上をカテゴリー別に分析できる。設定により、上位 5 ／ 10 ／ 20 までのカテゴリーを表示できる。 左側の表には、そのカテゴリーの販売点数と、販売点数割合が表示され、右側では、カテゴリー別の注文商品の売上高と、総売上に占める売上比が表示される

●売上ダッシュボードの項目

ビジネスレポート

ビジネスレポートでは、さまざまなデータを閲覧できます。ビジネスレポートのページにはセラーセントラルの「レポート」タブより移動できます。

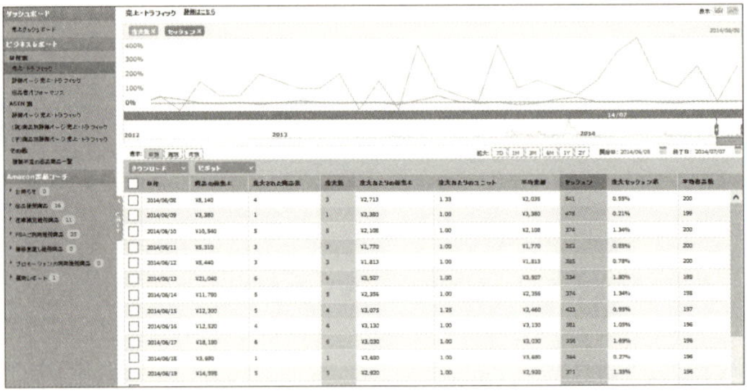

●ビジネスレポート

項目		説明
日付別	売上・トラフィック	日付別・期間別の売上と、売上にまつわる情報。注文数を中心に表示される
	詳細ページ 売上・トラフィック	日付別・期間別の売上と、売上にまつわる情報。商品詳細ページのページビューなどを中心に表示される
	出品者パフォーマンス	日別・期間別の返金の割合や、評価・否定的な評価が表示される
ASIN 別	詳細ページ 売上・トラフィック	ASIN 別の売上と、売上にまつわる情報が表示される
	（親）商品別詳細ページ 売上・トラフィック	ASIN 別（親）の売上と、ページビューなど売上にまつわる情報が表示される
	（子）商品別詳細ページ 売上・トラフィック	ASIN 別（子）の売上と、ページビューやセッションなど ASIN 別（親）よりも詳細な情報が表示される
その他	情報不足の出品商品一覧	出品商品情報の改善を推奨する商品が表示される

●ビジネスレポートの項目

ワンポイントアドバイス

ビジネスレポートの用語

ビジネスレポートに登場する用語の意味を理解しておきましょう。

用語	意味
セッション	商品ページを閲覧した購入者数
セッションのパーセンテージ	全体のセッション数に対しての割合
ページビュー	商品ページの表示回数
ページビュー率	全体のページビュー数に対しての割合
カートボックス獲得率	カートボックスを獲得できたページビューの割合
ユニットセッション率	セッションに対しての注文された商品数の割合

●ビジネスレポートの用語

セッションとページビューは単位が異なります。セッションは人単位であるのに対して、ページビューは表示単位です。

【例】１人が同じ商品ページを３回閲覧した場合⇒１セッション・３ページビュー

レポートをダウンロードする

日付欄の上にある［ダウンロード］をクリックすると、カンマ区切りのレポートをダウンロードできます。ダウンロードしたいレポートのボックスをチェックしてください。チェックされていない場合は、すべてのレポートがエクスポートされます。

表示を切り替える

［ピボット］をクリックすると、ビジネスレポートの表示を日付別からSKUパフォーマンスに切り替えられます。この機能は日付別のビジネスレポートでのみ見ることができ、ASIN 別では提供されていません。SKUパフォーマンスに切り替えたあとは、同じボタンが［日付別レポートに戻る］という表示に変わっていますので、このボタンをクリックすると日付別のビジネスレポートに戻ります。

ブックマークに登録する

好きな設定でレポートを作成したら、そのページをブラウザのお気に入り（ブックマーク）に登録するか、URL を保存しておくことで、あとから同じ設定で再度表示することができます。URL には現在の設定でレポートを表示させるためのパラメーターが含まれています。

情報不足の出品商品一覧

一覧の一番下に表示されている、［情報不足の出品商品一覧］を選択すると、在庫管理ページが開きます。在庫管理では、出品情報が未完成、もしくは不正確な商品を特定するための各種フィルターが提供されています。

ワンポイントアドバイス

レポートの算出方法

一般的なレポートとしては、売上・トラフィックがあげられます。下表は、売上・トラフィックの各項目の算出方法のまとめです。

項目名	算出方法
注文された商品の売上	商品の販売価格×販売点数
商品の総売上	注文された商品の売上の総額＋ギフト包装料の総額＋配送料の総額
注文された商品数	注文された商品数の合計
注文数	注文数の合計
注文あたりの商品の売上	（商品の販売価格＋ギフト包装料＋配送料）÷注文数
注文あたりのユニット	注文された商品数÷注文数
平均売値	（商品の販売価格＋ギフト包装料＋配送料）÷注文された商品数
セッション	セッションの合計

●レポートの算出方法

04 ビジネスレポートを活用する

ビジネスレポートでは、詳細で多量な分析情報が入手できます。
その活用方法を解説していきます。

とても便利なビジネスレポートですが、存在を知っていても活用方法がわからないという理由で、あまり多くの出品者に活用されていないようです。

では、どうすればビジネスレポートを有効に活用できるのでしょうか。いくつかの方法を紹介しましょう。

ワンポイントアドバイス

目的を持ってデータを見よう

ただデータを眺めているだけでは、売上向上の切り口はつかめません。例えば、売上を上げることを目標としてビジネスレポートを活用するとした場合、現在の出品方法でマイナス要因となっている箇所をデータから見つけて分析する必要があります。何のためにどのデータを抽出するのか、どのように改善するかなどの目的意識を持ってビジネスレポートを活用しましょう。

売上の方程式

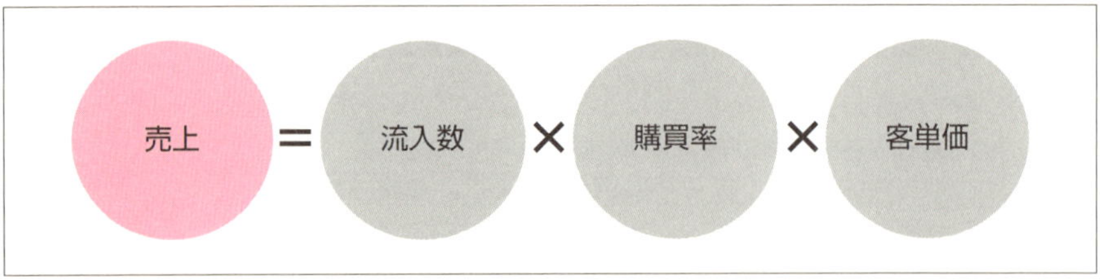

●売上の方程式

売上を上げるには、「流入数」「購買率」「客単価」という３つの要素が重要となります。ビジネスレポートの各商品のデータから、商品の問題点を洗い出し、販売力強化の対策をすべき商品を絞り込みましょう。例えば、流入数がたくさんある商品においては、流入数の最大化をするよりも購買率の最大化を目指した方が、より効果的です。

出品している商品の中で、どの商品のどこに問題があるのかを抽出することが、ビジネスレポートの有効活用方法のひとつです。

項目	流入数の最大化	購買率の最大化（カートボックス獲得率）	購買率の最大化（商品情報、出品情報）	客単価
商品タイトル	○		○	
メイン画像	○		○	
サブ画像			○	
商品説明文			○	
ブランド名	○		○	
検索キーワード	○			
ブラウズノード	○			
リファインメンツ	○			
商品価格	○	○	○	
配送納期	○	○	○	
ギフト設定			○	
決済手段（コンビニ決済、代引決済など）			○	
出品者評価		○		
コンディション説明			○	
プロモーション設定（条件つき割引など）			○	○

● 販売力強化のために最適化すべき項目一覧

上の表は、「流入数」「購買率」「客単価」を Amazon 出品サービスに当てはめた場合に、どういった項目がそれぞれに影響するのかをまとめた表です。以下に使い方の例を挙げます。

改善例：商品タイトルを改善する

「商品タイトル」を例にすると、「商品タイトル」を検索結果からクリックして、商品ページにたどり着くといった要素があります。つまりタイトルを工夫すれば流入数の最大化につながると言えます。

また、「商品タイトル」は「流入数の最大化」だけではなく、「購買率の最大化（商品情報、出品情報）」にも影響する項目となっています。例えば「モバイルバッテリー」を販売するとき、ただ「モバイルバッテリー」というタイトルでは情報が少ないので、「モバイルバッテリー 10000mAh ／ 2USB ポート同時充電可／ iPhone5S 5C 5 4S ／ iPad Air ／ iPod ／スマホ全機種対応」のように容量、対応機種、特徴などの情報を入れることによって、販売促進につながる可能性が高くなると考えられます。

表の内容について「商品タイトル」を例に説明をしましたが、項目が「商品説明文」なら「購買率の最大化（商品情報、出品情報）」、検索キーワードなら「流入数の最大化」に影響する項目である、と見ていきます。

つまり、「商品を絞り込んだときにどこを直せばよいのか」に着目して、出品情報や出品方法を改善し、売上の向上へつなげることがビジネスレポートの有効な活用方法のひとつです。

流入数アップの対策をすべき商品を探す

流入数がアップすれば、すぐに売上が上がる商品を探してみましょう。具体的には次のどちらかに当てはまる商品です。

①売上が高い商品

②ユニットセッション率（※）の高い商品

※ユニットセッション率＝購入者の訪問数に対して、注文された商品数の割合

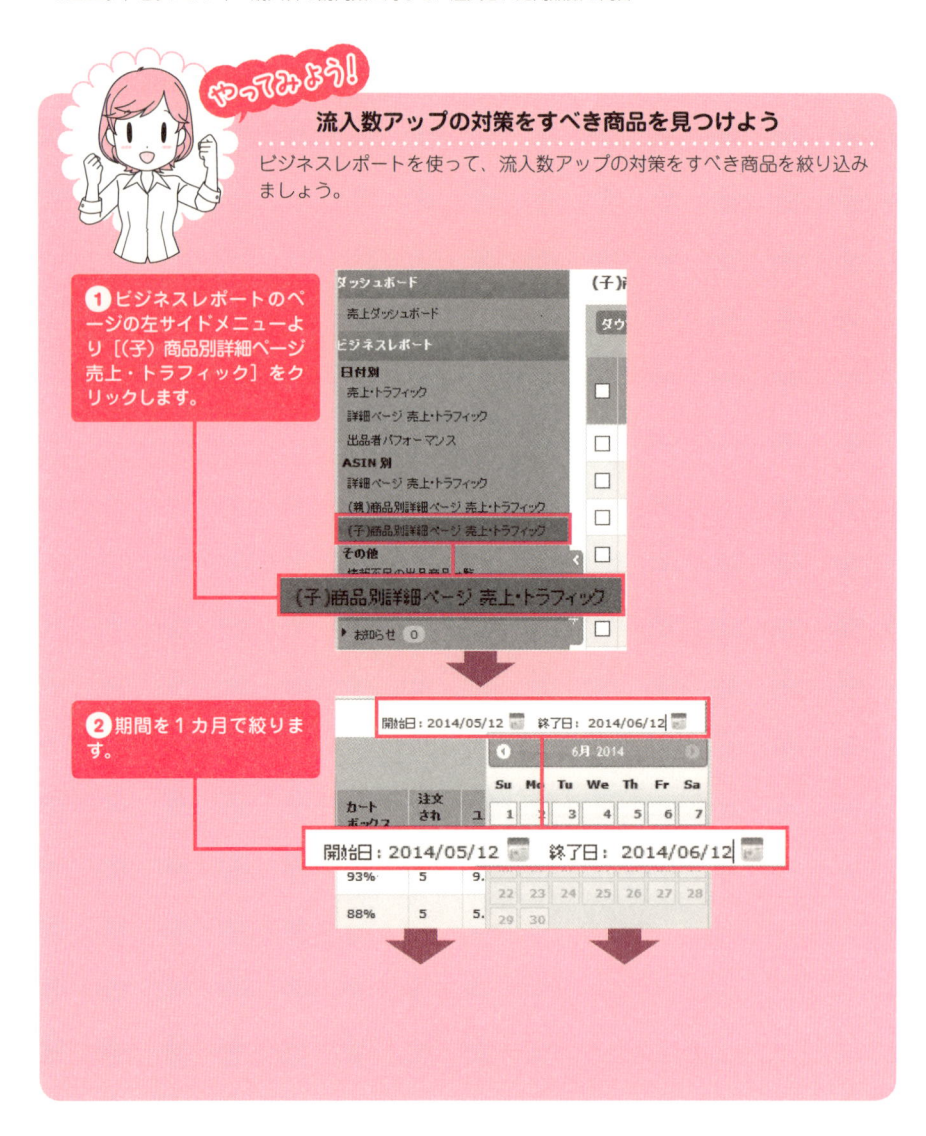

流入数アップの対策をすべき商品を見つけよう

ビジネスレポートを使って、流入数アップの対策をすべき商品を絞り込みましょう。

1 ビジネスレポートのページの左サイドメニューより［(子) 商品別詳細ページ 売上・トラフィック］をクリックします。

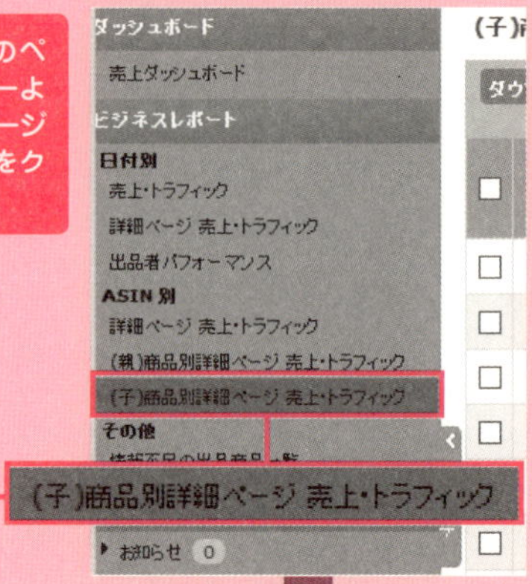

2 期間を１カ月で絞ります。

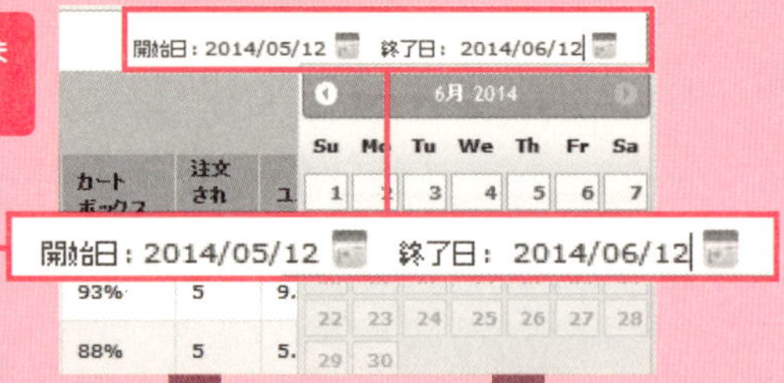

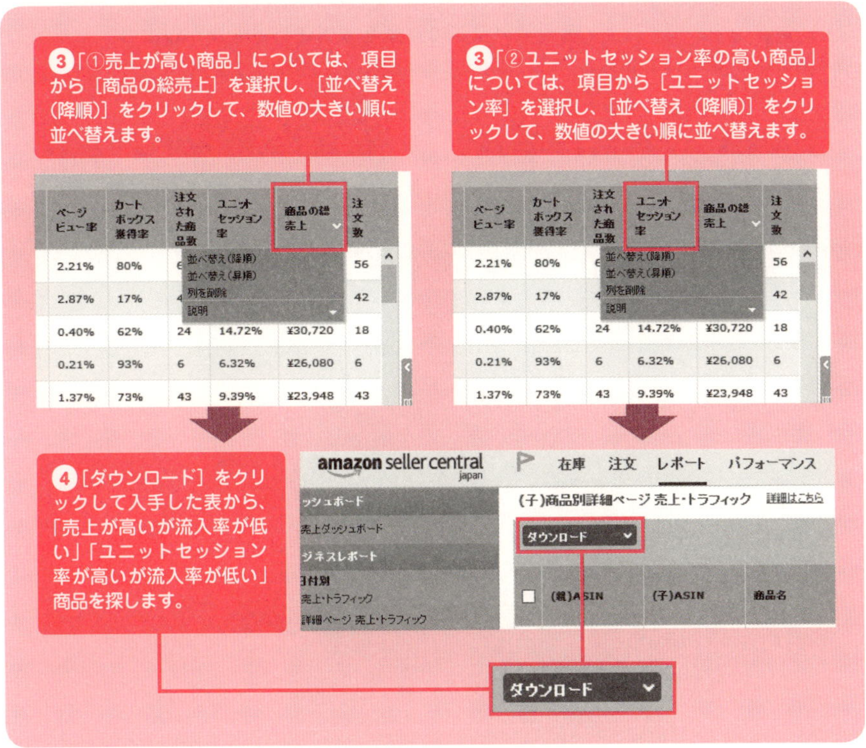
3「①売上が高い商品」については、項目から［商品の総売上］を選択し、［並べ替え（降順）］をクリックして、数値の大きい順に並べ替えます。
3「②ユニットセッション率の高い商品」については、項目から［ユニットセッション率］を選択し、［並べ替え（降順）］をクリックして、数値の大きい順に並べ替えます。
ページビュー率
カートボックス獲得率
注文された商品数
ユニットセッション率
商品の総売上
注文数
並べ替え(降順)
並べ替え(昇順)
列を削除
説明
4［ダウンロード］をクリックして入手した表から、「売上が高いが流入率が低い」「ユニットセッション率が高いが流入率が低い」商品を探します。
amazon seller central japan
在庫
注文
レポート
パフォーマンス
(子)商品別詳細ページ 売上・トラフィック
詳細はこちら
ダウンロード
(親)ASIN
(子)ASIN
商品名

購買率アップの対策をすべき商品を絞りこむ

購買率がアップすれば、すぐに売上が上がる商品を探してみましょう。具体的には次の3つのどれかに当てはまる商品です。

①売れ筋商品

②セッション数は多いが、カートボックス獲得率が低い商品（※）

※商品ページのページビューに対しカートボックスを獲得した割合、またはアカウント全体の平均と比較して獲得率が低いもの

③セッション数は多いが、ユニットセッション率が低い商品（※）

※商品ページを閲覧した人に対して注文された割合、またはアカウント全体の平均と比較してユニットセッション率が低いもの

②と③は似ていますが、少し内容が異なります。②と③の違いは以下のとおりです。

②はカートボックスを獲得できていなくて、ほかの出品者に購入機会を取られてしまうケースです。③はカートボックスを獲得しているけれど、購入につながっていないケースです。理由としては、商品ページの情報が不十分なことなどが考えられます。

やってみよう!

購買率アップの対策をすべき商品を見つけよう

ビジネスレポートを使って、購買率アップの対策をすべき商品を絞り込みましょう。

①「売れ筋商品」の絞込み手順については、「流入数アップの対策をすべき商品を見つけよう」で紹介した手順を参照してください。

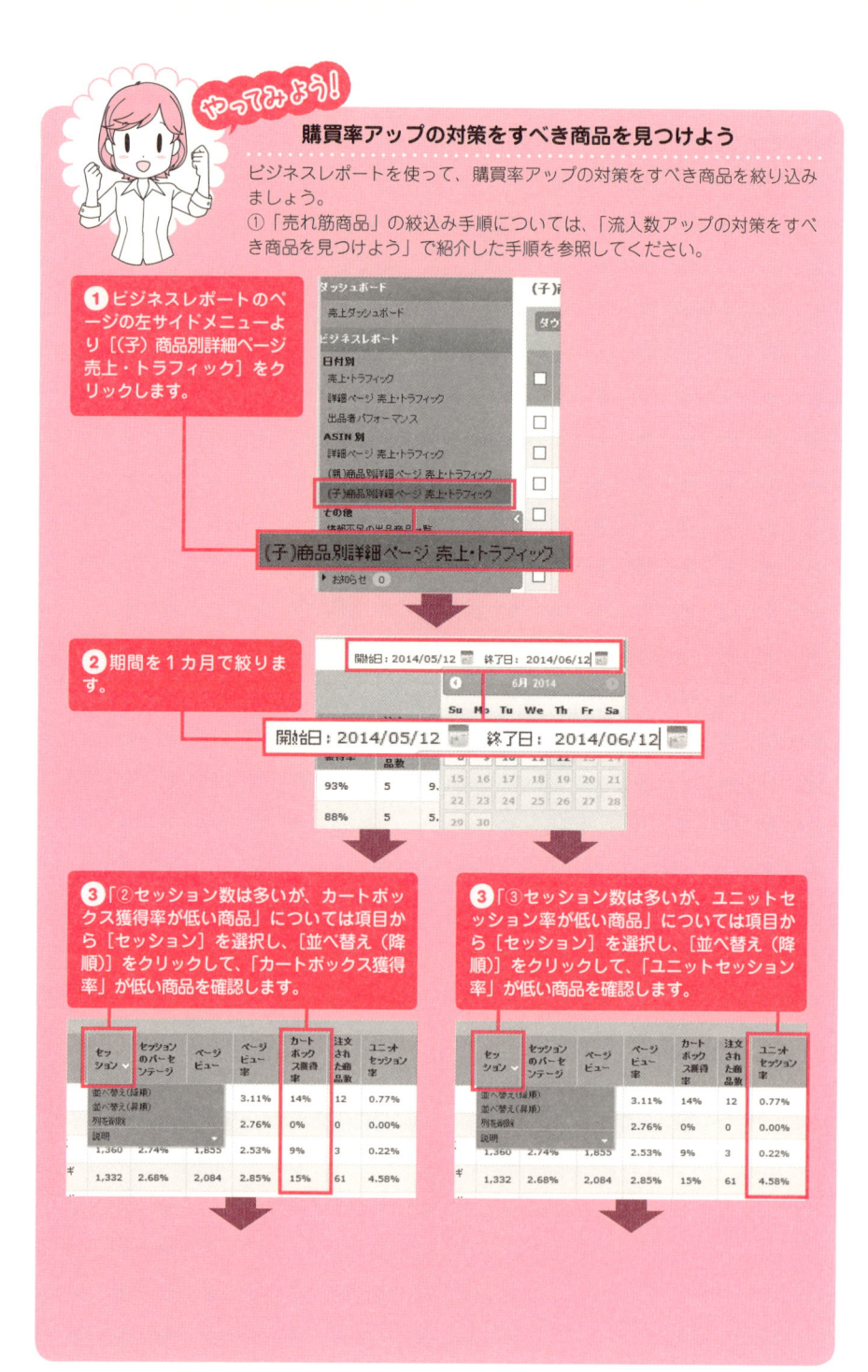

1 ビジネスレポートのページの左サイドメニューより［(子) 商品別詳細ページ 売上・トラフィック］をクリックします。

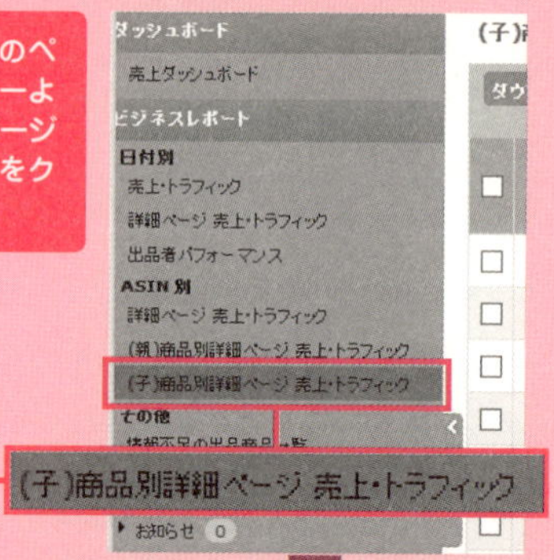

2 期間を１カ月で絞ります。

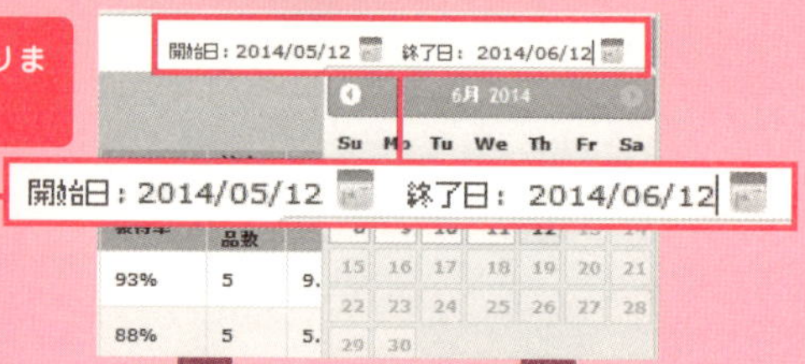

3「②セッション数は多いが、カートボックス獲得率が低い商品」については項目から［セッション］を選択し、［並べ替え（降順）］をクリックして、「カートボックス獲得率」が低い商品を確認します。

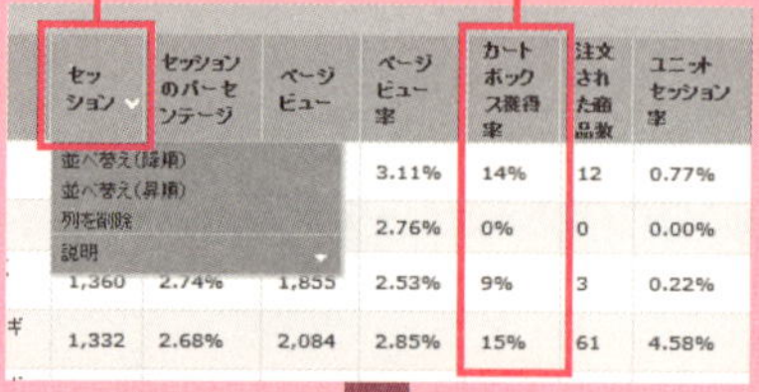

3「③セッション数は多いが、ユニットセッション率が低い商品」については項目から［セッション］を選択し、［並べ替え（降順）］をクリックして、「ユニットセッション率」が低い商品を確認します。

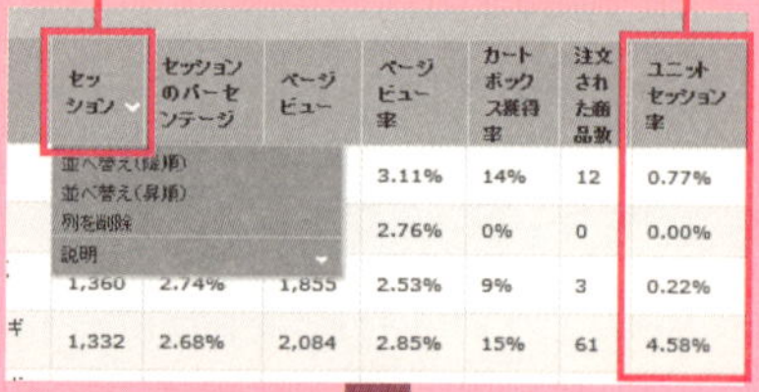

❹［ダウンロード］をクリックして入手した表から、「②セッション数は多いが、カートボックス獲得率が低い商品」「③セッション数は多いが、ユニットセッション率が低い商品」を探します。

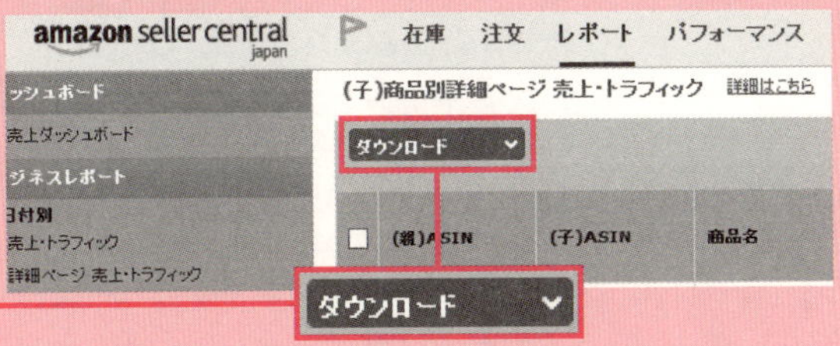

データをもとに最適化する

得られたデータを参考にして、流入数アップをしなければいけない商品については、199ページの「販売力強化のために最適化すべき項目一覧」の表から「流入数の最大化」に当てはまる各項目を最適化していきます。

流入数は多いけれど、カートボックス獲得率が低い商品については、表の「購買率の最大化（カートボックス獲得率）」に当てはまる項目を見直します。

カートボックス獲得率が高いけれど、ユニットセッション率が低い商品は表の購買率の最大化（商品情報、出品情報）に当てはまる項目を見直します。

このような形で、ビジネスレポートで得られたデータと「販売力強化のために最適化すべき項目一覧」の表を照らし合わせながら、具体的にどこを改善すればよいのかを見直していきましょう。

05 Amazon出品コーチを理解する

ビジネスレポートの機能のひとつ、Amazon 出品コーチについて説明します。

出品アカウントのトップページにもある「Amazon 出品コーチ」では、Amazon より販売向上のためのヒントやさまざまな提案がされます。Amazon 出品コーチは毎日更新され、在庫切れ商品や、FBA の利用を推奨する商品、そのほかのお知らせを通じて、販売向上の機会が提案されます。

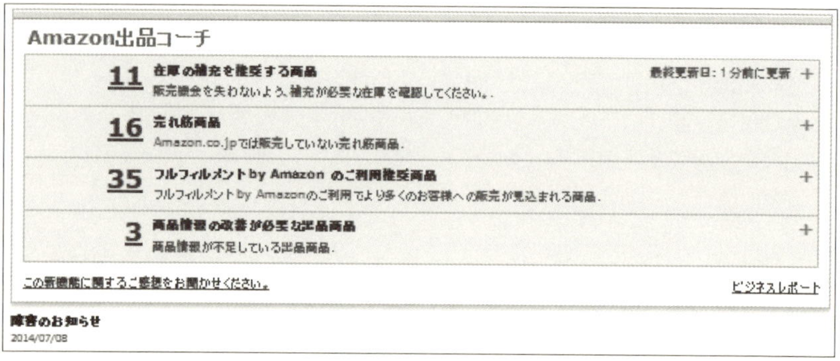

● Amazon 出品コーチ

在庫の補充を推奨する商品

最近の在庫・売上データをもとに、在庫が間もなく少なくなる可能性がある商品を表示しています。商品を切らすことなく継続して販売するためのアドバイスになっています。なお、在庫予測は出品者の過去 7 日間の販売実績にもとづきます。

出品推奨商品

過去 30 日間の調査で、Amazon で購入者による検索回数が多いものの、品薄だった商品が表示されます。

フルフィルメント by Amazon のご利用推奨商品

フルフィルメント by Amazon（FBA）を利用していない商品が、購入者によく検索されている場合に表示されます。第 2 部の第 4 章で紹介したような FBA の導入メリット（お急ぎ便や国内配送料無料など）により、さらなる売上アップが見込める商品です。

価格の比較を推奨する商品

同一商品を、他者がより安価で出品している場合の注意喚起機能です。ここでは、同じフルフィルメント条件かつ同じコンディションの出品商品の最低価格が表示されます。

商品情報の改善が必要な出品

商品情報が不足している場合に表示されます。すべての情報がそろっている商品は購入者に検索されやすくなるため、購入につながる可能性が高まります。

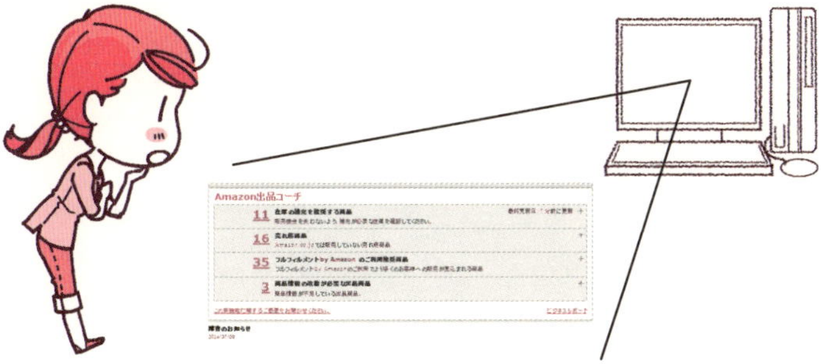

●出品コーチをチェックする

06 Amazon出品コーチを活用する

出品者の状況に応じて販売向上につながる情報を提供してくれるAmazon出品コーチ。実際に活用していきましょう。

Amazon出品コーチはセラーセントラルのトップページからも確認することができますが、通知設定をしておけば、出品されている商品で在庫が少なくなっているものや、よく閲覧されている商品、あるいはFBAの利用を推奨する商品などの情報を出品者の状況に合わせてカスタマイズして通知してくれます。

また複数ある情報から、希望するものだけに絞って通知を受け取ることも可能です。セラーセントラルにログインして、通知設定をすることでメールを受信できます。

やってみよう!

Amazon出品コーチの通知設定をしよう

Amazon出品コーチの通知設定の手順を説明します。

❶セラーセントラルの「設定」タブから［通知設定］をクリックします。

❷ページ下側にある「Amazon出品コーチの通知」の［編集］をクリックして編集画面へ進みます。

❸ Eメールアドレス入力欄に通知を受け取るアドレスを入力し、受け取りを希望する「通知タイプ」のチェックボックスにチェックを入れます。

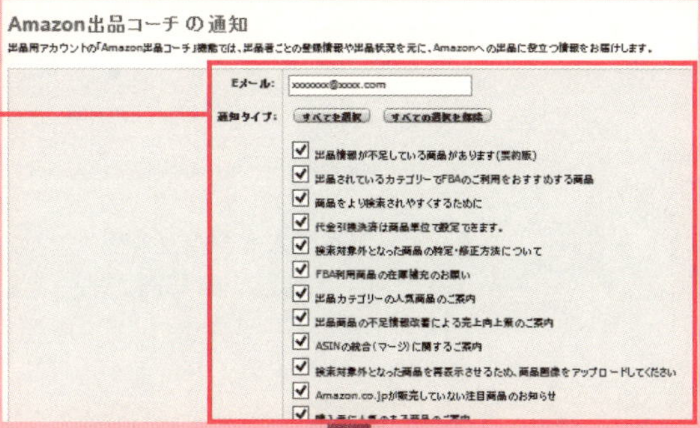

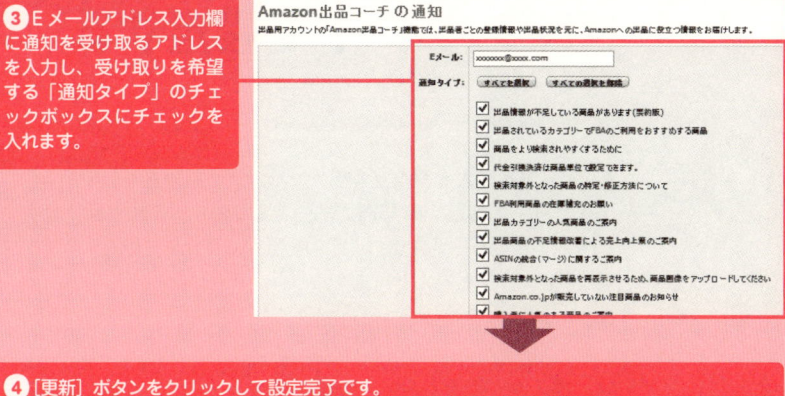

❹ [更新] ボタンをクリックして設定完了です。

COLUMN

Amazon出品コーチはお知らせタイマー

Amazon出品コーチは、「お知らせタイマー」のようなものと考えるとわかりやすいと思います。例えば、出品者が見落としてしまっている、在庫が少なくなっている売れ筋商品や、相場よりもかなり価格の開きがある商品などをメール通知で教えてくれます。

たまに新しい商品の仕入れを催促するような通知も来ますが、特に必要がないと思ったら、気にする必要はありません。

Amazon出品コーチからの通知で重要なのは、なかなか自分では気がつかない見落としがちな情報だったり、明らかに販売向上につながるであろうと予測できる情報です。

例えば、「在庫の補充を推奨する商品」という通知であれば、過去の販売実績をもとに在庫切れになるまでの予測日数を知らせてくれます。在庫切れになるまでの予測日数を参考に仕入れをすれば、売れ筋商品の販売機会を逃さず、売上アップにつなげることができます。

また、出品商品のブランド名と商品説明・仕様など商品情報の改善が必要な商品の通知もしてくれます。ブランド名や商品説明と商品の仕様がどちらも設定されてない商品は、検索・ブラウジング結果の表示から除外されますので、早急な対処が必要となります。Amazon出品コーチの通知には、このような注意を促す通知もありますので、必ず目を通しましょう。

07 ブラウズノードを設定する

Amazonでは購入者が商品を簡単に探すことができるように、各カテゴリーの商品を階層別に細分化しており、それぞれに固有のサブカテゴリー名およびIDを設定し、それらを総称して「ブラウズノード」と呼んでいます。

ブラウズノードは、購入者が商品を探すために活用されるだけに、出品者にとっても**集客へ直結**する重要な部分です。

ブラウズノードを設定することにより、大カテゴリーだけでなく、小カテゴリーのAmazonベストセラー商品ランキングが表示されるようになります。商品の出品時にはブラウズノードの設定を忘れないようにしましょう。

やってみよう!

ブラウズノードを設定しよう

ブラウズノードを設定する手順を見ていきましょう。

❶セラーセントラルの在庫タブより、「在庫管理」へ移動し、該当商品の「変更」タブから［詳細の編集］をクリックします。

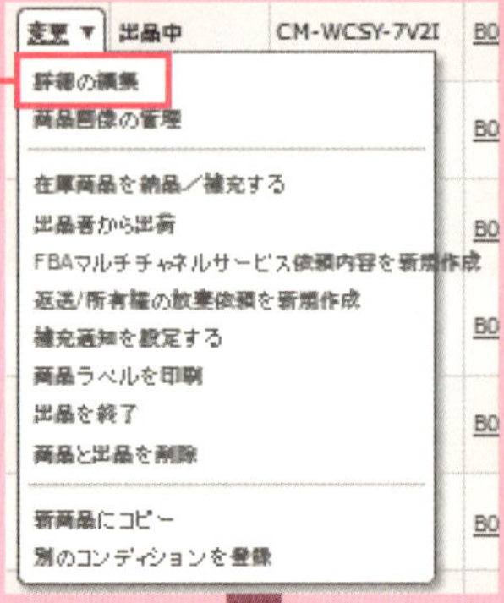

❷「詳細の編集」ページに移動したら、各情報の設定ページタブから［重要情報］をクリックします。

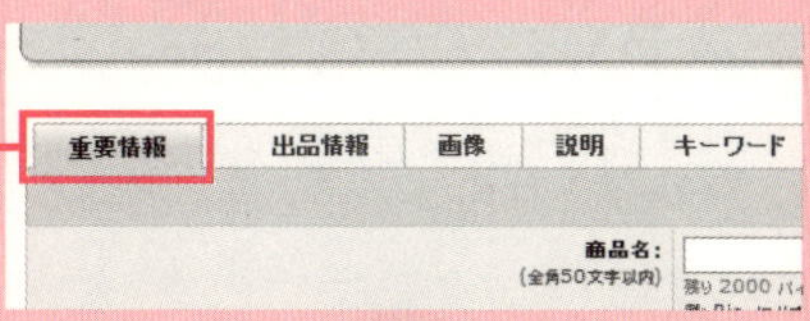

❸ページ下部の「推奨ブラウズノード」の項目にある［編集］をクリックします。「カテゴリーの編集」ページが開きますので、ふさわしいカテゴリーの詳細を設定して［設定］をクリックすると完了です。

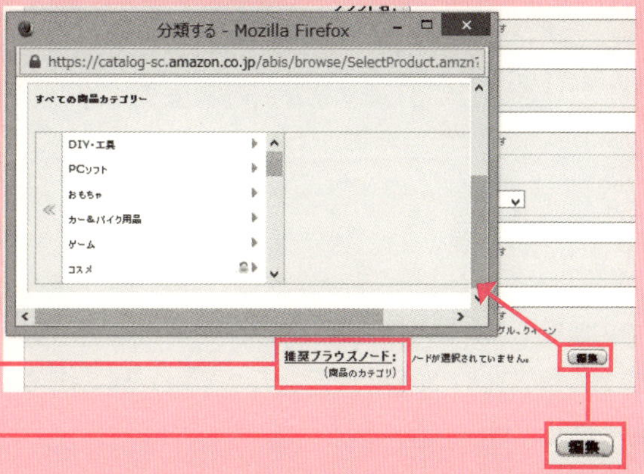

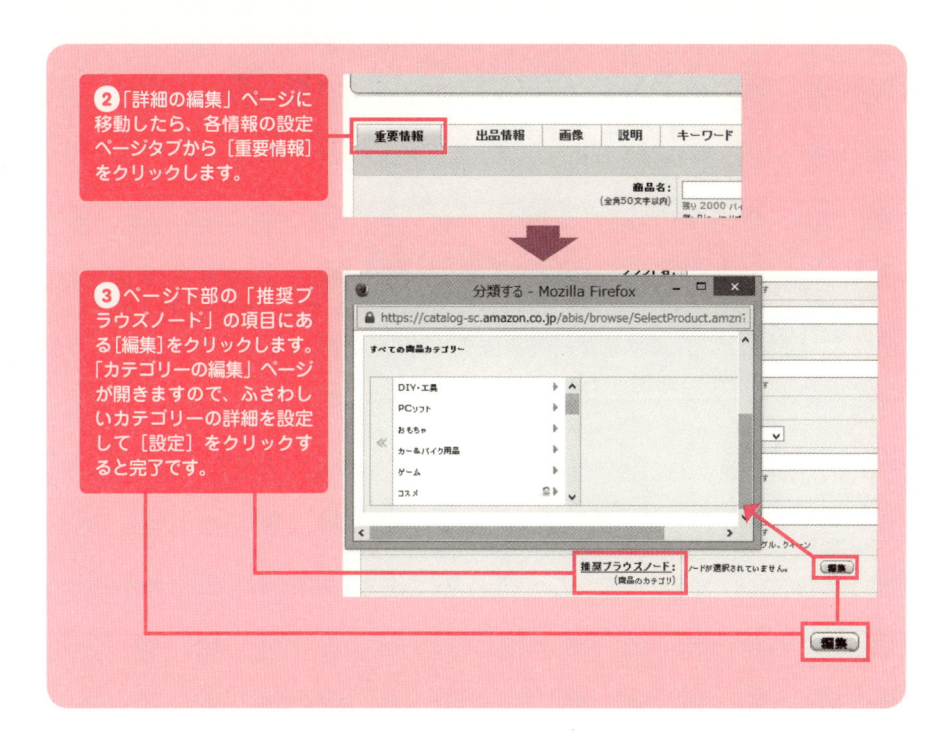

● ブラウズノードの設定により、複数のページに表示されるようになる

08 Amazon出品サービス掲示板をチェックする

Amazonのセラーセントラルの中に、「Amazon出品サービス掲示板」というコーナーがあります。それぞれの項目と、役立てるための見方を解説します。

Amazon出品サービス掲示板には、特集ストアへの出品案内や出品推奨レポート、Amazonマーケットプレイス出品成功者の体験談、Amazonマーケットプレイスでの販売のコツ、新システムの紹介やAmazonがマーケットプレイス出品者のために無料で開催しているウェブセミナーの案内などが掲載されています。うまく活用して、販売力強化に役立てましょう。

Amazon出品サービス掲示板へは、セラーセントラルのトップページの下部にある「Amazon出品サービス掲示板」のリンクよりアクセスできます。

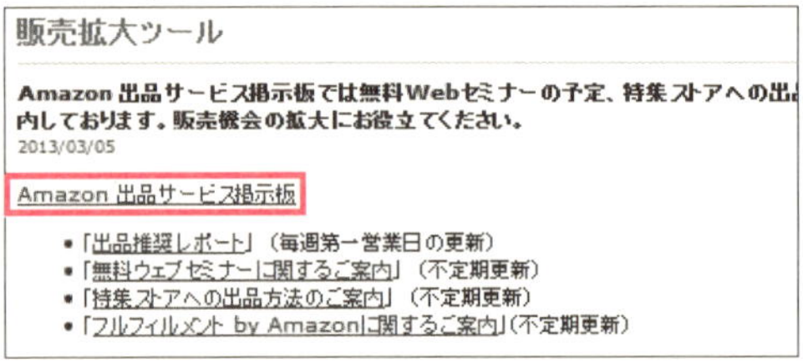

● Amazon出品サービス掲示板はここから見ることができる

● Amazon出品サービス掲示板

出品推奨レポート

出品推奨レポートでは、各カテゴリーごとの最新売上 TOP1,000 をテキストファイルで提供しており、毎週第 1 営業日に更新されます。Amazon 内で売れている商品ばかりですので、この出品推奨レポートの商品を中心にリサーチするのであれば、Amazon で売れる商品かどうかを心配する必要はありません。つまり、このリスト内の商品を安く仕入れられるところを探せば、効率的に利益が上がる商品を探すことができると言えます。

「Amazon のストア担当が厳選した出品推奨リスト」では、前週 1 週間の各カテゴリーの売れ筋商品（金額ベース）のランキングが提供されています。ここでは FBA 推奨や急上昇、出品数、FBA 出品数、直販出品（Amazon 小売部門）の有無など、細かなデータを閲覧することが可能です。

また、ほかにも「FBA を利用することで販売機会の拡大が見込まれる商品リスト」や「購入者からの需要が高まっているリスト」など、出品者が販売機会を拡大させるためのさまざまなリストが提供されています。

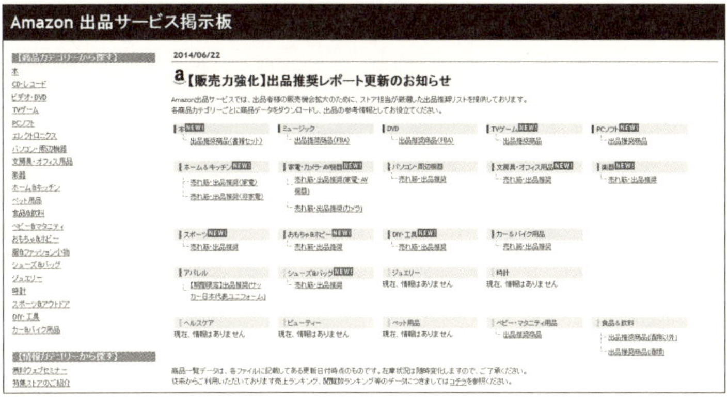

●出品推奨レポート

無料ウェブセミナー

Amazon ではマーケットプレイスの出品者への出品・販売のサポートとして、無料のウェブセミナーを開催しています。ウェブセミナーとは、インターネット上で行われるセミナーのことで、インターネット接続が可能な場所であれば、どこからでも参加可能です。Amazon の各カテゴリー専門の担当者が、Amazon の所有するデータにもとづいて解説するセミナーなので、わかりやすく実用的です。

また、過去に開催されたウェブセミナーも YouTube にアップロードされていますので、視聴したいテーマのセミナーがあれば無料で視聴することができます。

2014年7月の無料ウェブセミナー開催のご案内

2014年7月に開催を予定しているウェブセミナーをご案内いたします。

その場でAmazonセミナー講師へ質問できる

参加型無料ウェブセミナー

販売力強化！

「わからない」を解決して、出品・販売に活かす

› 今すぐチェック

ウェブセミナーでは、ここでしか聞けない出品のテクニックや、売上アップのヒントをわかりやすく解説します。
参加は無料となりますので、Amazon.co.jpでの出品・販売のご参考にしていただけますと幸いです。

※2014年1月からウェブセミナーがリニューアルしました！
より便利に参加しやすく、ウェブセミナーがリニューアルしました。
主な変更点や新しいウェブセミナーへの参加方法など、詳細はこちらをご覧ください。
http://aws.typepad.com/marketplace_jp/2014/01/omnovia.html

※セミナー当日は参加できない方や、自分の都合の良い時間に講義を聴きたい方は、
こちらのウェブセミナーの動画から受講してください。
⇒ https://sellercentral.amazon.co.jp/gp/help/201069910

● 無料ウェブセミナーの例

販売のコツ

販売のコツでは、シーズンのイベントなどに合わせて、販売を促進するためのアドバイスが書かれています。Amazonが蓄積しているデータからの分析であり、具体的な数字やグラフを用いて解説しているので、信頼性が高いと言えます。販売促進のために必要なツールなども紹介されています。

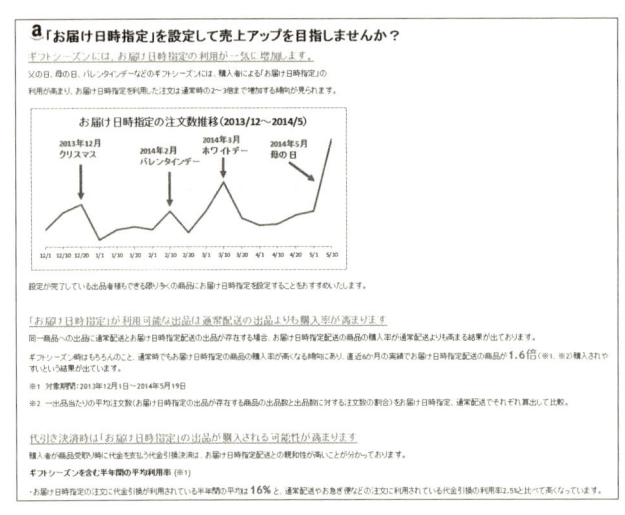

「お届け日時指定」を設定して売上アップを目指しませんか？

ギフトシーズンには、お届け日時指定の利用が一気に増加します。

父の日、母の日、バレンタインデーなどのギフトシーズンには、購入者による「お届け日時指定」の
利用が高まり、お届け日時指定を利用した注文は通常時の2～3倍まで増加する傾向が見られます。

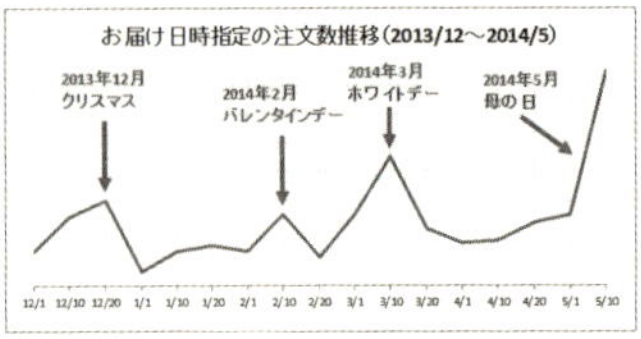

設定が完了している出品者様もできる限り多くの商品にお届け日時指定を設定することをおすすめいたします。

「お届け日時指定」が利用可能な出品は通常配送の出品よりも購入率が高まります

同一商品への出品に通常配送とお届け日時指定配送の出品が存在する場合、お届け日時指定配送の商品の購入率が通常配送よりも高まる結果が出ております。

ギフトシーズン時はもちろんのこと、通常時でもお届け日時指定の商品の購入率が高くなる傾向にあり、直近6か月の実績でお届け日時指定配送の商品が1.6倍（※1、※2）購入されやすいという結果が出ています。

※1 対象期間：2013年12月1日～2014年5月19日

※2 一出品当たりの平均注文数（お届け日時指定の出品が存在する商品の出品数と出品数に対する注文数の割合）をお届け日時指定、通常配送でそれぞれ算出して比較。

代引き決済時は「お届け日時指定」の出品が購入される可能性が高まります

購入者が商品受取り時に代金を支払う代金引換決済は、お届け日時指定配送との親和性が高いことが分かっております。

ギフトシーズンを含む半年間の平均利用率（※1）

・お届け日時指定の注文に代金引換が利用されている半年間の平均は16%と、通常配送やお急ぎ便などの注文に利用されている代金引換の利用率2.5%と比べて高くなっています。

● 販売のコツの例

09 Amazon テクニカルサポートを利用する

Amazon では、出品者のためにさまざまなサポートを用意しています。出品前はもちろん、出品後もテクニカルサポートを利用できます。

出品に関することはもちろんですが、疑問に思ったことやセラーセントラルの使用方法など、わからないことがあれば何でもテクニカルサポートに聞いてみましょう。

あらゆる質問に対して、電話または E メールで丁寧に対応してくれます。電話での対応は平日の 9 時から 18 時までです。それ以外の時間帯でも、メールで問い合わせできます。

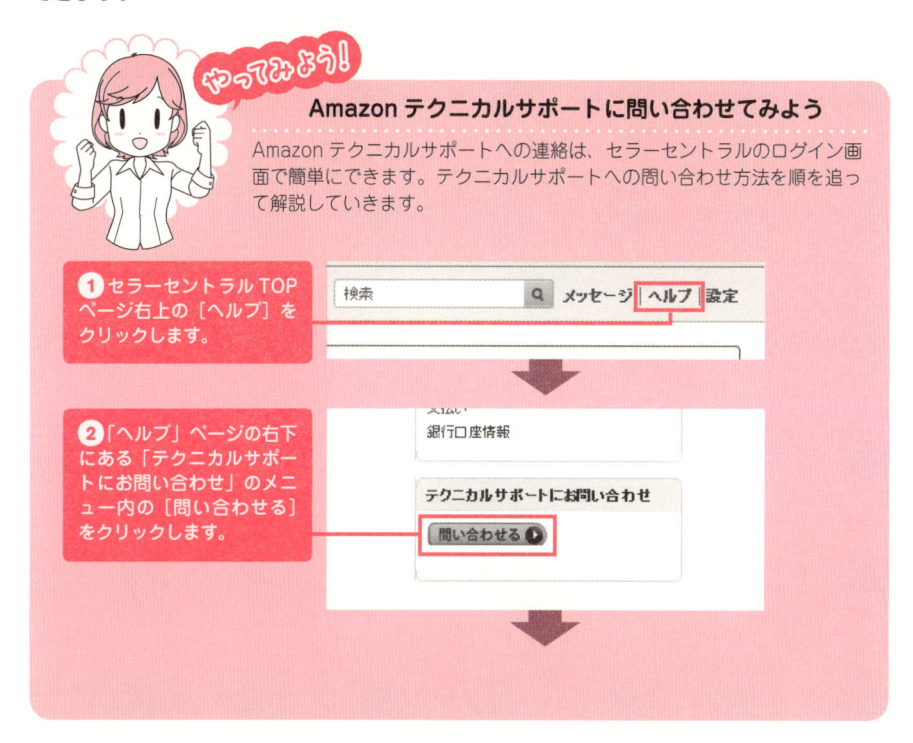

やってみよう!

Amazon テクニカルサポートに問い合わせてみよう

Amazon テクニカルサポートへの連絡は、セラーセントラルのログイン画面で簡単にできます。テクニカルサポートへの問い合わせ方法を順を追って解説していきます。

❶ セラーセントラル TOP ページ右上の［ヘルプ］をクリックします。

❷「ヘルプ」ページの右下にある「テクニカルサポートにお問い合わせ」のメニュー内の［問い合わせる］をクリックします。

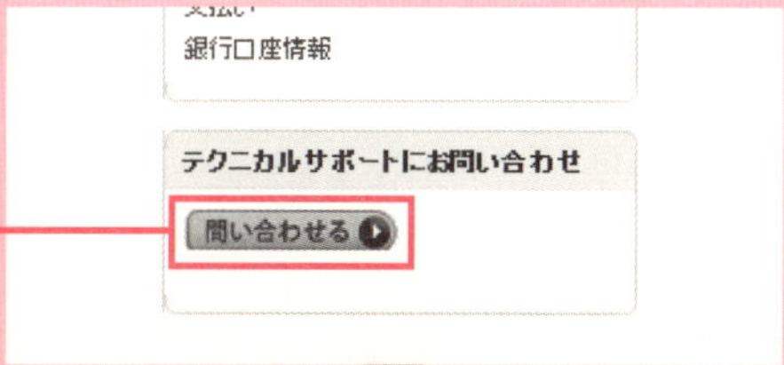

❸「どのような問題でお困りですか？」にあるメニューの中から、問い合わせたい内容に当てはまる項目を選択します。

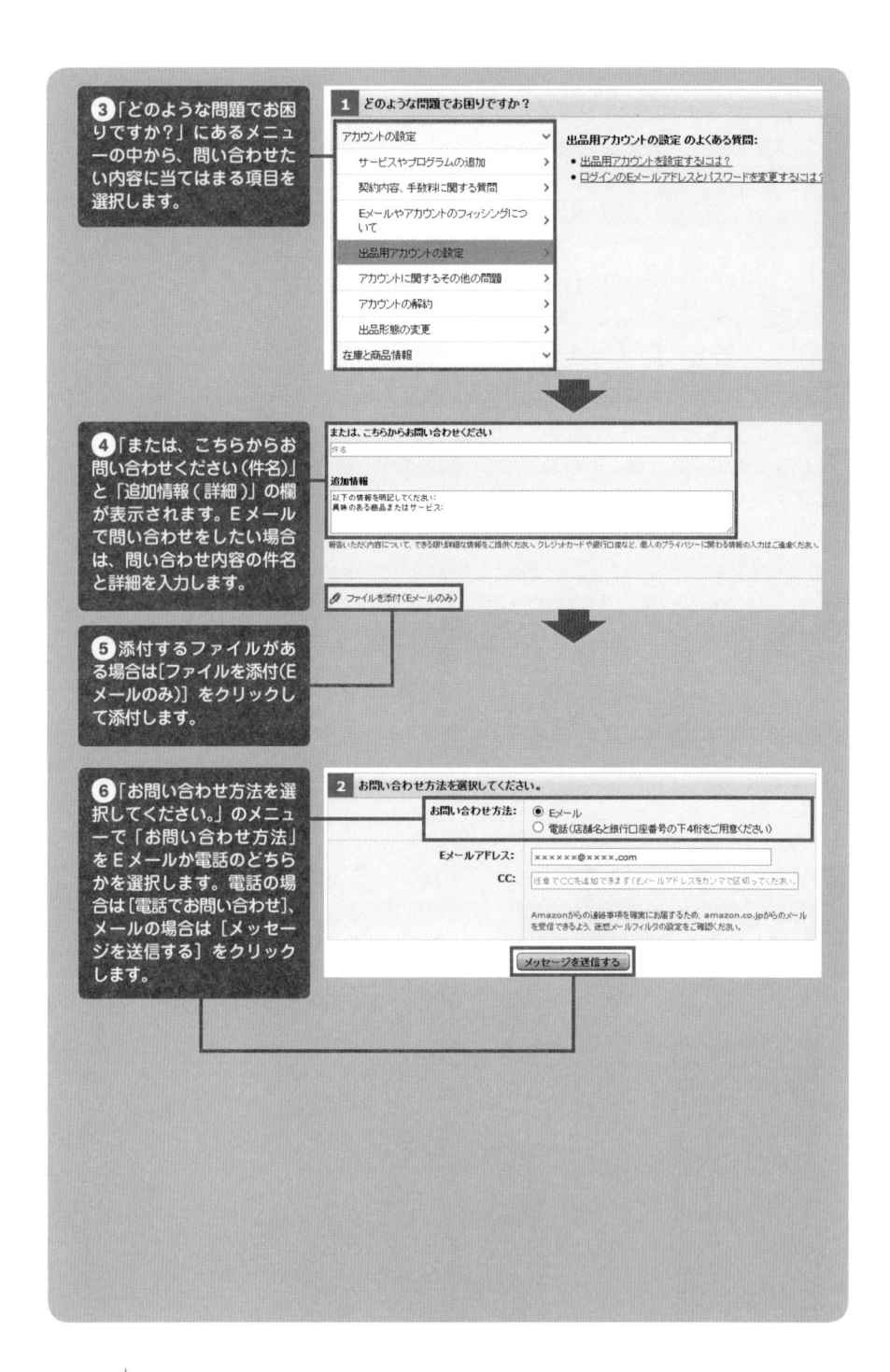

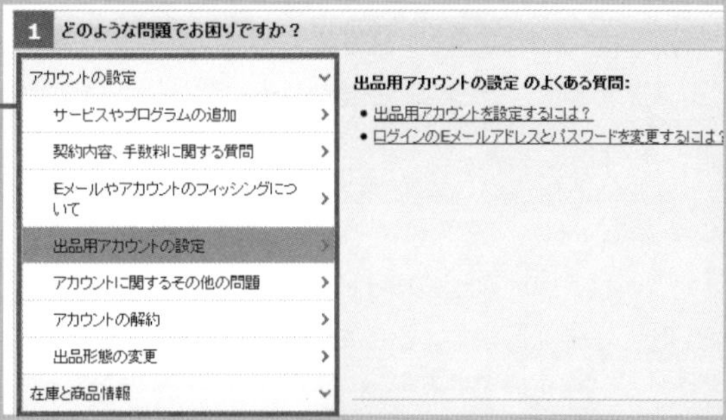

❹「または、こちらからお問い合わせください（件名）」と「追加情報（詳細）」の欄が表示されます。Eメールで問い合わせをしたい場合は、問い合わせ内容の件名と詳細を入力します。

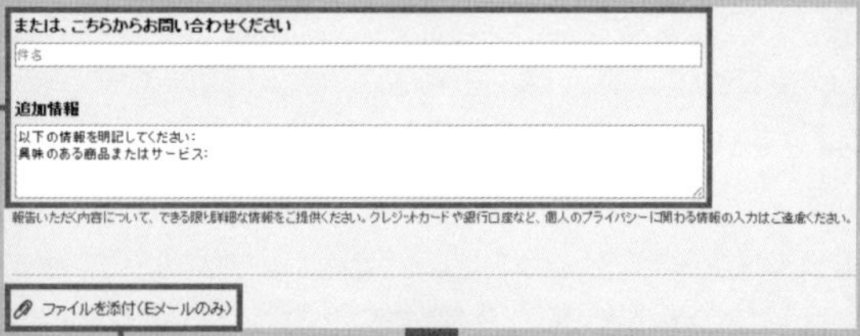

❺添付するファイルがある場合は［ファイルを添付（Eメールのみ）］をクリックして添付します。

❻「お問い合わせ方法を選択してください。」のメニューで「お問い合わせ方法」をEメールか電話のどちらかを選択します。電話の場合は［電話でお問い合わせ］、メールの場合は［メッセージを送信する］をクリックします。

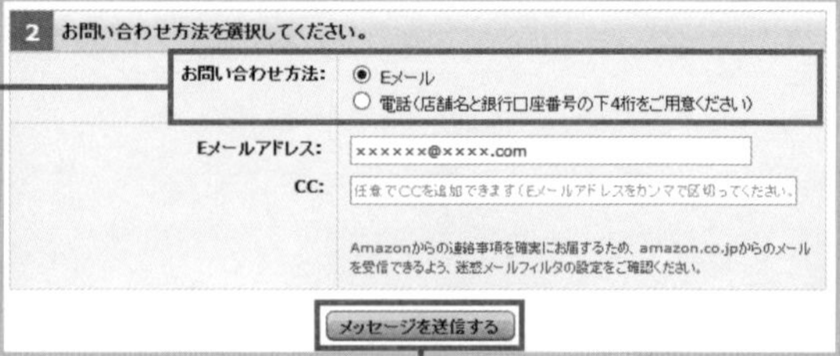

ワンポイントアドバイス

テクニカルサポートの対応時間

電話で問い合わせをする場合、Amazon から折り返しの電話がかかってきます。ただし、電話対応の時間は月曜日から金曜日の 9:00-18:00 に限られています。メールでの問い合わせでは、だいたい 24 時間以内で返答がきます。状況によって問い合わせ方法を選んでご利用ください。

テクニカルサポートの電話番号

こちらから電話をかけられる、テクニカルサポートも用意されています。
テクニカルサポート　TEL　0120-999-373（平日 9:00 ～ 18:00）

● テクニカルサポートで疑問を解決する

10 「人気」「お得」マークを獲得する

Amazonの商品一覧ページを見ると、商品画像に「人気」や「お得」といったマークが表示されている事があります。すぐ目に入るところに表示され、購入者にはAmazonが選考してつけているように見えますので、注目を集めることは間違いないでしょう。

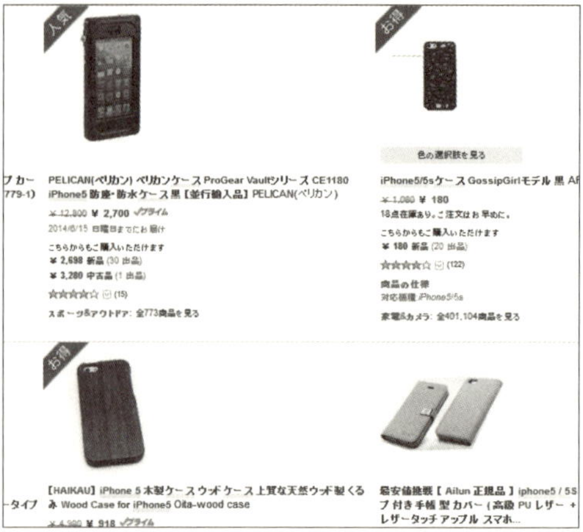

●商品一覧ページに表示される「人気」マークと「お得」マーク

これらのマークがどんな基準でつけられるものなのか、Amazonから明確な基準は発表されていません。傾向を分析すると「人気マーク」はAmazonベストセラー商品ランキングに影響され、「お得マーク」は参考価格と販売価格の価格差に影響されていると推測できます。

参考価格とは

Amazonの参考価格とは、商品に印字されている価格、メーカーや販売元が設定した希望小売価格、または参考小売価格です。独自の商品であれば、独自設定した参考価格になります。

商品詳細ページでは、参考価格を設定した場合は参考価格に訂正線が引かれ、割引された価格とパーセンテージが表示されます。ページを訪問した購入者から見れば、これだけでもお得感を感じます。

参考価格は自分で設定できる

参考価格の設定は、Amazon カタログに新規出品する商品なら難しくありません。ただし、すでにカタログに掲載されている商品では変更できないのと、メーカーや販売元が設定した希望小売価格以外は設定できない決まりになっていますので、ご注意ください。

Amazon カタログに新規出品する商品であれば、参考価格の設定をしておいても損はありませんので、設定することをおすすめします。

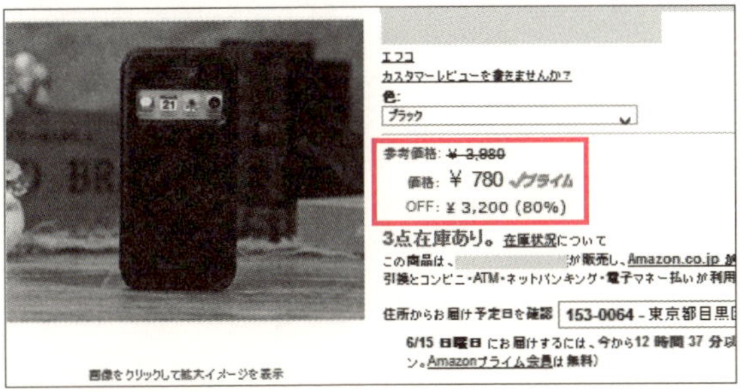

●参考価格が表示された例

参考価格を設定しよう

参考価格を設定してみましょう。

❶ セラーセントラルから「在庫」タブ下の［在庫管理］をクリックして「在庫管理」ページに進み、「変更」タブ下の［詳細の編集］をクリックします。

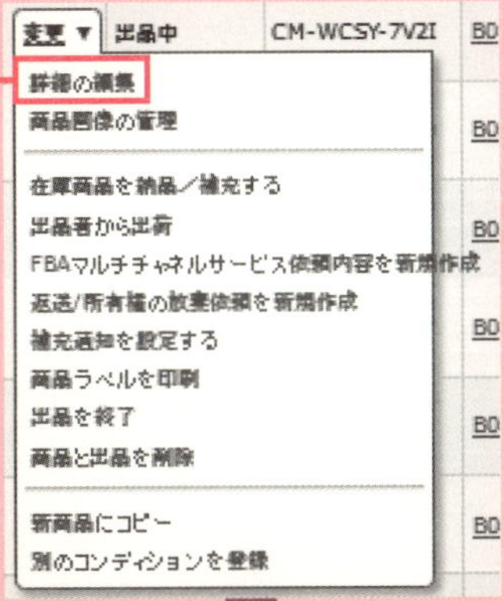

❷各編集の項目タブから［詳細］をクリックして、「詳細」の編集画面へ進みます。「メーカー希望価格」の欄に設定する参考価格を入力します。

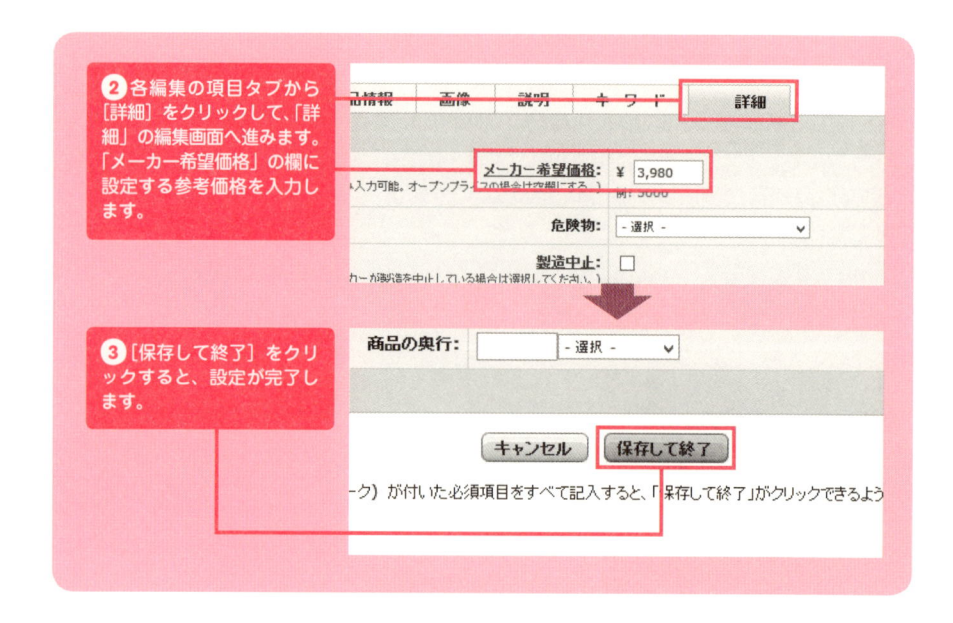

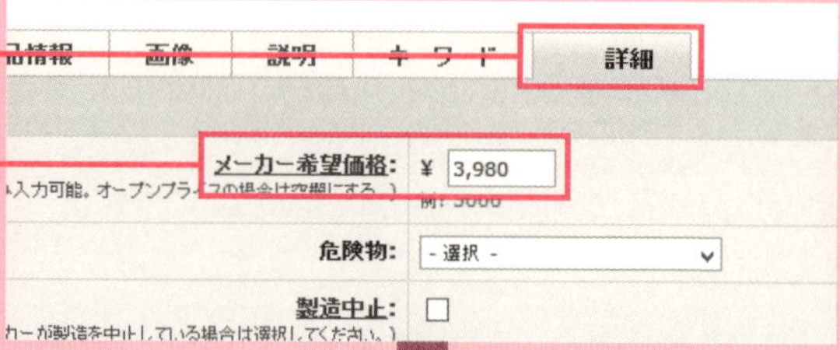

❸［保存して終了］をクリックすると、設定が完了します。

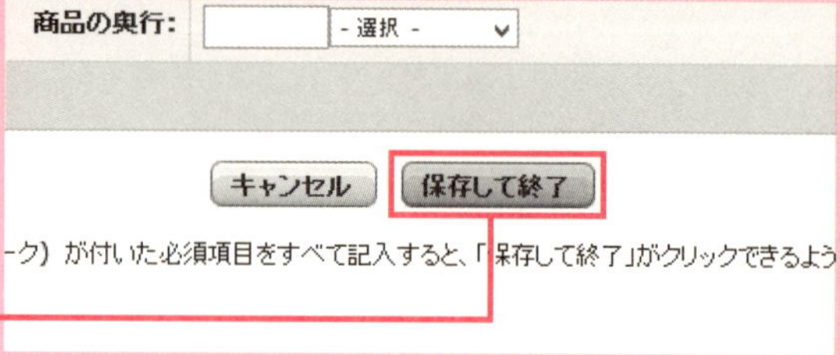

ワンポイントアドバイス

参考価格を有効活用するには

ストアに並ぶほとんどの商品に参考価格を設定して、価格を大幅に値下げした価格設定にしてしまっては、ストアに訪れたユーザーから見た場合、あまりお得感を感じません。
在庫の中でも特に売りたい商品に対して、参考価格から大きな価格差をつけると注目度が上がり、効果が期待できます。

chapter

7

長く売り続けるお店にする

「ローマは一日にして成らず」という言葉があります。事業は積み重ねがなくては完成しないという意味です。同じように繁盛店もいきなりできるものではありません。評判やクチコミなどを通じてユーザーの信頼を得て、少しずつ顧客を増やしながら発展していくものです。今までに解説してきたテクニックや知識も大事ですが、時間をかけてお店を育てていくことも重要となります。この章では時間をかけてお店を成長させていくためのポイントを解説していきます。

01 出品者のパフォーマンスを上げる

出品者のパフォーマンスを上げるコツを紹介します。

Amazonでは、購入者が安心してショッピングを楽しめるように、出品者に対してパフォーマンスの指標を定めています。これは、ビジネスにおいて顧客の信頼を維持することは非常に重要な要素であるというAmazonの考えからです。このため、Amazonではマーケットプレイスの出品者に対しても、この要素が重要であると考えています。

Amazonは出品者パフォーマンスの3つの要素「評価」「Amazonマーケットプレイス保証の申請率」「返金率」の指標を定めることにより、顧客からの信頼の維持に努めています。

参考・引用元　Amazonヘルプページ
URL http://www.amazon.co.jp/gp/help/customer/display.html/ref=hp_rel_topic?ie=UTF8&nodeId=200421170

評価

出品者に対する評価は購入者の満足度を示しています。評価の指標は全体の評価から、マイナス評価（星1つあるいは2つ）がつけられた割合で計算されます。マイナス評価が少ない出品者ほど、顧客を大事にした取引を行っているという見方ができます。

Amazonマーケットプレイス保証の申請率

取引において問題が生じた場合に積極的に解決に取り組む出品者は、結果としてAmazonマーケットプレイス保証を申請されることが少なくなり、購入者の満足度につながります。Amazonマーケットプレイス保証の申請率は、申請されたすべての注文の割合を元に計算されます。

返金率

返金は例えば、在庫切れやコンディション説明が充分でなかった場合に発生することが考えられます。返金率の高い出品者は、出品商品の管理に問題があると見られます。返金率は発送された商品数のうち、返金された商品数の割合で計算されます。

出品者パフォーマンスの目標

Amazon に出品するすべての出品者には、下表の目標を達成し、これを維持することが求められています。

項目	説明
評価	マイナスの評価が評価全体の 5% 以内である
Amazon マーケットプレイス保証の申請率	Amazon マーケットプレイス保証の申請率が受注した注文全体の 0.5% 未満である
返金率	1 カ月の返金率が当月の受注数の 5% 未満である

●出品者パフォーマンスの目標

もし、出品者パフォーマンスが Amazon の定めた目標を下回ってしまうと、出品アカウントの停止などにつながりますので、気をつける必要があります。

上記の目標は Amazon において良好な購入者サービスの基準となる数値です。評価の情報はサイト上で出品者ごとに明示されますので、よりよいパフォーマンスを達成している出品者は、そのパフォーマンスのよさを購入者にアピールすることができます。

多くの出品者はこの目標を上回ったサービスを提供していますので、よりよいパフォーマンスを達成することがビジネスの向上につながります。

02 顧客満足指数を調べる

顧客満足指数について調べてみましょう。

顧客満足指数ページでは、取引における顧客の満足度に関する情報を確認できます。それぞれを確認して、顧客に対するパフォーマンスが充実しているか見直してみましょう。

項目	説明
優良注文率	完成度が高く遂行された注文の割合。問題なく受注、処理され、出荷された注文が対象となる
注文不良率	注文がマイナスの評価を受けた割合や、Amazon マーケットプレイス保証およびチャージバックが申請された割合を元に算出される。注文不良率では、全体的なパフォーマンスを１つの指標で確認できる
出荷前キャンセル率	Amazon を利用して販売された商品の在庫状況を示す指標
出荷遅延率	出荷予定日から３日を超えて出荷通知が送信された注文は出荷遅延とみなされる
返金率	返金率が高い場合、在庫切れやコンディション説明の不備などが多いことが考えられる

●顧客満足指数の項目

パフォーマンス目標

Amazon に出品する出品者は、以下の目標を達成し、かつ継続することが求められています。

- 注文不良率　1% 未満
- 出荷前キャンセル率　2.5% 未満
- 出荷遅延率　4% 未満

パフォーマンス目標を達成できなかった場合

パフォーマンスを達成できなくても、必ずしもアカウントに問題があったとは見なされませんが、改善を怠った場合はアカウントにマイナス評価を与えられる可能性があります。

パフォーマンス目標を大きく下回ってしまうと、出品ができなくなったり、出品アカウントが削除されてしまったりすることがあるので注意が必要です。出品用アカウントの状態については下表の種類があります。

項目	説明
出品中	Amazon への出品権限があり、売上も通常の決済周期で振り込まれる
調査中	Amazon への出品権限はあるが、状況を Amazon の担当部署が調査しており、売上の入金も調査完了まで一時的に保留になっている
出品停止中	Amazon に出品することができず、売上の入金も一時的に保留になっている

●出品用アカウントの状態

パフォーマンスのチェックリスト

パフォーマンスのチェックリストには、アカウントの健全性を示すパフォーマンス状況の一覧が表示されます。

●パフォーマンスのチェックリスト

緑色のチェックマーク

緑色のチェックマークは、Amazon が求めるパフォーマンス目標を達成できていることを示しています。

●緑色のチェックマーク

黄色の「！」マーク

黄色の「！」マークは、出品者が Amazon の求めるパフォーマンス目標を達成できていないことを意味し、パフォーマンスを向上させるための対策を講じなければなりません。

この時点では、出品者が購入者の満足度向上に取り組んでいる期間と仮定されますので、すぐに出品用アカウントに影響が及ぶことはありませんが、早急な改善が必要です。

●黄色の「！」マーク

赤い「×」印

赤い「×」印は、Amazon が求めるパフォーマンス目標に達成していなく、長期にわたってその状態が続いた場合には、出品権限が一時停止される可能性があることを示します。

●赤い「×」印

項目	説明
キャンセル率	特定の期間を対象に、出荷通知送信前に出品者がキャンセルした注文を注文総数で割って算出される。出品者がキャンセル処理を行った注文のキャンセル理由がいかなるものであってもこの指標の対象となる
ポリシー違反	通知ページに未読のメッセージがあるかどうかを確認できる。通知ページでは、2009 年 2 月 4 日以降の重要な通知のコピーが掲載されている。通知には、パフォーマンスやポリシー違反に関する警告、出品権限の一時停止や取消のお知らせが含まれる。通知ページに掲載される通知の内容は必ず確認する
回答時間	購入者からの問い合わせに 24 時間以内に回答した回答率（%）。Amazon が目標としている回答時間のパフォーマンスがよくない結果を示していても、出品者の出品権限が停止されるわけではないが、回答が遅れることは購入者からの悪い評価につながるおそれがあり、出品者のパフォーマンスに影響することになる

●パフォーマンスのチェックリスト

回答時間の測定について

回答時間の測定では、注文の受注前後のすべてのメッセージと購入者が返信したメッセージが対象となります。

マーケットプレイスメッセージ管理にて送受信されたメッセージを元に測定されます。下表の各項目を 7、30、90 日間で測定しています。

項目	説明
24 時間以内の回答時間	24 時間以内に回答したメッセージのパーセンテージ（週末も含む）。これには、注文の受注前後のやり取りや、出品者からの連絡に対して購入者が返信したものも含まれる
回答遅延	24 時間以内に回答されなかったメッセージのパーセンテージ（週末も含む）。この指標には、以下の項目に分類されたメッセージの数が表示される
未回答のまま 24 時間経過	受信から 24 時間を経過したが回答していないメッセージの数
24 時間以上の回答時間	24 時間経過後に回答したメッセージの数
平均回答時間	返信があったメッセージにおける購入者と出品者間のやり取りで経過した時間の平均（週末も含む）

●回答時間の測定

やってみよう!

回答していないメッセージを確認する

以下の手順でまだ回答していないメッセージを確認します。

❶パフォーマンスタブの［顧客満足指数］をクリックします。

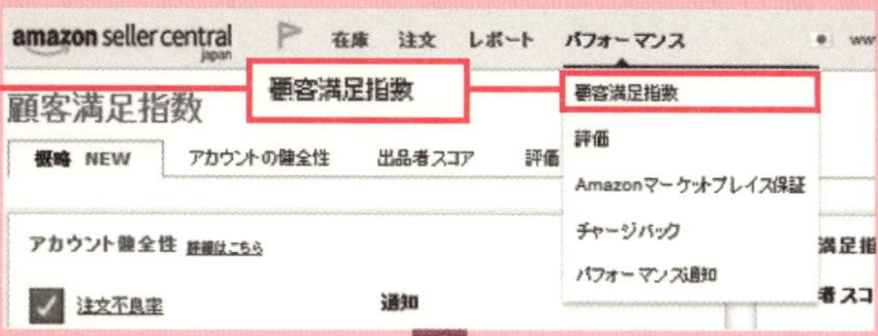

❷ページ左側中央にある回答時間までスクロールします。「過去○日間に回答していないメッセージが○件あります。」内にあるリンクをクリックします。

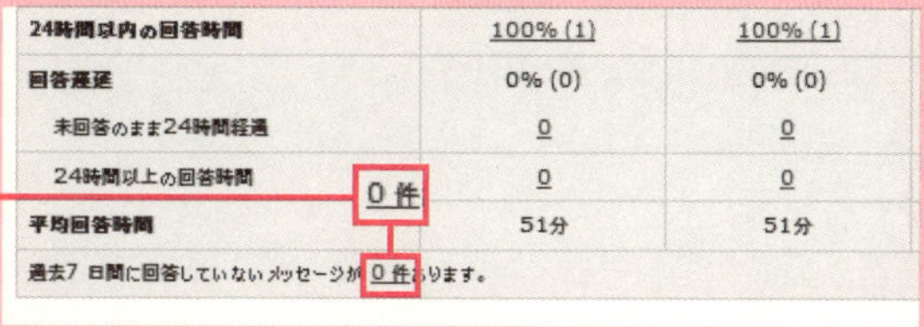

ワンポイントアドバイス

返信が必要ないメッセージの場合

返信を必要としないメッセージには、「返信不要としてマーク」のチェックボックスにチェックを入れ、［送信］ボタンをクリックしてください。これによって購入者にメッセージが送信されることはありません。または、受信したＥメールにある「このメッセージを返信不要としてマークするには、こちらをクリックします」のリンクをクリックします。いずれかの方法で返信不要とされたメッセージは、回答時間の測定には含まれません。

03 出品者スコアを調べる

ここでは出品者に与えられる出品者スコアについて紹介します。

出品者スコアとは

顧客満足度やAmazonへの出品者としてのパフォーマンスを確認することができる評価システムです。

改善が必要とされている箇所を確認して、改善するための目安とし、購入者の満足度と出品者の評価を高めることを目的としています。

出品者スコアは顧客満足度に対する注意を喚起するほか、カートボックス獲得率にも影響しますので、高く維持するように努めましょう。

出品者スコアは、注文ごとに点数をつけて全体の評価を算出し、購入者の満足度をデータにして測定します。出品者スコアは、カスタマーサービスの改善を促したり、購入者の満足度や出品者の評価を高めたりするための役割を担っています。100が満点となり、「97.00/100」のように表示されます。

評価基準

評価は、期日内の商品出荷、注文のキャンセル、購入者からの問い合わせへの回答時間、クレジットカードへのチャージバック、Amazonマーケットプレイス保証申請、悪い評価などが基準になります。

「スコアはありません」と表示される場合がありますが、これは過去365日間の注文件数が0件であるという意味です。注文が発生すると、出品者スコアのシステムが自動的にスコアを計算します。

出品者スコアでは、問題があった注文を問題別に表示されます。また、注文のデータをもとにして算出した全体のパフォーマンスも確認できます。

出品者スコアの計算方法

注文1件ごとにポイントが付与され、注文品質スコアになります。対象の期間は、過去365日です。注文の処理に問題がなかった場合は100ポイントが付与され、問題があった場合はマイナスのポイントがつきます。

注文品質スコアの計算方法

問題のレベルによって、ポイントが定められています。次のページにある図を参考にしてください。

1件の注文に対して複数の問題があった場合は、その中で一番問題レベルの高いもののみがカウントされます。

平均スコアは過去365日間のすべての注文のスコアを合計し、合計ポイントを注文数で割って算出します。

また、ポイントの合計に「時間加重平均」が適用されて最終スコアが決まります。時間加重平均とは、最近の注文が過去の注文より重要視される計算で、最終スコアの計算には最近の注文がより大きく影響しています。

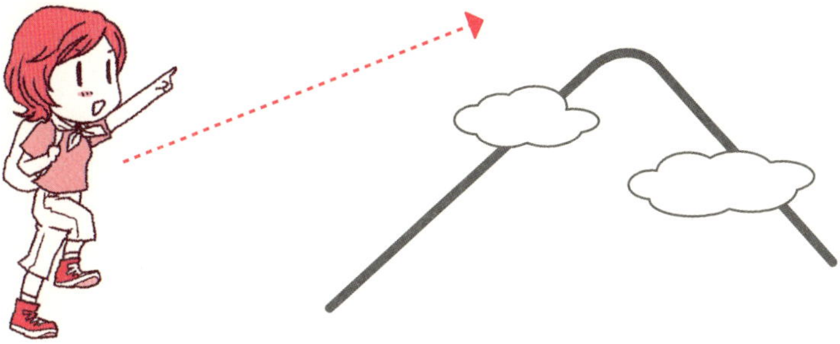

●高いスコアを目指す

注文品質（FBA 商品含む）と注文ごとのポイント

注文品質と注文ごとのポイントは以下のようになっています。

問題なし ——— 100

問題レベル（小） ——— 0

- 出荷遅延
- 24時間が経過した回答

問題レベル（中） ——— −100

- 出品者によるキャンセル（購入者のリクエストを除く）

問題レベル（重大） ——— −500

- Amazonマーケットプレイス保証申請（出品者側のみにミスがあった注文）
- 期限切れの注文（長期間にわたって出荷されていない注文）
- 低い評価（星1つ、または星2つ）
- チャージバック（クレジットカード会社に提出した申請）

●注文品質と注文ごとのポイント

出品者スコアを改善する

出品者スコアについて理解したら、改善に努めましょう。Amazon は以下の点を改善策として挙げています。

- 全ての問い合わせに対して 24 時間以内に回答する
- 返金を求められたときは、迅速に行う
- 正しい情報と、要件を満たした画像で出品する。また適切なコンディションで出品をする
- ASIN に誤記がないようにする
- 出品規約を遵守し、正確な情報で商品が出品されているか定期的に確認する
- 出品商品と商品詳細ページの情報を一致させる
- コンディション説明欄に、商品詳細ページと実際の商品の違いを記載しない
- Amazon から提供された住所にのみ商品を発送する
- 商品詳細ページには高解像度の画像を使用する
- 丁寧な梱包と出荷をする
- 追跡可能な方法での商品発送をする
- 定期的に在庫を補充する

- 発送できない商品に注文が入った場合は、すみやかに注文をキャンセルする
- 発送後に商品を追跡して遅延が発生している場合は、購入者にすぐに伝える
- 使用している配送方法に問題がある場合は解決策を講じる
- Amazon マーケットプレイス以外での支払いを要求したり、承認しない
- Amazon マーケットプレイス保証の申請やチャージバックのお知らせには 7 日以内に返信する。詳細な情報提供を求められた場合は決められた期間内に返信する

参考・引用元 Amazon ヘルプページ

URL http://www.amazon.co.jp/gp/help/customer/display.html/ref=hp_rel_topic?ie=UTF8&nodeId=201107760

● スコアの改善に取り組む

04 出品者スコア向上のために避けること

出品者スコアにマイナスの影響を与えることを解説します。それぞれのケースを知り、事前に対策をしておきましょう。

有効期間が切れた注文

期間内に商品を出荷しなかった、または注文日から定められた期間内に出荷通知を送信しなかった注文は、Amazonにより強制的にキャンセルされます。出品者スコアに影響することはもちろん、購入者からのクレームにもつながります。

注文を受けたものの在庫切れで出荷できない場合は、注文をキャンセルしてください。在庫の入荷まで待っていると、予定日以内に発送ができず、出品者スコアに影響が出てしまいます。購入者は予定日が過ぎてからのキャンセルより、注文後すぐのキャンセルを許容する傾向があります。ただし、キャンセルする場合は必ず謝罪しましょう。

注意！

迷惑メールの振り分けに気をつける

メールソフトのフィルタ設定によっては、注文のお知らせメールが迷惑メールフォルダに振り分けられる場合があります。メール通知だけに頼らず、セラーセントラルの注文管理画面で確認するようにしましょう。

ワンポイントアドバイス

一時的に出品を無効にする

在庫切れや休暇を取るときは、一時的に出品を無効にするとトラブルを避けられます。対応できる範囲内での出品を心がけましょう。

購入者からの低い評価

購入者から星1つや2つで評価されてしまうと、出品者スコアに影響があります。低い評価をもらいやすい要因として、商品情報や注文処理の問題があります。低い評価を受けないために以下の点に注意してください。

- 在庫を確保し、必ず出荷可能な商品を出品する
- 在庫状況を常に把握しておく
- 正確な商品情報と要件を満たした画像で出品する
- 出品者情報ページに正しい電話番号とEメールアドレスを載せる
- 購入者には丁寧で礼義正しい対応をする

参考・引用元　Amazonヘルプページ

URL http://www.amazon.co.jp/gp/help/customer/display.html/ref=hp_rel_topic?ie=UTF8&nodeId=201107760

出品者によるキャンセル

出荷できない場合は出品者がキャンセルしなくてはいけませんが、購入者の依頼ではない、出品者都合のキャンセルは出品者スコアに影響します。在庫切れなどを起こさない管理が必要です。

出品者によるキャンセルをしないために、下記の点を心がけましょう。

- 在庫管理を定期的に行う
- ほかの販売経路にも出品している場合は、在庫の更新に注意する
- 価格設定をするときに誤った価格を入力しないよう注意する
- 出品している商品に注文が集まる可能性が考えられるときは、在庫を充分に確保しておく

参考・引用元　Amazonヘルプページ

URL http://www.amazon.co.jp/gp/help/customer/display.html/ref=hp_rel_topic?ie=UTF8&nodeId=201107760

出荷遅延と出荷通知

出荷通知の送信期限を3日以上過ぎて送信してしまうと、出荷遅延とみなされます。出荷通知は、出品者がお問い合わせ番号を入力して配送予定期間内に送信します。出荷通知を受けた購入者は、出荷された商品のステータスをオンラインで確認できるようになります。なお、出荷通知を忘れると注文がキャンセルされます。

出荷遅延をしないために、下記の点を心がけましょう。

- 配送予定期間前と期間中に配送できる商品のリストを作成する
- 商品の出荷手順を見直し、出荷遅延の問題になり得る部分を改善する
- 出荷にかかるリードタイムを見直し、無理のない配送予定期間を設定する

参考・引用元　Amazon ヘルプページ

URL http://www.amazon.co.jp/gp/help/customer/display.html/ref=hp_rel_topic?ie=UTF8&nodeId=201107760

問い合わせの回答までに24時間経過した場合

購入者からの問い合わせには、24時間以内に回答する必要があります。自動返信のメッセージは回答には含まれません。

回答時間が24時間を過ぎないために、下記の点を心がけましょう。

- 顧客満足度指数にある回答時間を定期的に確認する
- 購入者からのメッセージが迷惑メールフォルダに受信されていないか確認する

ワンポイントアドバイス

すぐ回答できないときや、回答の必要がないとき

問い合わせに対してすぐに回答できない場合は、24時間以内に「対応に時間がかかっております。」などと返信して、あとで回答します。その際に回答できる日時も加えますと丁寧です。

お礼のメッセージなど返信が必要ないメッセージには、マーケットプレイスメッセージ管理の「返信不要としてマーク（任意）」のチェックボックスにチェックを入れて［送信］をクリックしましょう。チェックを入れたメッセージは回答時間の測定には含まれません。

注意!

所定のキャンセル方法の手順を踏むようにする

購入者からキャンセル依頼があった場合でも、所定のキャンセル方法の手順を踏まなければ、出荷前キャンセル率に影響します。
出荷前キャンセル率に影響しないキャンセル方法は以下の２つの場合です。

- 購入者のアカウントの［キャンセルリクエスト］ボタンからキャンセルされた場合
- キャンセル操作時に「理由」の欄で「購入者様都合」を選んだ場合

出品者側から注文をキャンセルしなければならなくなった場合でも、購入者の理解と協力のうえ、上記の操作でキャンセルを実行することで、出品者スコアへの影響を回避することができます。

●問い合わせには速やかに回答する

05 評価管理を行う

評価を管理する方法について解説します。

Amazon では購入者が安心して買い物を楽しめるように、また、商品をどの出品者から購入するかの参考として、購入者が 5 つ星による評価とフィードバックを残すことができます。Amazon を利用するすべてのユーザーは出品者プロフィール（評価一覧ページ）から、それらの閲覧が可能です。

出品者が商品を出品すると、ニックネームとともに評価の概要として、5 つ星の平均値と、過去 12 カ月に得た良い評価の割合がパーセントで表示されます。

評価は購入者が閲覧するだけでなく、カートボックスの獲得にも影響しますので、Amazon で売上を伸ばしていくためにとても重要なポイントです。

一度もらった評価は削除されずに累積されていきますので、できるだけ良い評価をたくさん得られるように、努力しましょう。

評価管理

評価管理では、過去 1 年間と全期間の評価数や、購入者からのコメントの確認などができます。評価管理へはセラーセントラルの「パフォーマンス」タブの下の［評価］をクリックして見ることができます。

評価管理には「評価」と「現在の評価」の 2 つの表が表示されます。

評価

過去 12 カ月の評価を星の数で示すほか、過去 30 日間、95 日間、1 年間、全期間に分けた評価をパーセントと実際の評価の数で表示します。

現在の評価

購入者からのコメントや 5 段階の評価が表示されます。また、注文への対応に関する下記 3 つの質問への購入者からの回答も確認できます。

- 予定通りの配送
- 説明通りの商品
- カスタマーサービス

購入者が、これらの評価項目に対して満足していれば「はい」と回答され、不満に思っている場合には「いいえ」と回答されます。任意回答なので、回答がない注文もあります。

これら質問のに対する回答を分析することで、出品者のパフォーマンスの傾向をつかむことができます。

また、この質問の答えは出品者用アカウントの評価管理ページでのみ確認できますので、ほかの購入者には開示されません。現在の評価では、以下の機能が提供されています。

- 普通、または低いと評価されたすべてのフィードバックに関するレポートのダウンロード
- それぞれのフィードバックに関連する注文内容の確認
- 誤った評価や不当な評価の解決
- 評価に対しての返答

注意!

購入者が評価を残せる期限

購入者が評価を残すことができるのは、注文後 90 日以内です。また、評価を削除できるのは送信後 60 日以内に限られています。

評価レポートを確認する

過去1年以内であれば、指定された期間内のレポートをダウンロードできます。対象となる評価レベルは、普通（星3つ）、または低い（星 1 つか 2 つ）の範囲です。

レポートはタブ区切り形式のテキストファイルで、評価管理機能ページの現在の評価に表示されているデータ全てを含んでいます。

やってみよう!

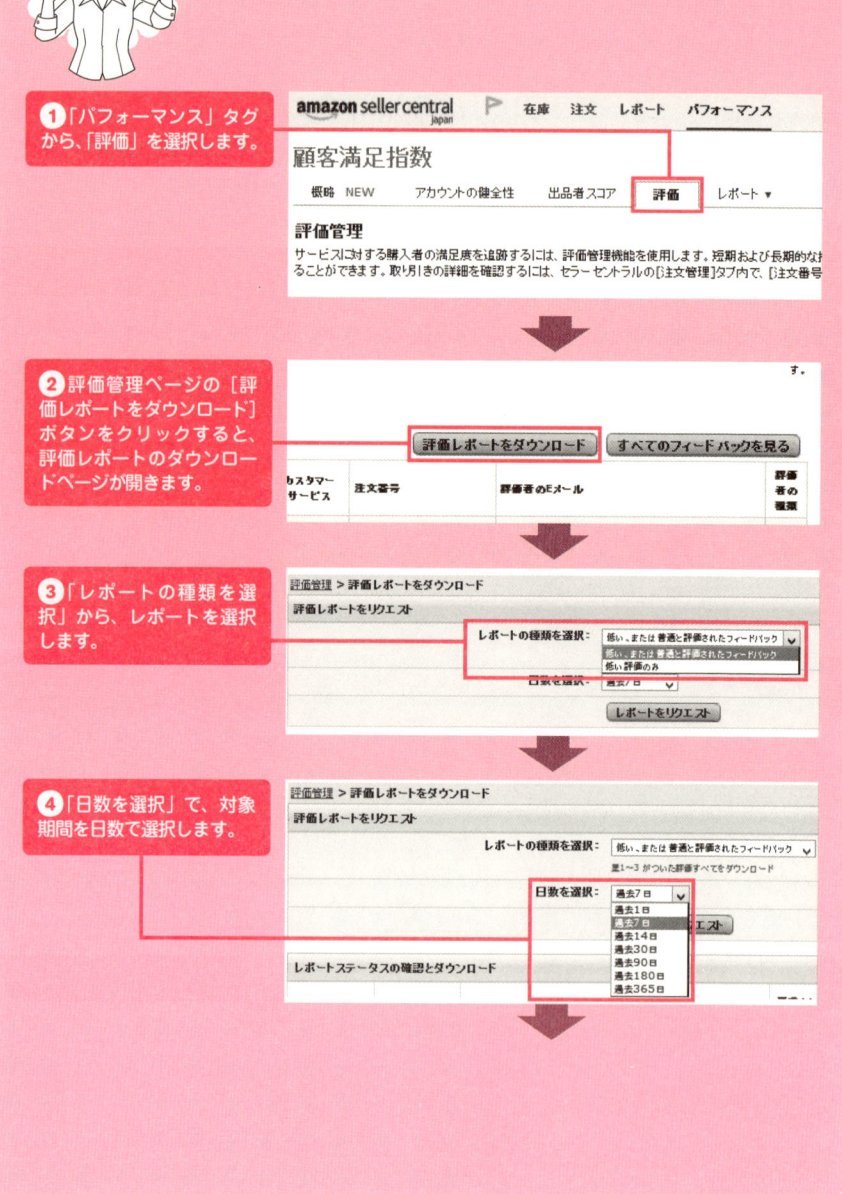

評価レポートを作成しよう

評価レポートの作成をしてみましょう。

❶「パフォーマンス」タグから、「評価」を選択します。

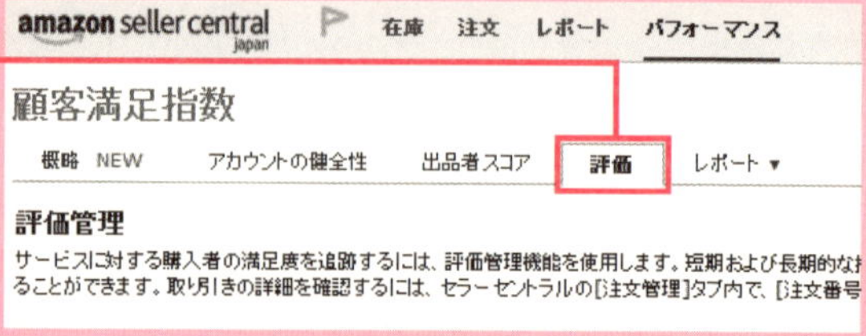

❷評価管理ページの［評価レポートをダウンロード］ボタンをクリックすると、評価レポートのダウンロードページが開きます。

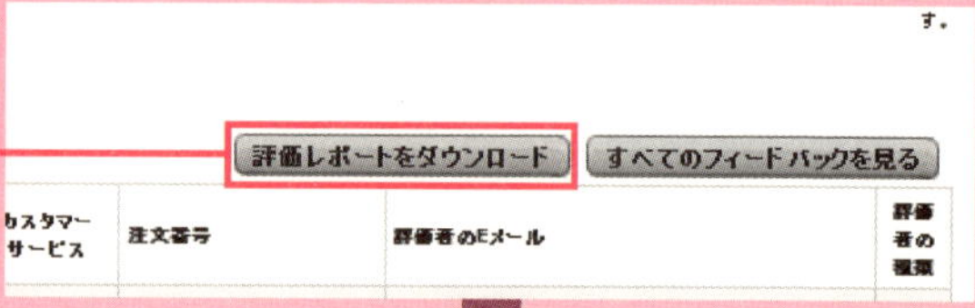

❸「レポートの種類を選択」から、レポートを選択します。

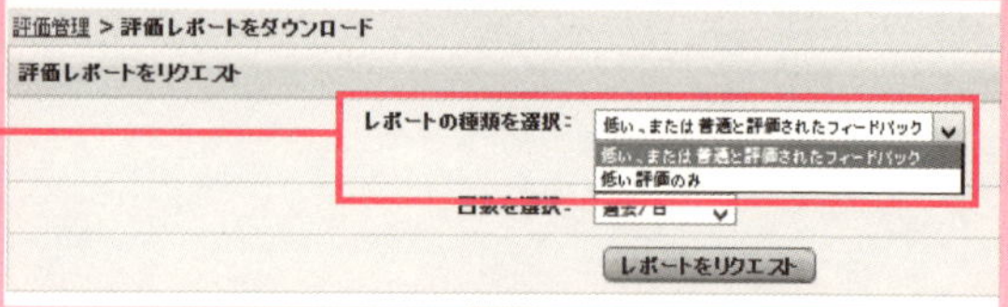

❹「日数を選択」で、対象期間を日数で選択します。

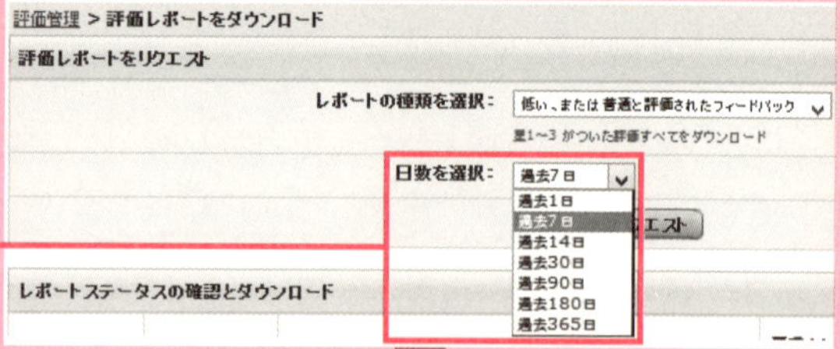

❺「レポートをリクエスト」をクリックし、レポートの作成を開始します。ステータスの欄でリクエストの受付が確認できます。

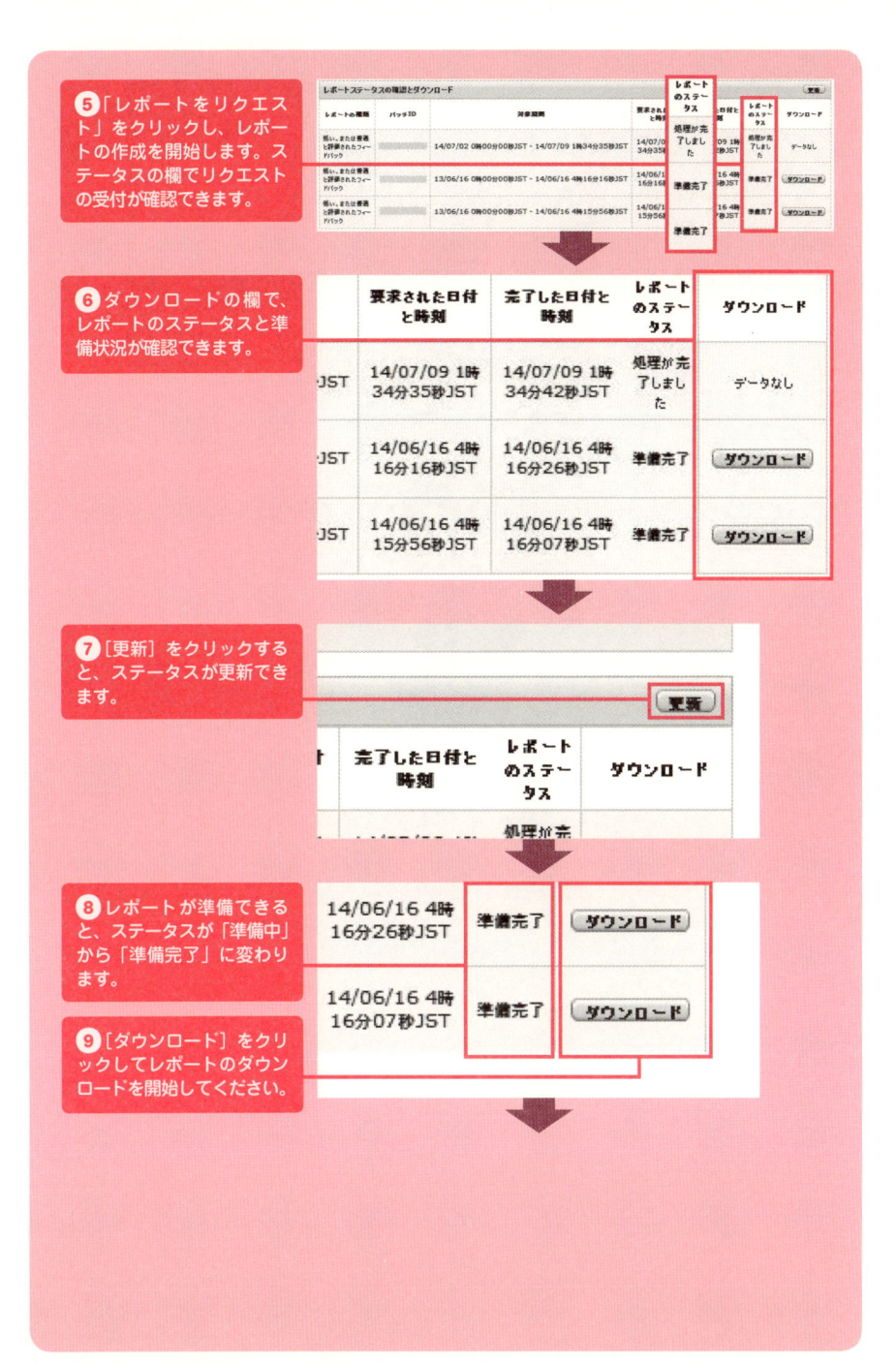

❻ダウンロードの欄で、レポートのステータスと準備状況が確認できます。

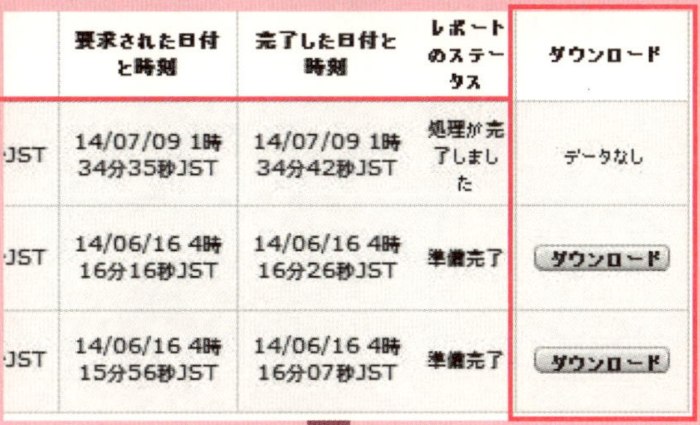

❼［更新］をクリックすると、ステータスが更新できます。

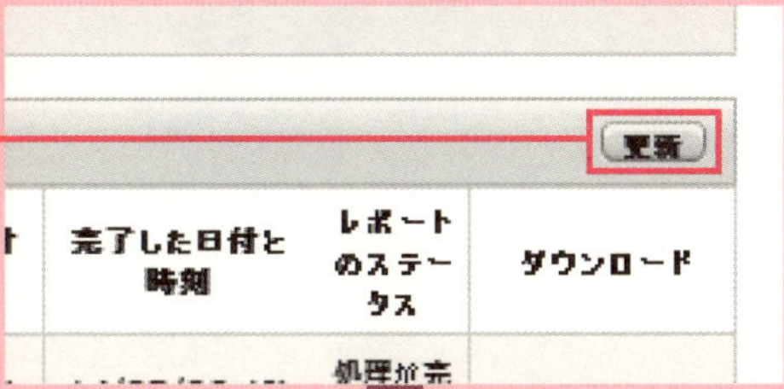

❽レポートが準備できると、ステータスが「準備中」から「準備完了」に変わります。

❾［ダウンロード］をクリックしてレポートのダウンロードを開始してください。

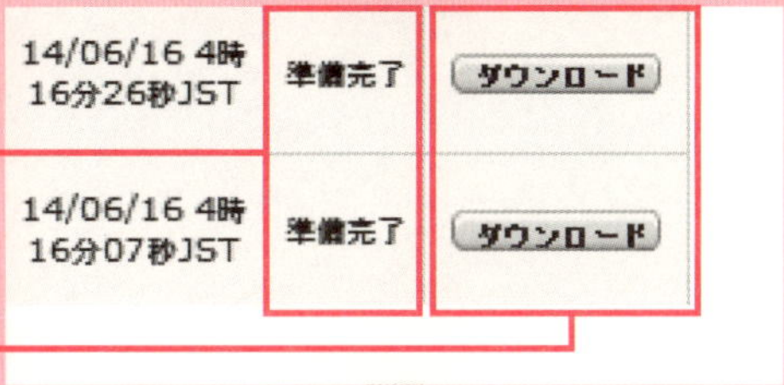

❿ダイアログボックスが表示されますので、ファイルを開くか保存するかを選択します。ひとまずファイルを保存し、後からデータベースや表計算プログラム上で閲覧することをおすすめします。

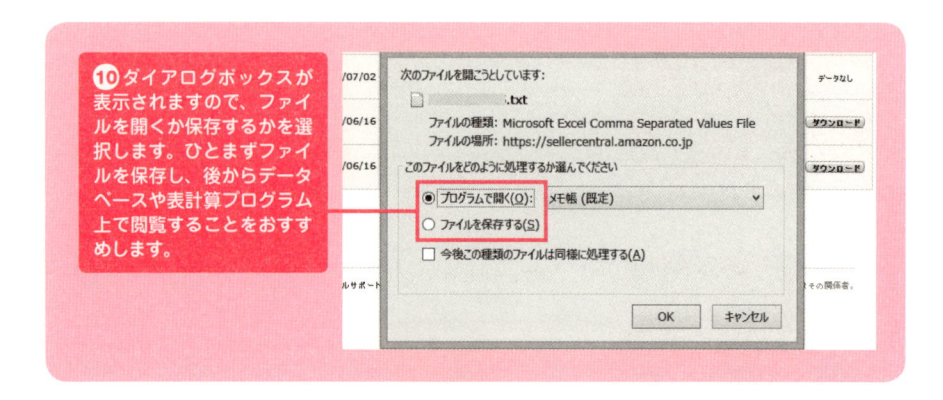

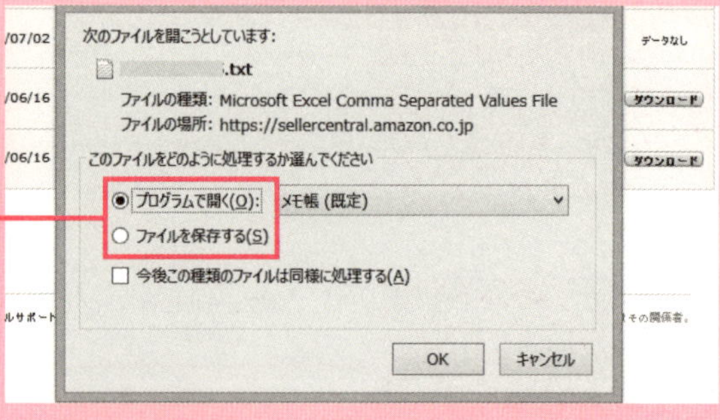

● 評価レポートを確認する

06 評価への対応方法

評価に対応する方法を解説します。

長くストアを運営していると、出品者側に責任があるかないかに関わらず低い評価がついてしまうことがあります。

購入者から低い評価がついてしまったら、そのままにしておかずに解決策を模索して購入者に低い評価を消してもらうための努力をしましょう。

Amazon でも、出品者に対して低い評価をした購入者と連絡を取り、取引において発生した問題を解決したのち、購入者に評価を削除してもらうように依頼することを推奨しています。

ただし評価削除の依頼をする際は、購入者に強制しないよう注意しましょう。評価の削除を強要するような行為は、Amazon のポリシーに反します。低い評価に関して購入者に連絡する時は、以下の Amazon ヘルプページを参考にしてください。

- Amazon ヘルプページ

URL http://www.amazon.co.jp/gp/help/customer/display.html/ref=hp_left_sib?ie=UTF8&nodeId=200286700

購入者ができるのは評価の削除のみ

購入者は 5 段階評価と評価コメントの削除をすることができますが、星の数を変更したり、コメントの内容を修正したりするような編集はできません。また、同じ注文に対して新たな評価を加えることもできません。なお、削除できるのは評価の送信後 60 日以内と定められています。

ガイドラインに違反した評価は Amazon が削除する場合があります。その場合、購入者は Amazon に削除された評価を、ガイドラインに沿うように 1 回のみ修正できます。

購入者の評価に返答する

出品者は、購入者の評価コメントに返答することができます。返答は Amazon のサイトに表示されますので、問題解決策を行ったにもかかわらず、低い評価が削除されない場合に説明として利用してみましょう。

返答を作成しよう

返答を作成するときは次の手順にしたがってください。

❶評価管理機能で、「現在の評価」を表示します。

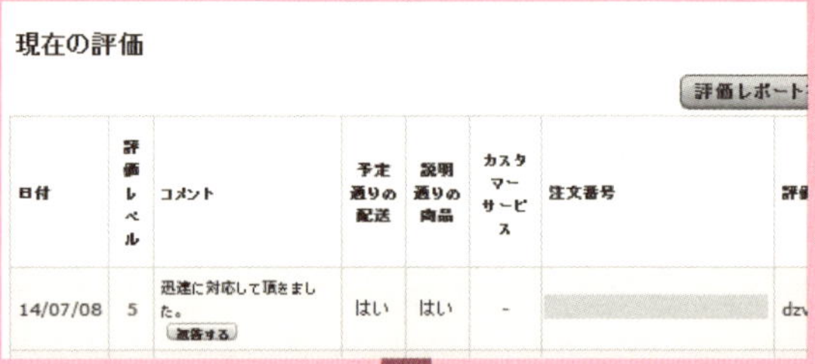

❷返答すべきコメントを探したら、［返答する］をクリックします。

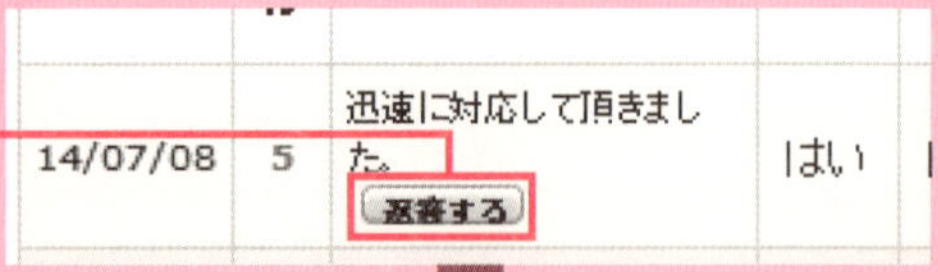

❸返答を記入します。

返信を入力:
ご満足頂けました様で安心しました。これからも良い商品とサービス提供に努めて参りますので宜しくお願いします。

❹［送信］をクリックします。

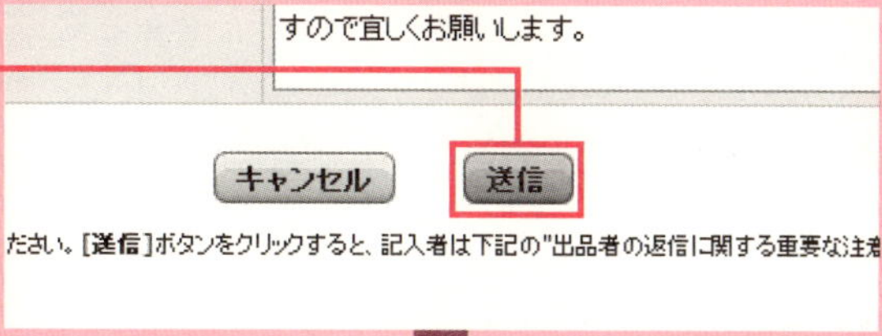
すので宜しくお願いします。
キャンセル
送信
ださい。[送信]ボタンをクリックすると、記入者は下記の"出品者の返信に関する重要な注

❺送信後は削除することはできますが、編集はできません。購入者が評価を削除すると、出品者の返答も同時に削除されます。

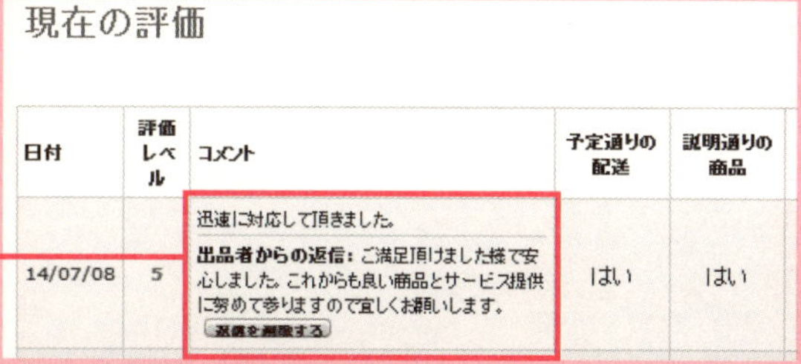
現在の評価
日付
評価レベル
コメント
予定通りの配送
説明通りの商品
14/07/08
5
迅速に対応して頂きました。
出品者からの返信: ご満足頂けました様で安心しました。これからも良い商品とサービス提供に努めて参りますので宜しくお願いします。
返信を削除する
はい
はい

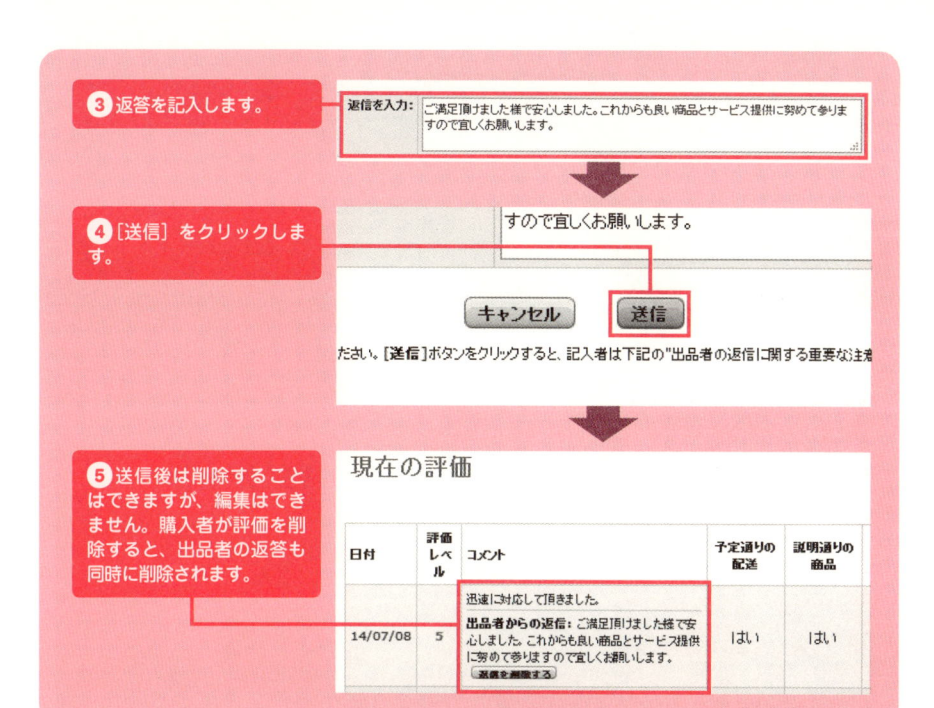

やってみよう!

評価への返答を削除しよう

評価への返答は、次の手順で削除できます。

❶評価管理機能で、現在の評価を表示します。

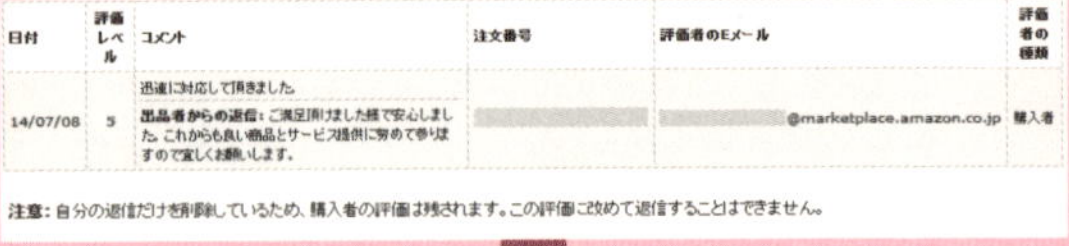

日付	評価レベル	コメント	注文番号	評価者のEメール	評価者の種類
14/07/08	5	迅速に対応して頂きました。 **出品者からの返信：** ご満足頂けました様で安心しました。これからも良い商品とサービス提供に努めて参りますので宜しくお願いします。		@marketplace.amazon.co.jp	購入者

注意： 自分の返信だけを削除しているため、購入者の評価は残されます。この評価に改めて返信することはできません。

❷削除すべきコメントを探したら、[返信を削除する]をクリックします。

❸[返信を削除する]をもう一度クリックすると削除が実行されます。キャンセルするときは[キャンセル]をクリックします。

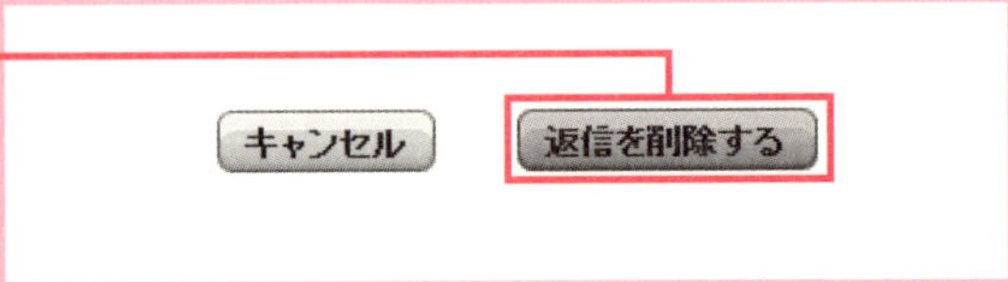

ワンポイントアドバイス

返答を削除できる場合

返答が削除できるのは、購入者の評価が残っている間のみです。この評価に対し、複数の返答を残すことはできません。

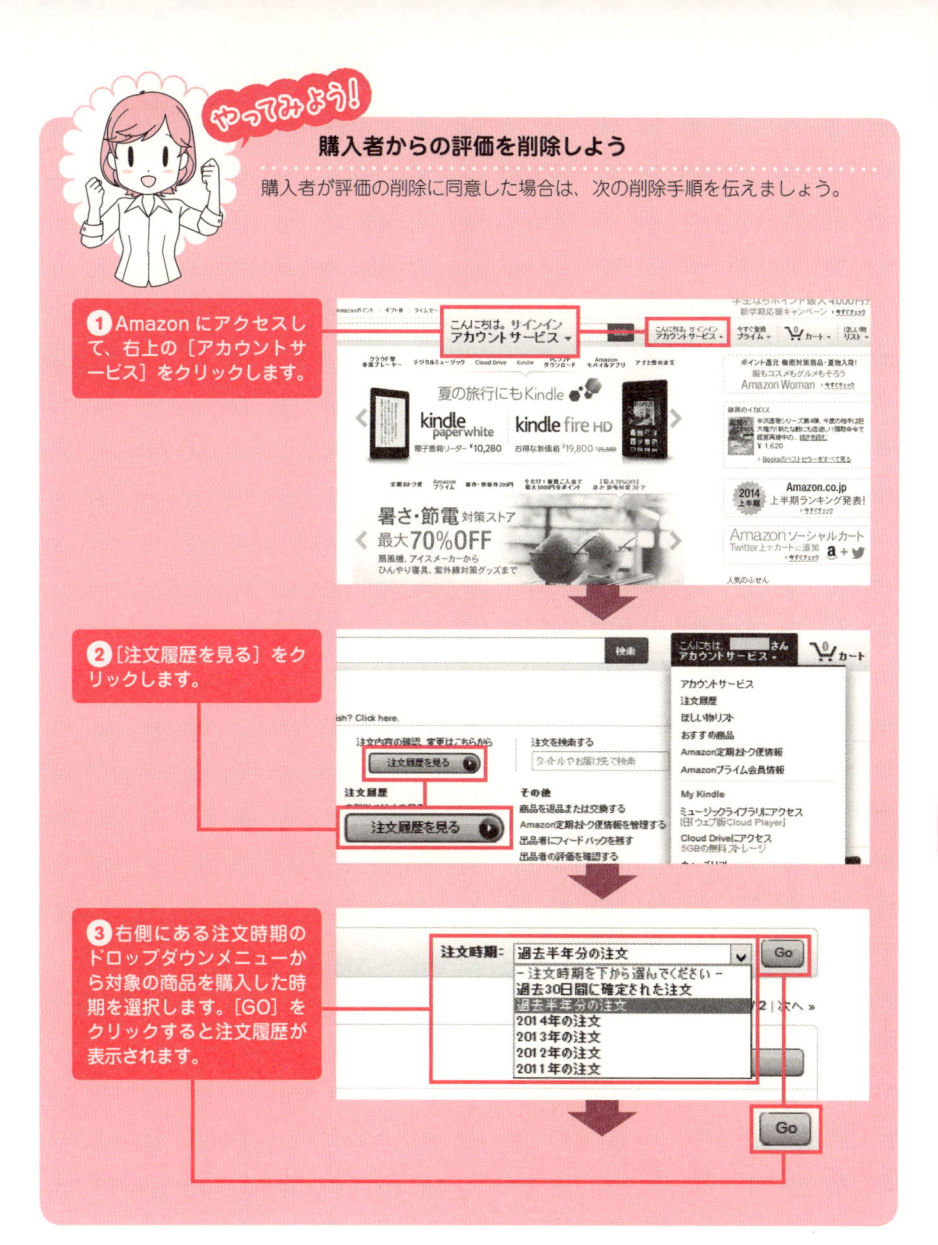

やってみよう!

購入者からの評価を削除しよう

購入者が評価の削除に同意した場合は、次の削除手順を伝えましょう。

❶Amazon にアクセスして、右上の［アカウントサービス］をクリックします。

❷［注文履歴を見る］をクリックします。

❸右側にある注文時期のドロップダウンメニューから対象の商品を購入した時期を選択します。［GO］をクリックすると注文履歴が表示されます。

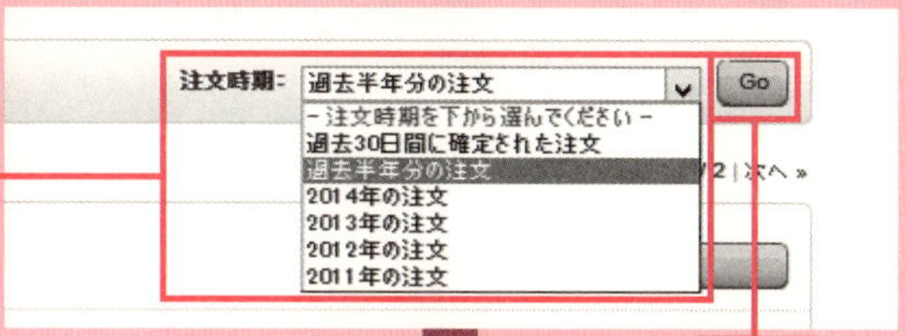

❹該当する注文を探し、左側の列の注文日の下の［注文の詳細］をクリックします。

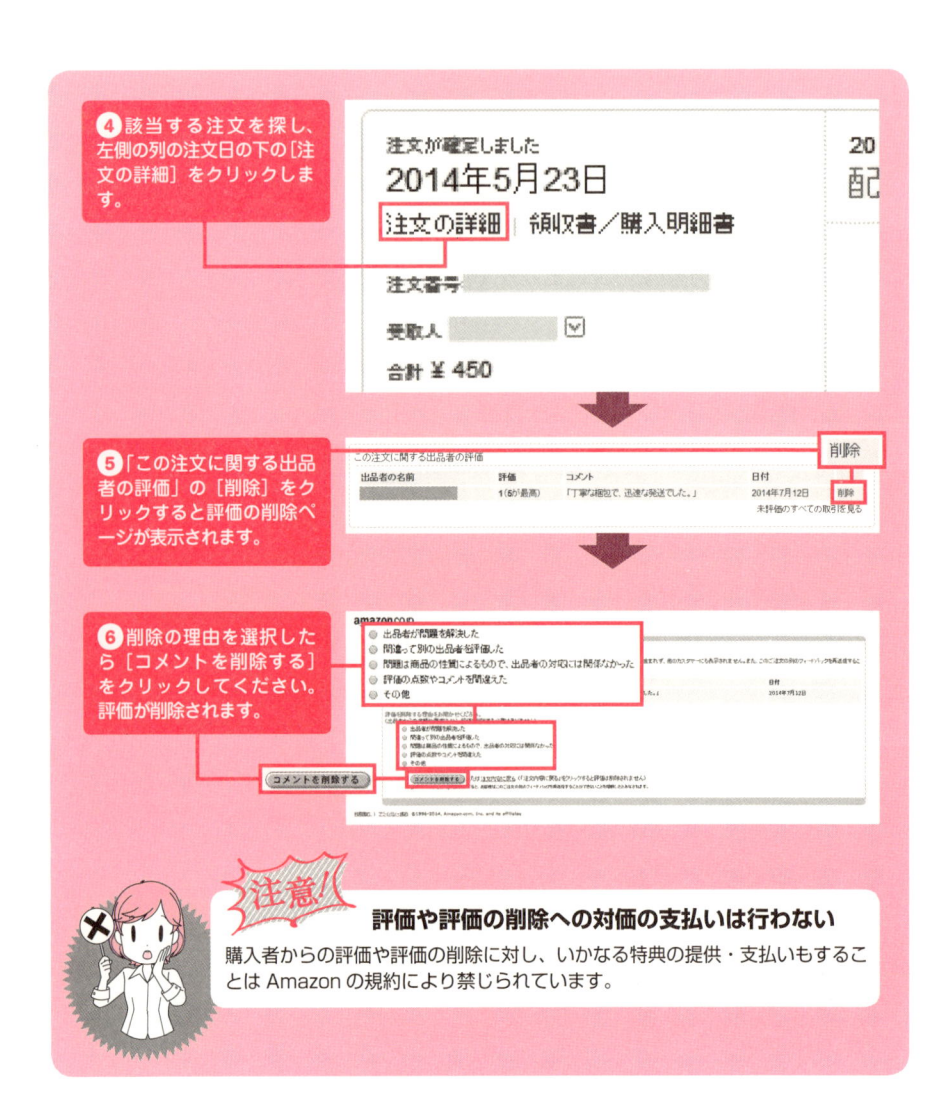

❺「この注文に関する出品者の評価」の［削除］をクリックすると評価の削除ページが表示されます。

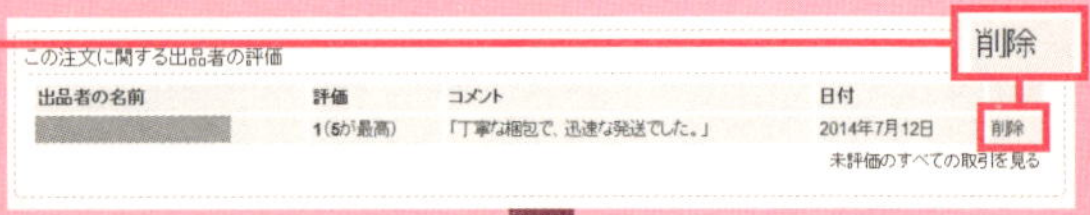

❻削除の理由を選択したら［コメントを削除する］をクリックしてください。評価が削除されます。

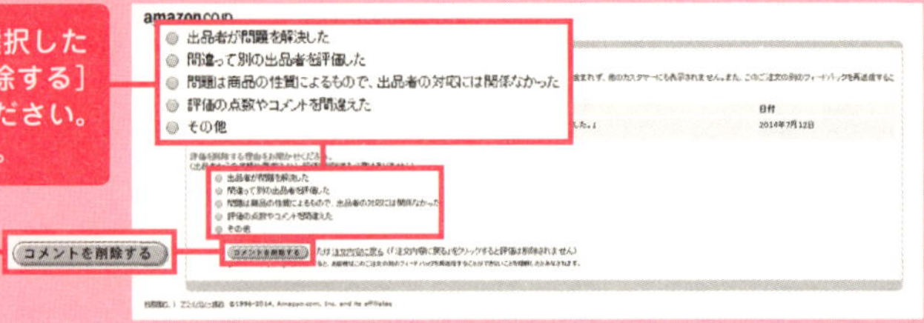

注意!

評価や評価の削除への対価の支払いは行わない

購入者からの評価や評価の削除に対し、いかなる特典の提供・支払いもすることは Amazon の規約により禁じられています。

07 購入者から低い評価を受けないためには

低い評価を受けないためにはどうすればよいのか、説明します。

購入者が低い評価を下す理由として、以下の点が考えられます。

- 在庫切れ
- 返品フローが煩雑
- サイズ違い、商品違いの配送
- カスタマーサービス関連の問題
- 出荷の遅延
- 商品説明と実際の商品が違う
- 商品の質が悪い
- フィードバックの内容の問題

上記の問題にどう対応すればよいかの参考情報をAmazonがまとめていますので、以下のURLを参考にしてください。

- Amazon セラーセントラルヘルプ

URL https://sellercentral-japan.amazon.com/gp/help/help.html/ref=ag_12051_cont_69031?ie=UTF8&itemID=12051&language=ja_JP

08 Amazonが評価を削除してくれるケースとは

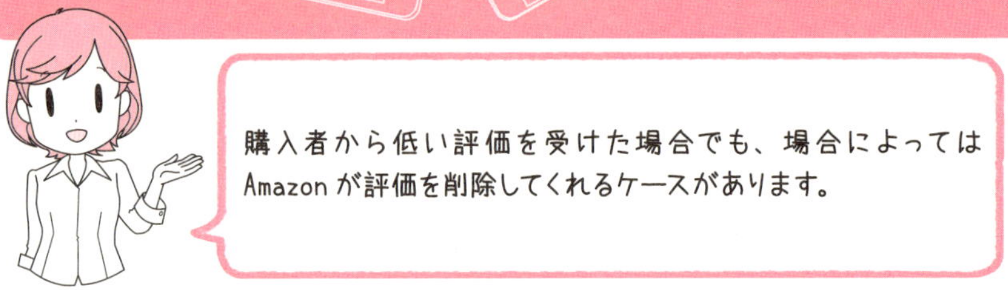
購入者から低い評価を受けた場合でも、場合によってはAmazonが評価を削除してくれるケースがあります。

どのようなときにAmazonが評価を削除してくれるのか、知らないと損をしてしまう可能性もありますので、ぜひ知っておきましょう。

ストア運営していると、Amazonが削除してくれる対象の評価に遭遇することは少なくないと思います。

Amazonが評価を削除してくれるのは以下の3つの条件に当てはまる場合です。

- コメントの中に一般的に卑猥もしくは下品であると考えられる言葉が含まれている場合
- コメントの中にEメールアドレス、名前や電話番号などの出品者の個人情報、またはそのほかの個人情報が含まれている場合
- コメントが商品レビューに始終する場合。ただし、商品レビューに加え、出品者が提供したサービスについて言及されている場合は削除の対象とならない

コメントの内容がすべて商品に関することであれば、Amazonが評価を削除してくれる可能性があります。

また、個人情報や下品な言葉がコメントに記載されている場合も削除の対象となりますので、Amazonに削除依頼を出しましょう。

また以下の場合は、コメントに取り消し線が引かれ「この商品はAmazonにより発送されました。この発送作業についてはAmazonが責任を負います。」という注記が表示されます。

- フルフィルメントby Amazonのサービスを通じてAmazonから出荷した注文対しての、フルフィルメントおよびカスタマーサービスに特化したコメントである場合

商品がAmazon FBAを利用している商品の場合に発送に対するコメント内容で評価がされている場合にはAmazonに対して、評価の削除依頼を出しましょう。

ワンポイントアドバイス

Amazonの5段階評価

Amazonでは5段階評価のうち、4と5が「高い」評価にあたり、1と2が「低い」評価にあたります。

3は「普通」でどちらでもないのですが、「高い」評価を算出する際の分母に入れられてしまうため、結果的に出品者の評価の「高い」のパーセンテージが下がってしまうことになります。

ただし、人の評価基準とはあいまいなもので、「何も問題なく取引ができた」=「普通」と判断をして、悪気なく出品者に3の評価をつけてしまう購入者も少なくありません。

もし、購入者から3の評価をされてしまった場合は、Amazonに削除依頼をしても取り合ってもらえませんので、購入者に連絡を取り、評価を削除してもらえるようにお願いしてみましょう。

● 削除対象になりそうな評価を見つけたら削除申請する

09 Amazonへの評価削除依頼のフロー

Amazonに評価を削除してほしい場合の依頼方法を紹介します。

削除を依頼したい評価を見つけたら、Amazonテクニカルサポートに削除依頼の申請をしましょう。

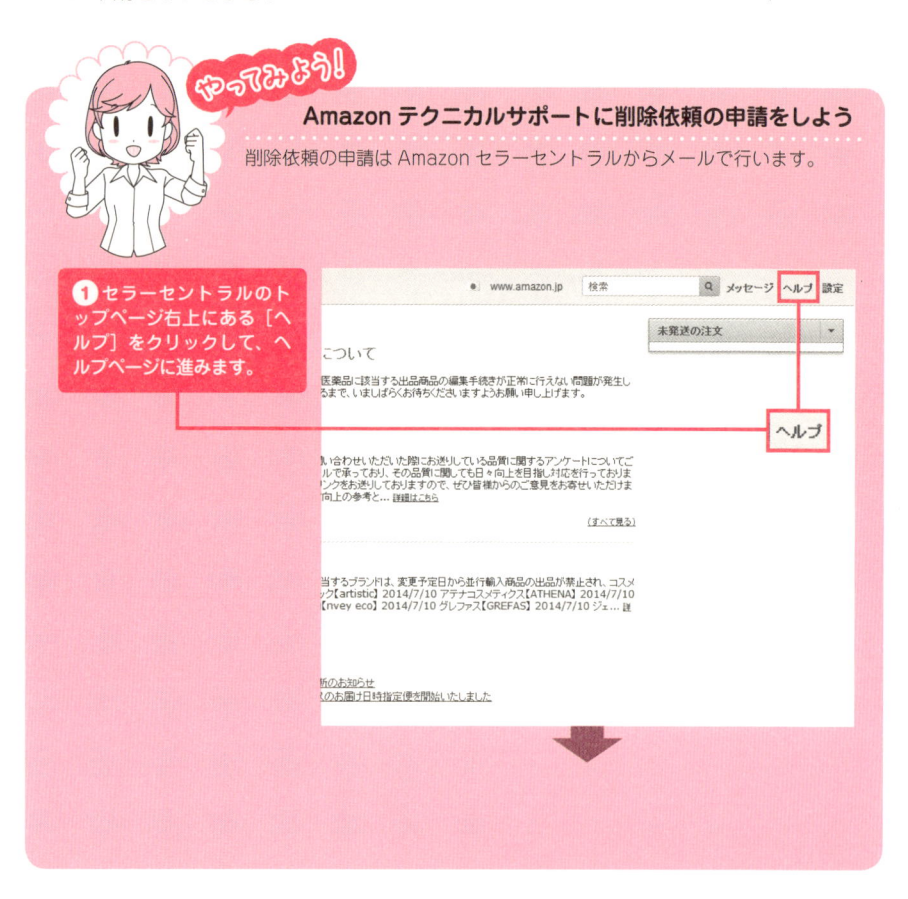

やってみよう!

Amazonテクニカルサポートに削除依頼の申請をしよう

削除依頼の申請はAmazonセラーセントラルからメールで行います。

❶セラーセントラルのトップページ右上にある［ヘルプ］をクリックして、ヘルプページに進みます。

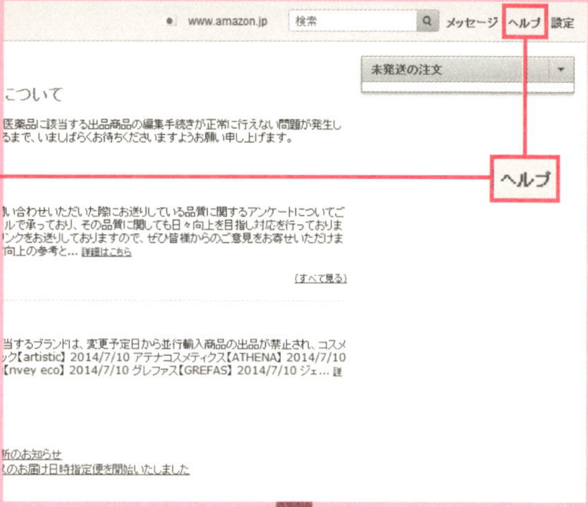
www.amazon.jp
検索
メッセージ
ヘルプ
設定
未発送の注文
こついて
医薬品に該当する出品商品の編集手続きが正常に行えない問題が発生し
るまで、いましばらくお待ちくださいますようお願い申し上げます。
ヘルプ
い合わせいただいた際にお送りしている品質に関するアンケートについてご
ルで承っており、その品質に関しても日々向上を目指し対応を行っておりま
ンクをお送りしておりますので、ぜひ皆様からのご意見をお寄せいただけま
向上の参考と… 詳細はこちら
(すべて見る)
当するブランドは、変更予定日から並行輸入商品の出品が禁止され、コスメ
ック【artistic】2014/7/10 アテナコスメティクス【ATHENA】2014/7/10
【nvey eco】2014/7/10 グレファス【GREFAS】2014/7/10 ジェ…
新のお知らせ
のお届け日時指定便を開始いたしました

❷「ヘルプ」ページのページ右下にある「テクニカルサポートにお問い合わせ」のメニュー内の［問い合わせる］をクリックします。

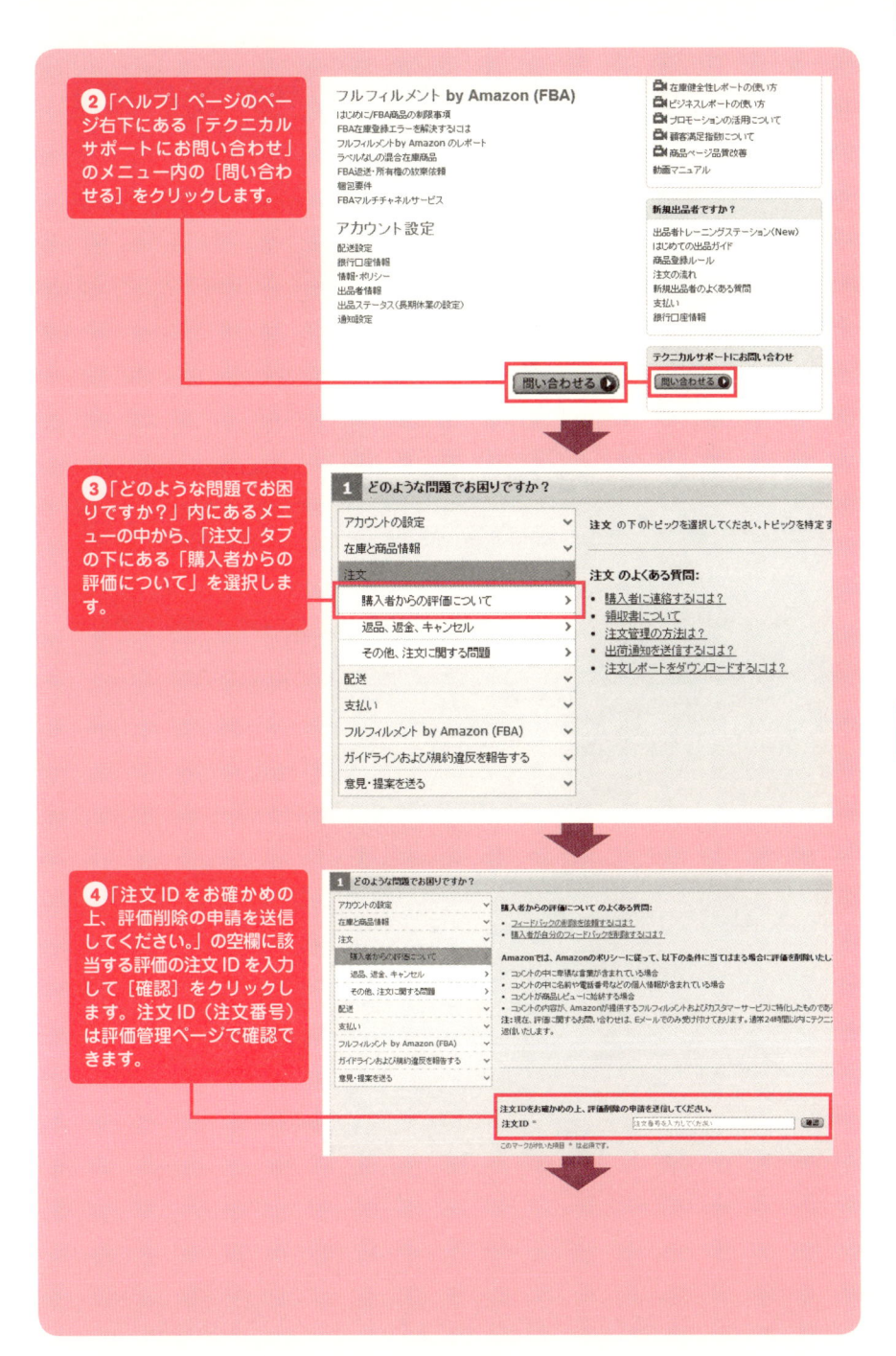

❸「どのような問題でお困りですか？」内にあるメニューの中から、「注文」タブの下にある「購入者からの評価について」を選択します。

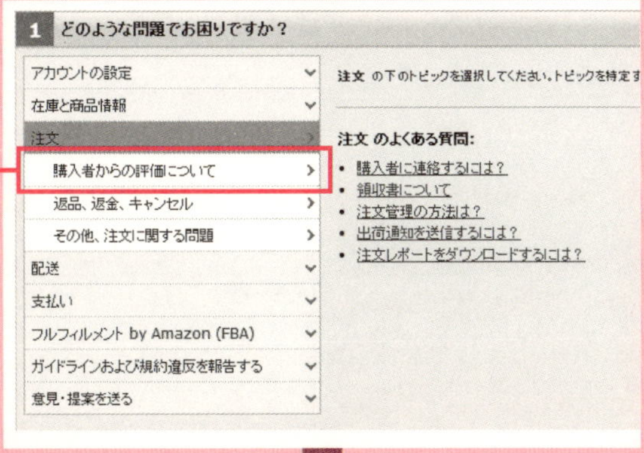

❹「注文IDをお確かめの上、評価削除の申請を送信してください。」の空欄に該当する評価の注文IDを入力して［確認］をクリックします。注文ID（注文番号）は評価管理ページで確認できます。

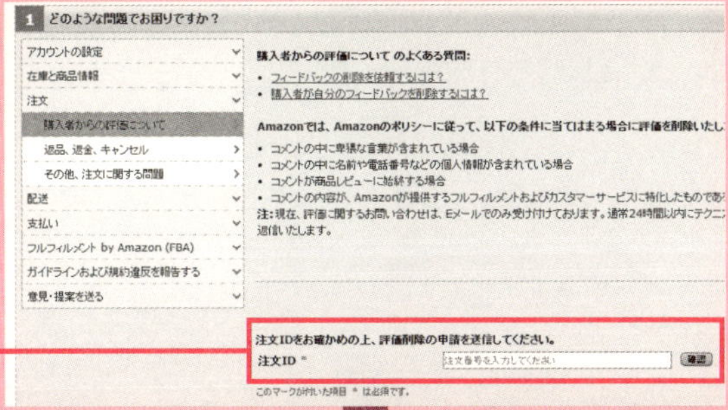

❺評価内容が表示されますので、削除依頼をする内容と相違がないか確認します。

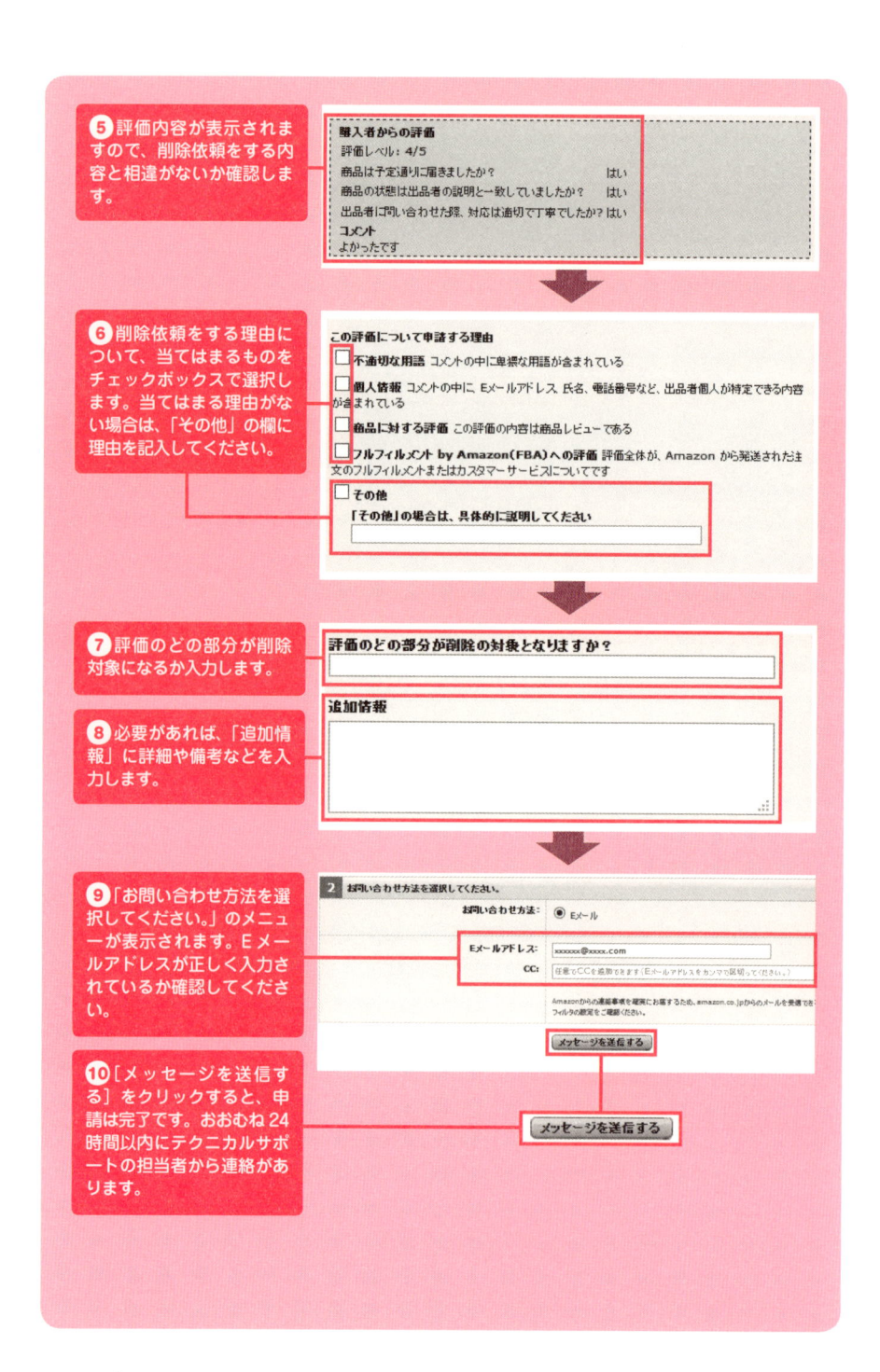

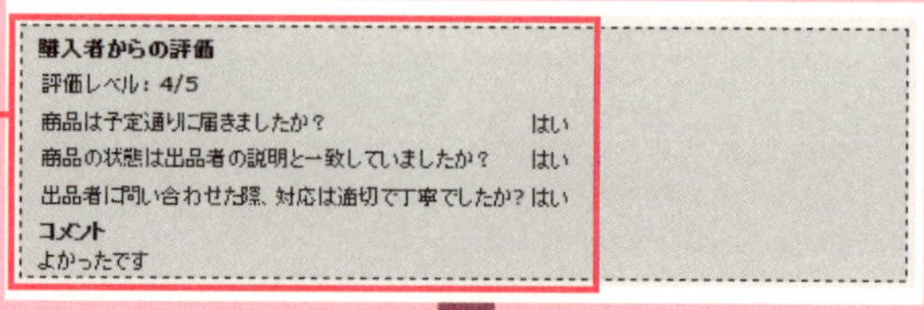
購入者からの評価
評価レベル：4/5
商品は予定通りに届きましたか？ はい
商品の状態は出品者の説明と一致していましたか？ はい
出品者に問い合わせた際、対応は適切で丁寧でしたか？ はい
コメント
よかったです

❻削除依頼をする理由について、当てはまるものをチェックボックスで選択します。当てはまる理由がない場合は、「その他」の欄に理由を記入してください。

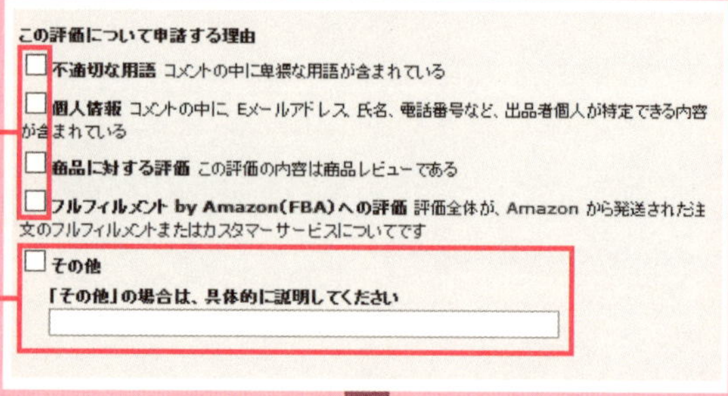
この評価について申請する理由
不適切な用語 コメントの中に卑猥な用語が含まれている
個人情報 コメントの中に、Eメールアドレス、氏名、電話番号など、出品者個人が特定できる内容が含まれている
商品に対する評価 この評価の内容は商品レビューである
フルフィルメント by Amazon（FBA）への評価 評価全体が、Amazon から発送された注文のフルフィルメントまたはカスタマーサービスについてです
その他
「その他」の場合は、具体的に説明してください

❼評価のどの部分が削除対象になるか入力します。

❽必要があれば、「追加情報」に詳細や備考などを入力します。

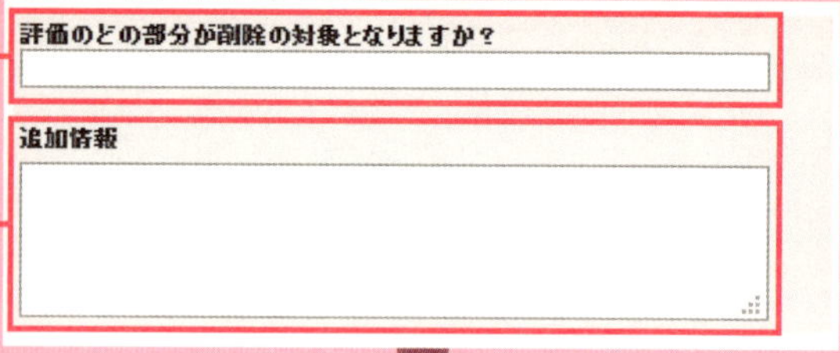
評価のどの部分が削除の対象となりますか？
追加情報

❾「お問い合わせ方法を選択してください。」のメニューが表示されます。Eメールアドレスが正しく入力されているか確認してください。

❿［メッセージを送信する］をクリックすると、申請は完了です。おおむね24時間以内にテクニカルサポートの担当者から連絡があります。

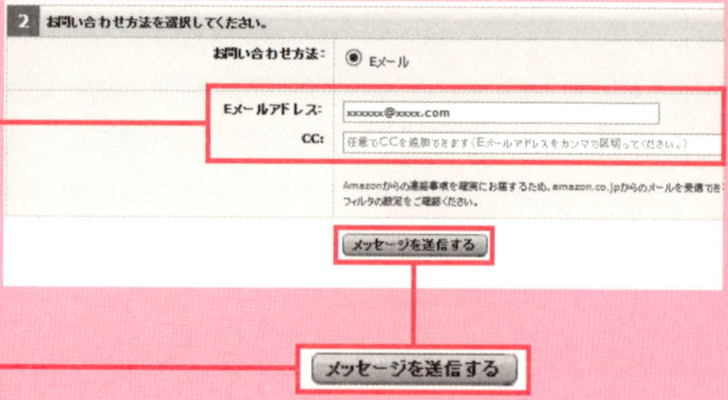
2 お問い合わせ方法を選択してください。
お問い合わせ方法： Eメール
Eメールアドレス： xxxxxx@xxxx.com
CC： 任意でCCを追加できます（Eメールアドレスをカンマで区切ってください。）
Amazonからの連絡事項を確実にお届けするため、amazon.co.jpからのメールを受信でき
フィルタの設定をご確認ください。
メッセージを送信する
メッセージを送信する

10 評価をリクエストする方法

評価をリクエストする方法について解説します。

Amazonで商品を販売しても、なかなか購入者は評価をつけてくれません。評価をするのもしないのも購入者の自由だからです。

特に取引に対して不満がなければ、購入者は欲しい商品を手に入れて、満足して終わりです。メリットがないことに労力をかけないのは当たりまえのことですので、仕方がないことではあります。購入者から自発的に評価をもらうのが難しいのであれば、出品者側から評価を依頼してみましょう。Amazonのシステムで購入者に「評価リクエスト」を送ることができます。

やってみよう!

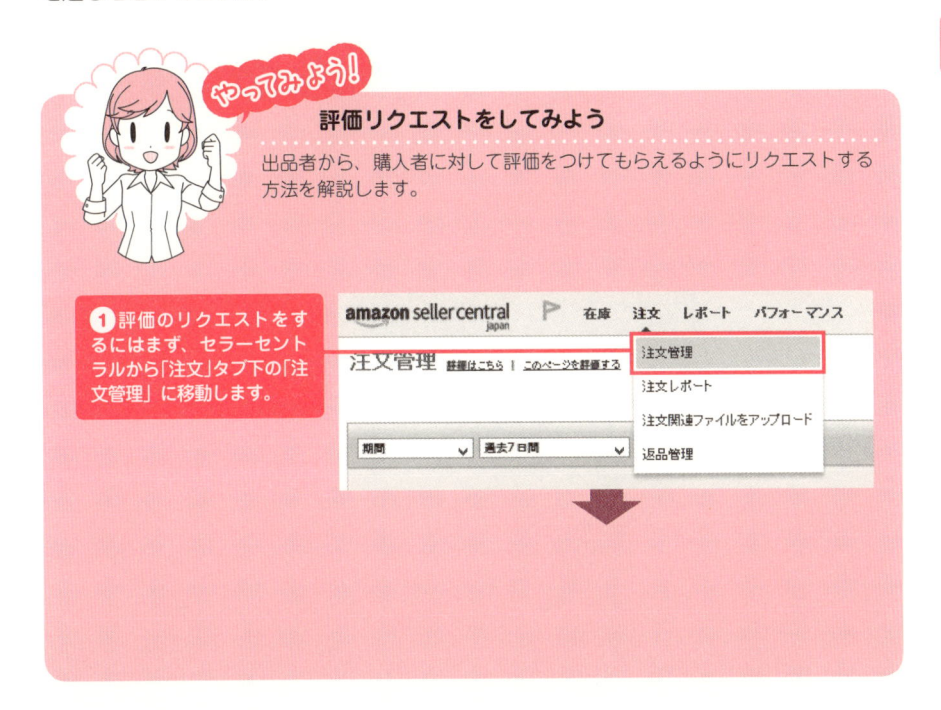

評価リクエストをしてみよう

出品者から、購入者に対して評価をつけてもらえるようにリクエストする方法を解説します。

❶評価のリクエストをするにはまず、セラーセントラルから「注文」タブ下の「注文管理」に移動します。

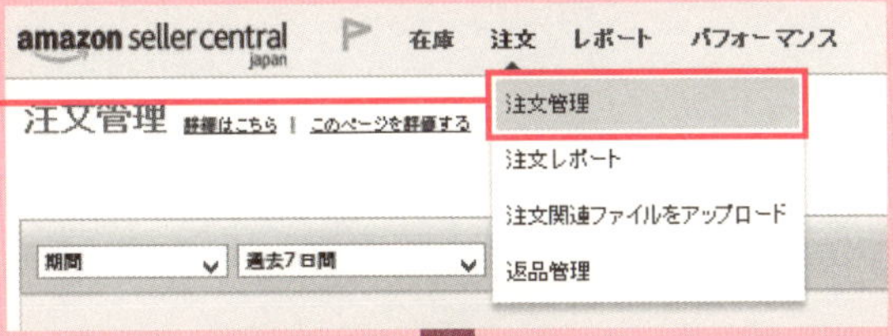

❷注文の詳細の項目で、「購入者に連絡する」の右にある購入者の名前のリンクをクリックします。

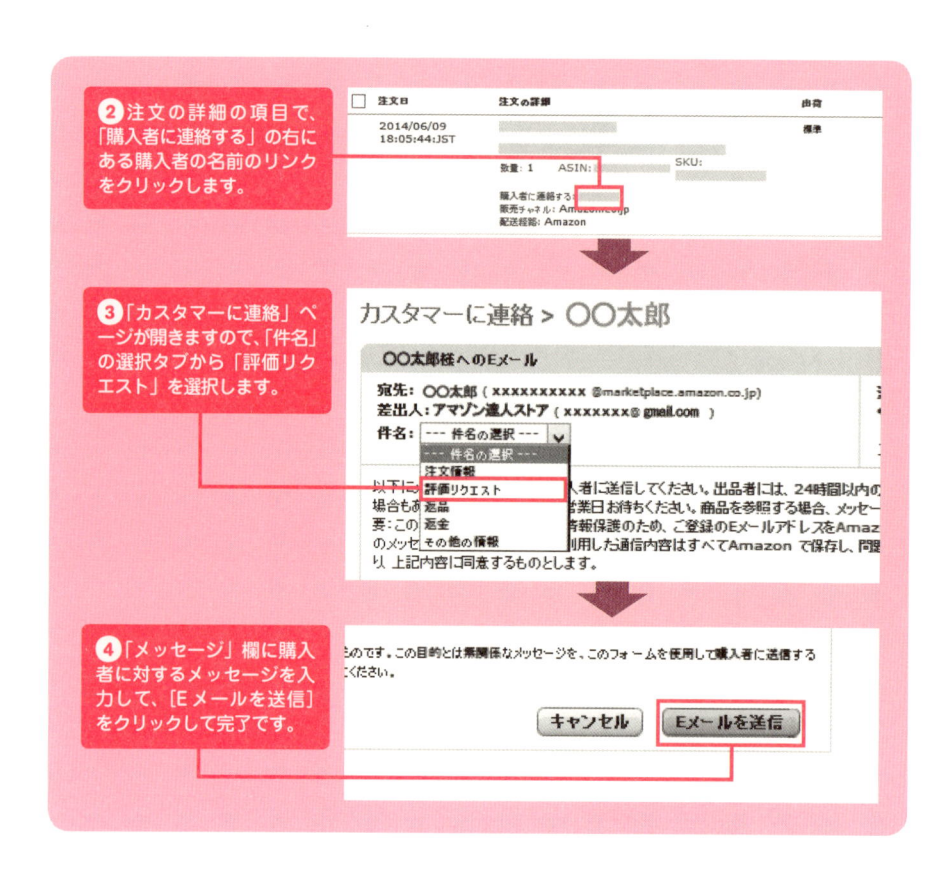

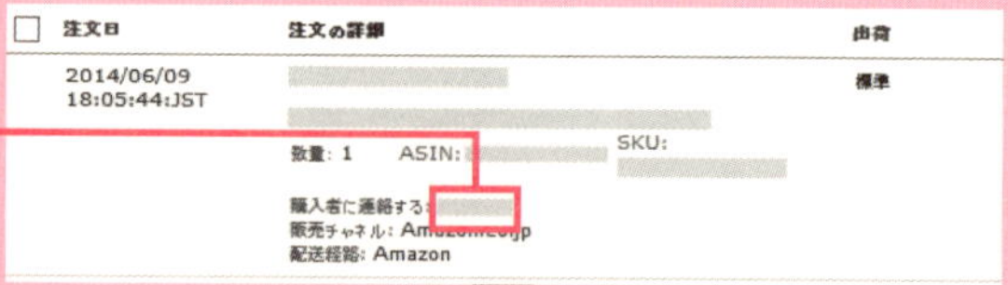

❸「カスタマーに連絡」ページが開きますので、「件名」の選択タブから「評価リクエスト」を選択します。

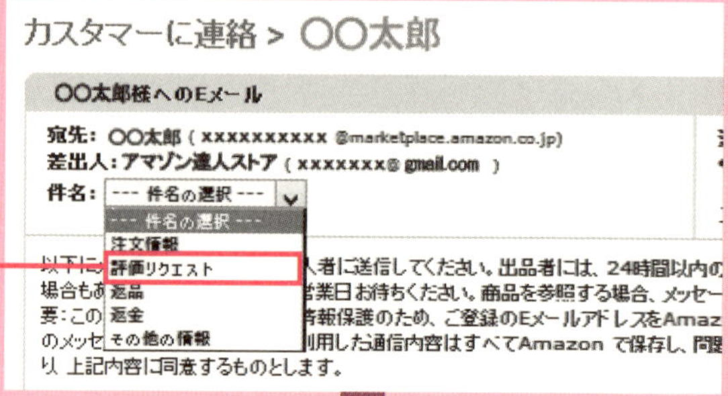

❹「メッセージ」欄に購入者に対するメッセージを入力して、[Eメールを送信]をクリックして完了です。

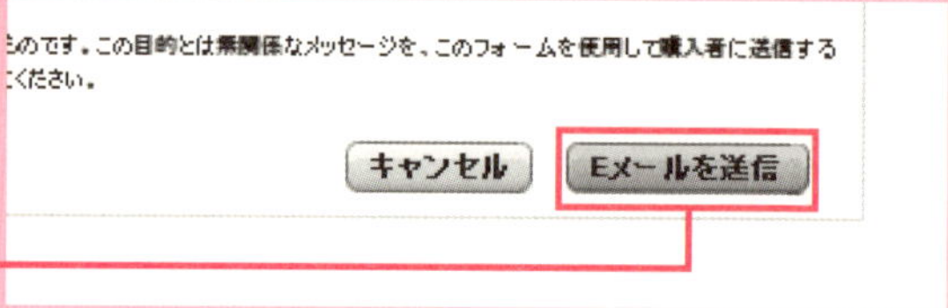

11 購入者に送る「評価リクエスト」のメッセージとタイミング

購入者に評価リクエストを送る際のメッセージとタイミングについて解説します。

もともと購入者には出品者に対して評価をする義務はありませんので、評価を急かすようなメッセージはあまり気持ちのよいものではありません。

相手によっては評価をリクエストされたことに嫌悪感を抱き、逆に低い評価をされる可能性もあります。

評価リクエストを送るときは無理強いしないように、さり気なく依頼するのがマナーです。タイミング的にはもちろん、購入者に商品が到着したあとです。

商品が到着する前に評価をねだると、図々しい印象を与える可能性がありますので、必ず商品が到着したあとに送りましょう。

あまり購入から時間が経ってしまうと、購入者の熱も冷めてしまいますし、Amazonで買い物をしたことも忘れてしまいメッセージの意味が伝わらなくなってしまうので、できれば商品が購入者に届いてから７日以内に送るのがよいと思います。

評価リクエストのメッセージ例を以下に挙げますので、参考にしてください。

○○様

Amazon マーケットプレイス、○○ストアの店長○○と申します！
このたびは当ストアでお買い物をしていただきまして、まことにありがとうございました！

お届けしました商品にはご満足していただけましたでしょうか？
お手数ですが、ご満足していただいた場合は、下記のリンクより評価していただけますと光栄です！

☆３以下の評価の場合、Amazon ではマイナス評価になりますので、今回のお取引に問題がなかった場合は、４か５をつけていただけますと、より一層、今後の励みになります！＾＾

万が一、不備などがあった場合には返品・交換をうけたまわっておりますので、お気軽にご連絡してください！

・評価リンク
http://www.amazon.co.jp/gp/feedback/leave-customer-feedback.html/

今後とも品質管理を徹底した商品の提供に努めてまいりますのでよろしくお願いします！
なお、行き違いですでに評価済みだった際はご容赦いただけますようお願いいたします。

Amazon ○○ストア
店長○○

● メッセージは丁寧さを心がける

ワンポイントアドバイス

簡潔にまとめる

あまり長文メッセージだと読まれない可能性がありますので、簡潔にまとめるようにしましょう。

購入者の中には、出品者からではなくAmazonで買い物をしたと思っている人もいますので、ストア名だけでなく、「Amazonの○○ストア」のようにAmazonにおける買い物の件の連絡だと購入者に伝わるようにしましょう。評価について、星3つをつけないように促すことも重要です。

ワンポイントアドバイス

評価率10%を目指す

メッセージを送ることによって、購入者が商品に満足がいかなかった場合に低い評価を入れられる可能性を低くすることもできます。評価リクエストを送ったからといって、驚異的に評価数が増えることはありませんが、販売数からの評価率が10%を超えるようであれば上出来です。

扱うカテゴリーによっても違うかもしれませんが、何もこちらからアクションを起こさなかった場合、購入者からの評価をもらえる確率は販売した商品のおおむね4%程度と思われます。

だいたい、20～25商品を販売して1回評価されるような感じです。これがすべて良い評価であれば、それでもよいのかもしれませんが、何か取引のトラブルや商品に不具合があった場合など、購入者が不快な思いをしたときほど評価がつきやすいので評価を待っているだけではいけません。

良い評価をもらうのはもちろん大事ですが、たとえ低い評価がつけられたとしても、購入者としっかりコミュニケーションを取り、アフターフォローすることを心がけましょう。

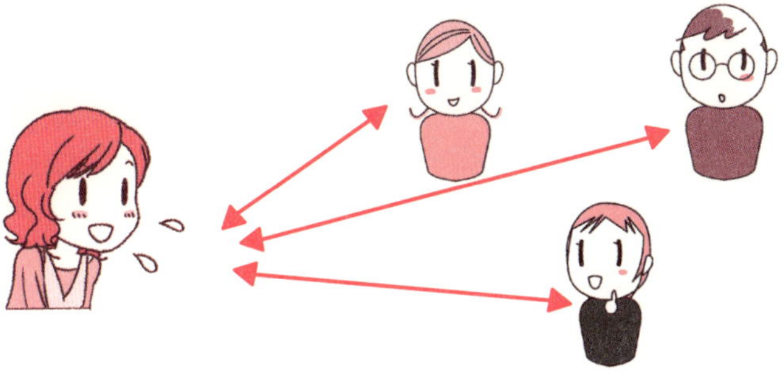

●評価リクエストを送る

12 Amazonマーケットプレイス保証について

マーケットプレイスでは、購入者を守るためにAmazonが定めた保証制度があります。申請されると出品者スコアに大きな影響がありますので、どのような制度か理解しておきましょう。

Amazonでは、マーケットプレイスで買い物をするすべての購入者に対して、Amazonマーケットプレイス保証というプログラムを用意しています。購入者は、注文した商品が届かない、出品者がAmazon返品ポリシーに沿って返品を承認しない、商品が不良品または破損した状態で届いた、商品詳細ページの情報と著しく異なる商品が届いたなどの理由から、Amazonマーケットプレイス保証を申請することができます。

出品者はAmazonマーケットプレイス保証申請の通知を受信した場合、申請された注文に関する詳細情報をAmazonに返信する必要があります。保証申請を通知するEメールが出品者に届いてから返信までの猶予は7日間ですが、早急に返信することをおすすめします。

Amazonは、保証申請の通知メールを出品者が登録しているEメールアドレスに送信します。Amazonマーケットプレイス保証の申請日から7日以内に出品者から返信がなかった場合、Amazonは購入者の申請を受けつけ、規約にもとづき申請された金額を出品用アカウントから引き落とします。

購入者がAmazonマーケットプレイス保証を申請できるケース

購入した商品に以下の理由がある場合、購入者はAmazonマーケットプレイス保証を申請できます。

項目	説明
商品が届かない	購入者が注文した商品が届かない、またはお届け予定期間を過ぎて到着した場合
商品ページの情報と異なる商品が届いた	商品ページの情報と著しく異なる商品（不良品、破損品、コンディションや内容が商品説明と異なっている商品、部品やアクセサリが不足している商品など）が届いた場合。商品情報と異なる商品かどうかは、Amazonが調査して決定する
返金が実行されない	購入者が商品を返品したが、出品者が返金を実行しない場合
返品を拒否	出品者がAmazon返品ポリシーを順守せず、返品された商品の受領を拒否した場合

●Amazonマーケットプレイス保証を申請できるケース

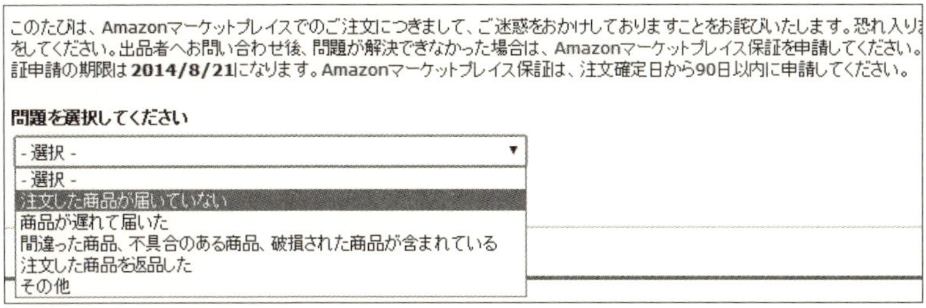
このたびは、Amazonマーケットプレイスでのご注文につきまして、ご迷惑をおかけしておりますことをお詫びいたします。恐れ入り
をしてください。出品者へお問い合わせ後、問題が解決できなかった場合は、Amazonマーケットプレイス保証を申請してください。
証申請の期限は2014/8/21になります。Amazonマーケットプレイス保証は、注文確定日から90日以内に申請してください。
問題を選択してください
- 選択 -
- 選択 -
注文した商品が届いていない
商品が遅れて届いた
間違った商品、不具合のある商品、破損された商品が含まれている
注文した商品を返品した
その他

●申請のページで理由を選択する

購入者の申請取り下げ

購入者は、Amazon マーケットプレイス保証の申請が承認される前なら、いつでも申請を取り下げることができます。

承認後、または出品者が返金したあとに再申請を希望する場合は、Amazon のカスタマーサポートに連絡する必要があります。

Amazon マーケットプレイス保証が申請されると何に影響するか

Amazon マーケットプレイス保証の申請はパフォーマンスの注文不良率に影響します。Amazon マーケットプレイス保証申請率は、ある特定の期間を対象に、Amazon マーケットプレイス保証が申請された注文の数を、注文総数で割って算出されます。

Amazon マーケットプレイス保証申請率は、注文と相関する指標で、パーセントで示されます。また、注文不良率を構成する 3 つの要素のうちの 1 つでもあります。ステータスに関わらず、Amazon マーケットプレイス保証が申請された注文はすべてこの指標の対象となります。

また、Amazon マーケットプレイス保証申請は、出品者スコア中の問題レベル（重大）にあたり、注文品質スコアから 500 ポイントが差し引かれます。

スコアが低下すると、カートボックス獲得率に影響が出てきますので、できる限り Amazon マーケットプレイス保証申請がないように努める必要があります。

出品者の注文に対して申請された Amazon マーケットプレイス保証は、セラーセントラルの「パフォーマンス」タブ下の「Amazon マーケットプレイス保証申請」より確認できます。

Amazon マーケットプレイス保証が申請されたら

Amazon マーケットプレイス保証が申請されたら、すみやかに申請された注文に関する詳細情報を Amazon に返信しましょう。

出品者側の状況を説明するには、出品用アカウントの「Amazon マーケットプレイス保証申請」から［申請に対する詳細説明を Amazon へ送信］ボタンをクリックします。情報を入力する画面にて、申請された注文に関する情報を提供してください。情報提供の際は、以下の情報を含めることをおすすめします。

- 購入者とやり取りした内容
- 配送業者からの受領完了、または購入者受領時の受領印の有無
- 出荷後の荷物追跡番号、伝票番号
- 出品者側の状況説明とその根拠となる情報
- 実行した一部返金、または任意支払の情報

［申請に対する詳細説明を Amazon へ送信］ボタンが表示されていない場合は、申請に返信する期間を過ぎています。この場合は、Amazon が送信した E メールに直接返信してください。

出品者からの返信を受信後、Amazon による調査がはじまります。その際、追加情報を求められる場合があります。

申請がまだ承認されていない場合は、購入者へ迅速に全額返金することで、申請を解決できます。全額返金をしない場合は、Amazon からの E メールに速やかに返信をし、情報を提供してください。

申請の手順

購入者は、お届け予定日の最終日から 3 日後、または注文日から 30 日後のいずれか早い日付が経過したあとに申請できます。申請期間は、お届け予定日の最終日から 90 日以内です。

ただし調査の結果、申請に正当な理由があると判断された場合、Amazon は期間を超過しても申請を承認する権利を持っています。場合によっては、調査中に Amazon が購入者に対して返金を行うことがあります。Amazon が購入者へ返金することを決定した場合でも、出品者には通常の申請と同様に情報を提供する責任があります。

また Amazon は返金した金額を出品用アカウントから引き落とす権利を持っています。

申請や払い戻しを防ぐには

申請や払い戻しを防ぐためには、以下のようなことを行う必要があります。

参考・引用元　Amazon ヘルプページ

URL　http://www.amazon.co.jp/gp/help/customer/display.html/ref=hp_left_sib?ie=UTF8&nodeId=200292850

購入者からのメールに速やかに返信する

購入者がオンラインフォーム上で申請する画面では、申請の前に直接出品者と連絡を取って問題の解決を試みるよう促す文面が表示されます。

購入者からの問い合わせに適切な時間内で返信しなかったことで、Amazon マーケットプレイス保証の申請につながることがあります。

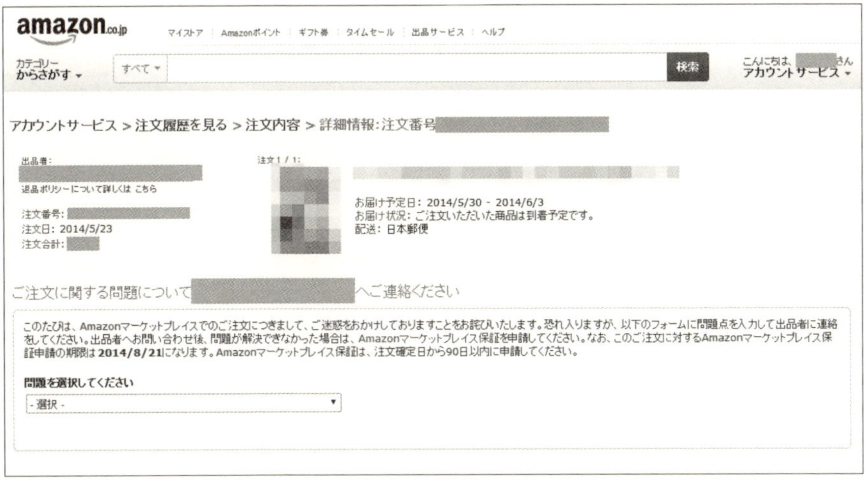

● Amazon マーケットプレイス保証の申請画面で、購入者は申請前に出品者と連絡を取るよう促される

迅速な返金処理をする

問い合わせがあった注文に対して、速やかに事実関係を調査し、必要な場合には返金対応をしましょう。購入者への誠意ある対応は、Amazon マーケットプレイス保証申請を未然に防ぐことにつながります。

商品を正確に説明し、鮮明な画像を提供する

商品情報が正確でなかった場合は、購入者とのトラブルになりやすくなります。商品が ASIN と一致しており、コンディションもガイドラインに沿った正しい状態が選択

されていなければなりません。

出荷時に注意する

丁寧に梱包して、商品が破損しないように気をつけてください。出荷通知にお問い合わせ番号を入力して、追跡可能な方法で出荷しましょう。高額商品の場合は、受け取りの際にサインが必要な出荷方法がおすすめです。

購入者へ出荷の情報を伝える

迅速に出荷ならびに出荷通知を行い、商品の追跡情報なども購入者へ提供します。出荷通知を送信すると、Amazon から購入者へ出荷を知らせる E メールがお問い合わせ番号とともに送られます。

在庫切れの商品への注文はすみやかにキャンセルする

やむを得ず注文をキャンセルする場合は、購入者が商品の到着を待たないように、キャンセルする理由を購入者に E メールで送信して説明します。出品者は Amazon マーケットプレイス保証申請を最小限にするように Amazon から求められています。

Amazon マーケットプレイス保証の申請や返金の発生件数が多い出品者に対しては、Amazon より警告されたのち、出品用アカウントの一時停止または閉鎖などの措置が取られる場合があるので注意しましょう。

参考・引用元　Amazon ヘルプページ

URL http://www.amazon.co.jp/gp/help/customer/display.html/ref=hp_left_cn?ie=UTF8&nodeId=200335590#1

13 Amazon セラーフォーラムに参加する

出品者が集うフォーラムに参加してみましょう。

Amazon セラーフォーラムとは、Amazon での出品に関することやサービスについて、出品者同士でアイディアや意見交換をする交流の場です。

セラーフォーラムに参加できるのは Amazon 出品用アカウントに登録している出品者に限られています。

Amazon から聞けないようなことも、先輩セラーや同じような体験をした出品者が回答してくれます。

最も質問が集中する「Amazon テクニカルサポートに質問」というフォーラムでは、Amazon やほかの出品者から回答を得ることができます。

基本的には同じような経験をした出品者が同じ目線で質問に回答してくれますので、マーケットプレイスで出品をしていくうえで、困ったことがあったときに利用してみましょう。

セラーフォーラムには、セラーセントラルのトップページにある左サイドバーのメニューから移動できます。

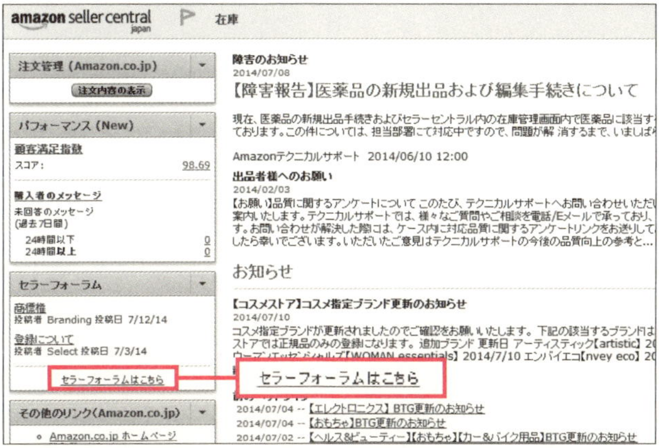

●セラーフォーラムへのリンク

セラーフォーラムのカテゴリー

セラーフォーラムは5つの大カテゴリーと13の小カテゴリーで構成されています。

大カテゴリー①　セラーディスカッション

Amazonへの出品についてAmazonへ質問したり、ほかの出品者と意見交換したりできます。

小カテゴリー名	説明
Amazonテクニカルサポートに質問	出品についての質問を投稿し、Amazonやほかの出品者から回答を得ることができる
新規出品者のヘルプ	新規出品者が質問を投稿して経験豊富な出品者からアドバイスをもらう
出品商品の管理とレポート	商品の出品や在庫管理における質問やアドバイスができる
注文管理、出荷、評価、返品について	商品の出荷、購入者から良い評価を得る方法、カスタマーサービス、返品について質問やアドバイスができる
外部企業による出品・受注管理ツール	出品のサポートになるツールやサービスを利用できる

●セラーディスカッション

大カテゴリー②　フルフィルメント by Amazon

フルフィルメント by Amazon（FBA）について意見交換ができます。

小カテゴリー名	説明
一般ディスカッション	FBAに興味のある新規出品者、またはすでに利用している出品者がディスカッションできる
Amazonフルフィルメントセンターへの納品	FBAにおける納品情報の作成、商品の梱包、禁止商品、納品についてのディスカッションに参加できる
注文とカスタマーサービス	FBAにおける返品、返金、評価、ポリシーなどについてのディスカッションに参加できる
FBAマルチチャネルサービス	FBAマルチチャネルサービスについてのディスカッションに参加できる
フルフィルメントレポート	FBAにおける販売、在庫、支払い、そのほかのレポートについてのディスカッションに参加できる

●フルフィルメント by Amazon

大カテゴリー③　海外での販売

Amazonを利用した海外での販売について意見交換ができます。

小カテゴリー名	説明
一般ディスカッション	北米、ヨーロッパ、アジアへの出品に興味があるセラーが利用する

●海外での販売

大カテゴリー④　開発者サポート

Amazonマーケットプレイス Webサービス（Amazon MWS）について意見交換や、質問に対してサポートから回答を得ることができます。

Amazonマーケットプレイス Webサービス（Amazon MWS）とは、出品者がプログラムを使用して出品、注文、決済データを既存の業務プロセスに組み込むことができるサービスです。

小カテゴリー名	説明
Amazon マーケットプレイス Web サービス（Amazon MWS）	Amazon MWS について開発者同士のディスカッションができる。また、質問に対してサポートから回答を得ることもできる。

● 開発者サポート

大カテゴリー⑤　フィードバック

セラーフォーラムについての意見や感想を投稿できます。

小カテゴリー名	説明
Amazon セラーディスカッションフォーラムフィードバック	セラーフォーラムの機能について意見や感想を投稿できる

● フィードバック

● セラーフォーラムで意見交換する

質問や回答を評価できる

質問者は、解決のヒントになった、あるいは役に立った投稿に対して「役に立った」の評価をつけることができます。このほか、質問の直接の答えを得られたときは、「正解」の評価をつけます。

「役に立った」または「正解」の評価は、チェックボックスにチェックを入れることで行います。どちらにも該当しないという場合は、チェックする必要はありません。

質問を投稿した出品者が回答を得られたと判断した場合は、投稿のステータスを「回答済み」の表示をすることができます。セラーフォーラムの利用者は、質問や回答に「はい」（役に立った）または「いいえ」（役に立たなかった）をクリックして評価することが可能です。

回答者のスコア

「役に立った」または「正解」の投稿をした出品者には、ポイントが付与されます。ポイントの合計がスコアになります。評価に対してのポイントは以下のとおりです。

- 「正解」の回答　1 投稿につき 10 ポイント
- 「役に立った」回答　1 投稿につき 5 ポイント
- ほかの出品者から「はい」（回答が役に立った）として評価された場合　「はい」1 件につき 1 ポイント

注意!

「いいえ」や、質問への評価

「この回答は役に立ちましたか？」に「いいえ」で評価した場合や、質問への評価は、スコアとしてカウントされません。

スコアレベル

ポイントの合計が、以下のスコアレベルに到達すると、レベルに応じたアイコンが付与されます。

必要なポイント	セラーフォーラムスコアレベル	アイコン
2000	エース	
750	エキスパート	
300	ガイド	
50	ファン	
5	初心者	

●スコアレベル

セラーフォーラムについては、以下のページを参考にしました。

- ディスカッションフォーラムヘルプ

URL https://sellercentral.amazon.co.jp/forums/help.jspa?ref_=xx_sfhelp_anav_sforums

14 価格改定ツールについて

Amazonで利用できるツールに自動価格改定ツールというものがあります。

価格改定ツールは、Amazon マーケットプレイスの最安値に合わせて、出品価格を自動的に設定するツールのことです。

なぜ価格改定ツールが存在するかというと、安く出品をした方が Amazon のカートボックスを獲得しやすい＝商品をたくさん売ることができるという発想からです。

たしかに出品する商品が増えてくると、1 つ 1 つの商品の相場を確認することは大変な作業になってきます。

しかし、冷静な視点で考えると、商品を安くたくさん売ることは決していいことではありません。

大事なことは 1 つ 1 つの商品でしっかりと利益を上げることにあります。赤字の商品をいくら売ったところで、売れた数だけ赤字を増やすことになります。

現在は複雑で多くの機能を持つツールも販売されているようですので、すべてを否定するわけではありませんが、全部の商品を価格改定ツールにゆだねるのはおすすめしません。

ただし、中にはツールと相性のよい商品がある可能性もありますので、利用する際には利益の面に目を配り、上手な使い方を模索するようにしましょう。

価格改定ツールのメリットとしては以下のことが考えられます。

- 商品数が多くても簡単な操作で一度に価格改定できる
- 最安値の価格を把握する必要がない
- 最安値にすることでカートボックス獲得率が上がる＝商品の回転率が高くなる

ワンポイントアドバイス

価格改定ツールを使わない理由

ここではあえて価格改定ツールを使わない理由をピックアップしてみます。

- 購入者が出品者を選ぶ理由は価格だけではないので、最安値でなくても商品が売れる
- 最安値にしなくてもカートボックスが取れる
- カートボックスを取られても、最安値出品者が在庫切れになればカートボックスが取れる
- ライバルが価格改定ツールを使っている出品者に値下げさせるため、わざと価格を下げると、大赤字の価格で販売することになる
- 値下げする機能しかないツールの場合、商品の相場が上がったとしても気づかず安値で売ってしまう

● 価格改定ツールを使うときは使い方を考える

chapter

8

Amazon出品サービストラブルFAQ

Amazonマーケットプレイスで販売を続けていくと、いろいろなトラブルに見舞われることがあります。第一線で活躍をしている出品者も幾多のトラブルや困難を乗り越えて、パワーセラーに成長したのです。実際に経験をしないと、わからないこともたくさんありますが、“備えあれば憂いなし”という言葉もあります。この章では過去にあった事例から、一体どのようなトラブルが起こりうるのか、どう解決すればよいのかをQ&A形式で見てみましょう。

Q1 悪い評価をつけられた

「中古－可」における出品で、評価「普通：状態が悪い」を付けられた場合の対応方法についてお答えします。

Q：購入者からの悪い評価は削除できますか？

「コンディション：中古 - 可、出品コメント：ページに数ヶ所、線引き、書き込みあり。また、カバーにうすいヤケ、傷があります。」と記載して出品していた本が、購入者から「普通：状態が悪い」との評価をつけられました。コンディション、出品コメントを正直につけて出品しているのに、このような評価をされた場合は評価を削除してもらえないのでしょうか？

A：削除基準に達していない場合は、購入者本人しか削除できません。

コンディション説明は出品者が任意で記載するものであり、購入者が読む義務はありません。また、評価の内容も削除基準（246 ページ参照）に達していないので Amazon が削除することはまずありません。

「このような評価をつけられた場合は評価を削除してもらえないのでしょうか？」との質問ですが、購入者がつけた評価を削除できるのは購入者のみです。よってあきらめずに購入者へ丁寧に説明し、評価の削除を依頼することをおすすめします。

また、商品の状態についての価値観は人それぞれということもありますので、可とは言え、あまりにも状態のよくない商品は出品を控えることも 1 つの対策方法です。

Q2 届け先の番地不明で商品が返送されてきた

届け先がわからないという理由で返送された場合の対応方法について紹介します。

Q：宛先不明で商品が戻ってきました。購入者と連絡も取れず、どうすればよいですか？

発送商品が該当地名、番地不明で返送されてきました。Eメールで購入者に何回も連絡をしましたが、一向に返事が帰ってきません。

インターネットで住所を調べたら、その一帯の地名が変更されているようです。購入者の住所、電話番号もわからない状況です。どうすればよいでしょうか？

A：役場に問い合わせるか、返金しましょう。

「配送不可のため荷物が返送された場合」は、「発送先住所に配送不可」を選択して商品代金の返金することが可能です。なお、配送料の返金は必要ありません。そのほかに諸経費が発生した場合は、商品代金の返金額を減額し充当できます。

そのほかの解決方法としては「該当市町村の役場へ電話で問い合わせる」もしくは「該当市町村役場のホームページで調べる」という方法があります。

あきらめずに住所を徹底調査することで、正しい配達先にたどり着けることもあります。

Q3 規約違反の商品があるという連絡が来た

ユーザーから「出品商品に Amazon の規約違反の商品があるから出品をやめなさい」と連絡が来た場合の Amazon への対応方法についてお答えします。

Q：ユーザーから「規約違反の商品がある」と連絡がありました。出品をやめなければいけないでしょうか。

「出品商品に Amazon の規約違反の商品があるので、出品を取り下げないと、Amazon に伝えて偽計業務妨害で訴える」と電話がかかってきました。何のことだかわからず、テクニカルサポートに相談しましたが、「ざっと見たところ、重大な規約違反にあたりそうなものは見当たらない」「規約違反の商品があれば、メールで連絡します」との返答でした。どのように対応すればよいでしょうか？

A：違反がなく、Amazon からも指摘されていないなら、販売を継続して問題ありません。

おそらく同業者のいやがらせではないでしょうか。本当に違反商品があれば Amazon に報告するべきですので、何の根拠もなしに脅迫し、威力業務妨害をしているのは相手のほうです。出品商品が競合し、売れ行きが鈍った腹いせに脅してきているのだと思われます。

匿名の連絡であった場合には、相手を特定することもできませんので対処しようがありません。

日本の法律と Amazon のガイドラインにしたがって出品していれば、そのまま販売し続けて問題ありません。いやがらせに対しては真正面から立ち向かうか、もしくは相手にしないで無視しましょう。

Q4 脅しのようなメッセージが来た

中国輸入品を同商品の Amazon のカタログに相乗り（被せ）出品したら、脅しのようなメッセージが来た場合の対応方法についてお答えします。

Q：カタログに相乗り出品したら、脅しのようなメッセージがきました。どう対応すればよいですか？

中国からの輸入商品を扱っているのですが、Amazon のカタログに同じ商品がある場合は同じページに出品しています。すると、そのページを作成した出品者から、脅しのようなメッセージが来ました。

文面は「弊社の商品はJANコードを取得し、オリジナルのパッケージで出品しており、弊社オリジナルの商品となります。ただちに出品の中止を行わないとしかるべき処置を取ります。」という内容です。

当方は以下のように認識しています。

JANコード	商品の管理コードである
オリジナルパッケージ	商品ではない化粧箱、または商品に自社のシールを貼っているだけである
商標権	ノンブランド品に商標権はないはずである。念のため商標を取得しているか調べるが検索されない。商標ロゴのような物も見当たらない

Amazon はノンブランド品に JAN コードを付与したり、自社のシールを貼ったりすれば、商標権を主張すれば商品を独占できるようなしくみなのでしょうか？

A：新規の商品ページを作って出品しましょう。

Amazon では JAN コードで商品が管理されているので、JAN コードが同じでないなら JAN コードなしで新規登録し、出品したほうが紛らわしいことがなく、問題が発生しにくいと思います。

JAN コード＝商品の管理コードとの認識は間違っていません。あくまで商品管理用であるため同じ商品でも輸入元によって独自に付与しているので、同じ商品に複数ある場合もあります。

小売店に卸したり、流通させたりするために必要なコードですので、管理用として利用することが主になります。JAN コードを盾に「違う商品だ」と主張はできませんが、独自のパッケージにしている場合はパッケージも商品の一部なので違う商品であるとの言い分も間違いではないです。

よく見るのが「JAN コード取得済み」の記載ですが、あってもなくても商品とは関係ありません。この場合、その出品者は競合を避けて自社のみの出品を維持する目的で記載していると思われます。

それと商標を主張しているのは、その出品者が取得したブランドがパッケージに印刷やシールで貼られているからです。これも同じように「単独で売りたい」と主張しているのだと思います。仕入れした中国製品のパッケージに記載されている内容の記載などを商標と主張しているのではないでしょう。

Amazon でも JAN コード違いやパッケージ違いの場合は、新規出品を推奨していますので、新たにページを作った方がトラブルを回避できます。

注意!

ノンブランド品について

本書執筆時点（2014 年 6 月）で、ノンブランド品に対し、不適切に商標を付して商品画像に掲載する行為、および、ブランドとの不適切な関連付けの言葉を商品ページに含める行為は Amazon 出品者利用規約が定める禁止行為になりましたので、商標を主張する側が規約違反となっています。

Q5 ほかの商品でJANコードが登録されていた

商品の新規登録をしようとしたら、JANコードがすでにほかの商品で登録されていた場合の対応方法についてお答えします。

Q：登録しようとした商品のJANコードがほかの商品で使われていました。訂正できますか？

Amazonのカタログに掲載されていなかった商品を新規登録しようとしたところ、登録しようとした商品のJANコードで、違う商品が登録されていました。

このままでは商品の新規登録ができないので、この商品のJANコードを訂正するか、もしくは商品を削除してもらいたいです。

A：テクニカルサポートに訂正を依頼できます。

セラーセントラル画面右上の［ヘルプ］をクリックして、表示されたページの右下にある「テクニカルサポートにお問い合わせ」欄の［問い合わせる］をクリックします。「どのような問題でお困りですか？」と書かれたページに移動しますので、［商品と在庫］→［商品詳細ページの誤りについて］をクリックします。

すると問い合わせフォームが開きますので、該当商品の情報を変更する依頼をフォームに入力してください。なお変更案の妥当性の確認が必須ですので、新規で登録したい商品のパッケージ画像と、JANコード部分の画像を撮り、添付ファイルにして送信します。あとはテクニカルサポートの対応を待ってください。

Q6 代引きの先払い額とは

代引きの先払い額の意味についてお答えします。

Q：代引きの先払い額とは何ですか？

代引きの注文を受けましたが、内訳を見たところ「先払い額」という項目がありました。送り状に代引きの金額をどう書けばいいのかわかりません。

A：代金の一部を購入者がすでに支払っている場合の金額です。

先払い額の項目には、支払方法を代引きとし、代金の一部をAmazonギフト券などで支払っている場合、その支払い済の金額が表示されています。

そのため、商品発送時は注文管理画面の「代金引換回収額」を確認し、表示されている金額を徴収してください。先に支払われた代金はAmazon経由でペイメントに計上されます。

Q7 複数の出品アカウントを持てるか

同一出品者で、複数の出品アカウントを持つことができるのかどうかについて紹介します。

Q：1人で複数のアカウントから出品してもよいですか？

Amazonの出品者ページを見ていたところ、似たような名称の店舗が複数あり、同じ出品者情報になっているアカウントがありました。

これは複数の出品用アカウントの運用になり規約違反ではないでしょうか？ 例外で許される出品者がいるのでしょうか？

A：原則的には規約違反です。

登録時のクレジットカードの情報が異なれば違うアカウントとして登録できるので、アカウントを複数に増やすことは可能です。

出品者情報のメールアドレス、住所、電話番号が同じだとしても、責任者の名前が違えば問題なく運用できる場合があります。

このようなアカウントでは販売している商品も同じことが多く、あまり意味がないように思えますが、おそらくカートボックスの獲得率を上げる目的があるのではないでしょうか。

Amazonでは1法人、1個人において、複数の出品用アカウントを保持することを禁止していますが、個別にAmazonの担当部署で契約を結んでいる出品者においては、複数アカウントを保持している場合もあるようです。

Q8 並行輸入品が規約違反になった理由は

並行輸入品が規約違反になるときの理由を紹介します。

Q：ブランド品を並行輸入品として出品したら、Amazonから規約違反のメールがきました。なぜですか？

ブランドの品物を出品しています。並行輸入品という表示があるページにだけ出品して、自分が新たにページを作成する場合も気をつけていました。

それにもかかわらず、今までと同じ方法で「並行輸入品」表示された在庫切れのページに出品をしたら、Amazonから規約違反というメールが届きました。どうしてでしょうか？

A：一部のカテゴリーでは、並行輸入品禁止ブランドがあります。

「服＆ファッション小物」など一部のカテゴリーにおいては、並行輸入品禁止ブランドがあります。過去に出品できたブランドが禁止になることもあります。セラーセントラルから［ヘルプ］→［規約・ガイドライン］→［並行輸入品］をクリックすると、カテゴリーごとのルールを確認できます。

Q9 FBAへの納品は袋でもよいのか

FBAへの納品の疑問についてお答えします。

Q：FBAの納品に、ダンボール箱ではなく袋などを使ってもよいですか？

少量だけ追加でFBAに納品したいときがあります。ダンボール箱ではなく、配送業者の袋などを利用してもよいでしょうか。

A：基本的にはダンボール箱で納品してください。

FBAへの納品について、Amazonではダンボール箱の使用を推奨しています。輸送や入庫作業では、商品が抜け落ちたり、損傷したりする恐れがあります。不要なトラブルを避けるためにも、ダンボール箱で納品しましょう。

Q10 返金をキャンセルできるのか

返金手続きをしたあとの返金キャンセルについてお答えします。

Q：返金手続きをしたのですが、キャンセルできますか？

　お客様から注文のキャンセルが入りましたが、商品を発送後にキャンセルのメールに気がつき、急いで返金の手続きをしました。

　返金の手続き完了のメールをお客様に送信すると、お客様から「送ってしまったのなら商品を購入します。」という内容で連絡がありました。この場合、返金のキャンセルは可能でしょうか？

A：手続き後、2時間以内ならキャンセルできます。

　返金を実行後、2時間は返金が保留の状態になります。間違った金額で返金、または間違った注文に返金した場合、返金をキャンセルすることができます（この機能は手動で実行された返金のみに使用でき、フィードを使用して返金した場合は、返金はすぐに実行される）。

　返金をキャンセルできない場合は、購入者に連絡を取り、Amazonが購入者のクレジットカードに再度請求することを伝えてください。購入者が了承した場合は、購入者にカスタマーサービスに連絡して再請求を依頼するよう、案内してください。

　購入者から依頼があった場合のみ、Amazonは購入者のクレジットカードに再請求します。

Q11 FBAに納品した商品の数量が合わない

FBAに納品した商品の数量が合わない場合の対応方法についてお答えします。

Q：FBAに納品した商品の数が合わないときはどうすればよいでしょうか。

FBAに納品した商品の一部の在庫数が、管理画面上で納品した数量より少なくなっています。しかし「FBAからのお知らせ - 受領完了」として、受領完了のメールが届きました。

在庫管理画面への反映に時間がかかっているのか、それとも倉庫内か輸送途中で商品を紛失したのか、どちらなのでしょうか？

A：在庫が反映されるまで、待ちましょう。

「FBAからのお知らせ - 受領完了」のメールが届いても、在庫の反映まで時間を要することがあるようです。特に新規登録された商品をはじめてFBAに納品する場合は、商品の登録に時間がかかり、先に一部だけ反映され、納品したすべての在庫が反映されるまでに間が空く場合もあります。

納品した商品の数量がすべて反映されていない場合は、少し様子を見てみましょう。

Q12 発売前の商品の出品は可能か

発売前の商品を出品できるかどうかについてお答えします。

Q：発売前の商品は出品できますか？

通常、マーケットプレイスへの出品は発売後、［マーケットプレイスへ出品する］ボタンが商品ページに表示され、それをクリックして出品を行うか、自分で商品を登録する形で出品を行います。しかし一部の発売前の商品は、まだ［マーケットプレイスへ出品する］ボタンが表示されていないにも関わらず、予約注文を受ける形でマーケットプレイスに出品されている商品があります。このように発売前の商品を出品するにはどのような手順を踏めばよいのでしょうか？

A：発売日から30日以内なら、出品できます。

予約販売を設定する手順は以下のとおりです。

1. セラーセントラルのトップページの最上段左側にある「在庫管理」にカーソルを当て、プルダウンメニューで表示される［商品登録］をクリックし、出品商品一覧から商品を特定する

↓

2. 変更ドロップダウンメニューより、「詳細の編集」を選択する

↓

3. 「出品情報」タブの予約商品の販売開始日に日付を入力する、または更新する

小口出品でも発売日から30日以内の場合は出品可能です。なお、商品名に「Amazon.co.jp限定」と記載のある商品については、予約期間中は出品できません。

Q13 規約違反の出品は制限されるのか

規約違反のタイトルがついた商品には、出品制限があるのかどうかについてお答えします。

Q：商品説明欄なら、規約違反のタイトルをつけても大丈夫ですか？

規約違反のタイトルがついた商品は出品が制限されると聞きましたが、商品ページであれば問題ないでしょうか？

Amazonの出品者ページを見ていると Yahoo! ショッピングのストアや楽天市場のショップのように「アマゾン店」と書いている出品者が多くいますが、ストア名に「アマゾン店」とつけてよいでしょうか？

A：ガイドライン違反のため不可です。

出品制限についてはご指摘のとおり、商品名に違反文言が含まれている場合が対象となっています。

規約違反に該当する文言
配送料無料、無料、訳あり、%OFF、NEW モデル、あす楽、オススメ、お得、お買い得、セール、Sale、メール便、Mail 便、mail 便、楽ギフ、割引、激安、再入荷、最新、新作、新製品、新発売、新品、即納、代引き、代引、定価、同梱不可、特価、配送、発送、未使用、予約 など

また、商品説明に商品自体の説明以外の表現を含むことはガイドライン違反となり、削除および出品制限の対象になります。「アマゾン店」についても、規約違反となります。

注意!

商号の不正使用について

「アマゾン店」のほかにも、出品者の商号の一部に「@ Amazon」「@アマゾン」などの文言は使用できません。

Q14 商品が未着のクレームが来た

商品が届いていないというクレームが来た場合の対応についてお答えします。

Q：「投函済み」の商品が届いてないとクレームが入りました。こちらに責任はありますか？

メール便にて商品を発送したところ、購入者から「商品が投函されているとのことですが、届いていません！」とのクレームがきました。トラッキング番号で調べると確かに「投函済み」と表示されました。

記録に配送状況が出ているということは、出品者が商品を出荷した事実の証明になり、投函ミスだった場合には配送業者の責任になると思いますが、どう対処すべきでしょうか？

A：配送業者のミスでも、責任を負いましょう。

Amazon の場合、基本的にオークションや個人売買と違い、購入者が配送方法を選択したわけではなく、出品者が配送業者を選択して出荷したわけですから、配送業者が誤配、紛失を起こしたとしても出品者が最後まで責任を負うべきです。

メール便の補償は運賃の返還、もしくは代替品の無償運送というのが約款上の取り決めですから、荷物の受取側が受けられる補償はありません。

商品を再送付可能であれば、出品者の全額負担（送料含む）であらためて送りましょう。再送付ができなければ全額返金します。これらの対応が然るべき対処法と言えます。

第 8 章は Amazon セラーセントラルを参考にしました。

URL https://sellercentral.amazon.co.jp/forums/index.jspa

参考URL一覧

Part1 Chapter1

- 通販新聞「アマゾン　日本売上78億ドル、2012年12月期で、円換算では6200億円に」
  http://www.tsuhanshinbun.com/archive/2013/02/782012126200.html

Part1 Chapter2

- Amazon「Amazon出品（出店）サービス」
  http://services.amazon.co.jp/services/sell-on-amazon/services-overview.html
- Amazon「料金プラン」
  http://services.amazon.co.jp/services/sell-on-amazon/fee-detail.htm
- Amazon「ショッピングカートボックスの獲得」
  http://www.amazon.co.jp/gp/help/customer/display.html/?ie=UTF8&nodeId=200505830#FMQ

Part1 Chapter3

- 警視庁「古物商許可申請」
  http://www.keishicho.metro.tokyo.jp/tetuzuki/kobutu/kyoka.htm
- 税関「輸出入禁止・規制品目」
  http://www.customs.go.jp/mizugiwa/kinshi.htm

Part2 Chapter1

- Amazonヘルプ&カスタマーサービス「出品者の配送料と配送条件」
  https://www.amazon.co.jp/gp/help/customer/display.html?nodeId=201451370
- Amazonヘルプ「ユーザー権限設定」
  http://www.amazon.co.jp/gp/help/customer/display.html?nodeId=200829180

Part2 Chapter2

- Amazonヘルプ「出品方法」
  https://www.amazon.co.jp/gp/help/customer/display.html?nodeId=1085242

Part2 Chapter3

- Amazonセラーセントラルヘルプ「禁止商品」
  https://sellercentral.amazon.co.jp/gp/help/200386260/ref=ag_200386260_cont_200301050

Part2 Chapter4

- Amazon「FBA導入のメリット」
  http://services.amazon.co.jp/services/fulfillment-by-amazon/benefits.html
- Amazon「FBAの料金プラン」
  http://services.amazon.co.jp/services/fulfillment-by-amazon/fee.html
- Amazonヘルプ「FBA在庫の返送／所有権の放棄　手数料」
  https://www.amazon.co.jp/gp/help/customer/display.html/ref=hp_rel_topic?ie=UTF8&nodeId=200706000
- Amazon「FBAマルチチャネルサービス」
  http://services.amazon.co.jp/services/fulfillment-by-amazon/other-services.html
- Amazonヘルプ「商品ラベル貼付サービス」
  http://www.amazon.co.jp/gp/help/customer/display.html?nodeId=200496290
- Amazonヘルプ「フルフィルメント by Amazon (FBA)　出品禁止商品」
  http://www.amazon.co.jp/gp/help/customer/display.html?nodeId=200314960

Part2 Chapter5

- Amazonヘルプ「出品者の配送料と配送条件」
  https://www.amazon.co.jp/gp/help/customer/display.html/ref=hp_left_v4_sib?ie=UTF8&nodeId=201451370
- Amazonヘルプ「Amazonマーケットプレイス：返品・返金・キャンセル」
  http://www.amazon.co.jp/gp/help/customer/display.html?nodeId=1085254

Part2 Chapter6

- Amazonヘルプ「商品セレクションリストのタイプ」
  http://www.amazon.co.jp/gp/help/customer/display.html?nodeId=201210830
- Amazonヘルプ「プロモーションの提供」
  http://www.amazon.co.jp/gp/help/customer/display.html/ref=hp_bc_nav?ie=UTF8&nodeId=200793230
- Amazonヘルプ「プロモーションの新規作成」
  http://www.amazon.co.jp/gp/help/customer/display.html?nodeId=200798450
- Amazonヘルプ「ペイメントの概要」
  http://www.amazon.co.jp/gp/help/customer/display.html/ref=help_search_1-5?ie=UTF8&nodeId=200275440&qid=1405388878&sr=1-5
- Amazonヘルプ「ビジネスレポート」
  http://www.amazon.co.jp/gp/help/customer/display.html/ref=help_search_1-1?ie=UTF8&nodeId=200788380&qid=1405388927&sr=1-1
- Amazonセラーセントラルヘルプ「Amazon出品コーチ」
  https://sellercentral.amazon.co.jp/gp/help/help-page.html/ref=ag_200380250_cont_scsearch?ie=UTF8&itemID=200380250

Part2 Chapter7

- Amazonヘルプ「出品者パフォーマンスの指標」
  http://www.amazon.co.jp/gp/help/customer/display.html/ref=hp_rel_topic?ie=UTF8&nodeId=200421170
- Amazonヘルプ「よくある質問：顧客満足指数」
  http://www.amazon.co.jp/gp/help/customer/display.html/ref=hp_rel_topic?ie=UTF8&nodeId=200508400
- Amazonヘルプ「出品者スコア」
  http://www.amazon.co.jp/gp/help/customer/display.html?ie=UTF8&nodeId=201107750
- Amazonヘルプ「出品者スコアの改善」
  http://www.amazon.co.jp/gp/help/customer/display.html/ref=hp_rel_topic?ie=UTF8&nodeId=201107760
- Amazonヘルプ「出荷予定日以内に出荷しなかった注文」
  http://www.amazon.co.jp/gp/aw/help/id=201107760#expired
- Amazonヘルプ「評価管理機能の使い方」
  http://www.amazon.co.jp/gp/help/customer/display.html/ref=hp_rel_topic?ie=UTF8&nodeId=200286700
- Amazonヘルプ「よくある質問：Amazonマーケットプレイス保証」
  http://www.amazon.co.jp/gp/help/customer/display.html/ref=hp_left_cn?ie=UTF8&nodeId=200335590#1
- Amazonヘルプ「よくある質問：パフォーマンス状況一覧」
  http://www.amazon.co.jp/gp/help/customer/display.html/ref=hp_rel_topic?ie=UTF8&nodeId=200508410

Part2 Chapter8

- Amazonセラーセントラル「セラーフォーラム」
  https://sellercentral.amazon.co.jp/forums/index.jspa

Index

著者略歴

合同会社万和通代表
小笠原満（おがさわら・みつる）

合同会社万和通（ばんわつう）代表社員。ヤフオク、Amazon、楽天市場で物販をするかたわら、中国のタオバオ・アリババ輸入代行サービスであるタオバオさくら代行を立ち上げる。週刊SPA!に「超高級品を半値以下で買う」裏ワザ特集を寄稿。中国の青島、義烏に事務所を構え、日本と中国を行ったり来たりのビジネスライフを送っている。中国輸入、転売のセミナー講師としても活躍中。

book design FANTAGRAPH
layout FANTAGRAPH
illustration Tomoko Akatsuka
DTP BUCH+

Amazon《アマゾン》出品サービス達人養成講座

2014年8月7日 初版第1刷発行
2015年10月15日 初版第3刷発行

著　者 合同会社万和通代表 小笠原 満（おがさわら・みつる）
発行人 佐々木幹夫
発行所 株式会社翔泳社（http://www.shoeisha.co.jp）
印刷・製本 株式会社シナノ

ISBN978-4-7981-3783-4 Printed in Japan